A Guide to Distributed search, Analytics, and Visualization

impress
top gear

データ分析基盤によるログ収集・解析・可視化

Elastic Stack
実践ガイド [Elasticsearch/ Kibana編]

惣道 哲也 = 著

インプレス

● 本書の利用について

▷ 本書の内容に基づく実施・運用において発生したいかなる損害も、株式会社インプレスと著者は一切の責任を負いません。

▷ 本書の内容は、2020 年 5 月の執筆時点のものです。本書で紹介した製品／サービスなどの名称や内容は変更される可能性があります。あらかじめご注意ください。

▷ Web サイトの画面、URL などは、予告なく変更される場合があります。あらかじめご了承ください。

▷ 本書に掲載した操作手順は、実行するハードウェア環境や事前のセットアップ状況によって、本書に掲載したとおりにならない場合もあります。あらかじめご了承ください。

● 商　標

▷ Elasticsearch、Kibana、Logstash、Beats およびそのロゴは、米国および他の国における Elasticsearch BV の商標であり、米国および他の国々で登録されています。

▷ Linux は、Linus Torvalds の米国およびその他の国における商標もしくは登録商標です。

▷ Red Hat および Red Hat をベースとしたすべての商標、CentOS マークは、米国およびその他の国における Red Hat, Inc. の商標または登録商標です。

▷ Ubuntu は、Canonical Ltd. の商標または登録商標です。

▷ UNIX は、Open Group の米国およびその他の国での商標です。

▷ その他、本書に登場する会社名、製品名、サービス名は、各社の登録商標または商標です。

▷ 本文中では、®、©、^{TM} は、表記しておりません。

はじめに

　Elasticsearch は、Apache Lucene をベースにしたオープンソースの検索エンジンです。Shay Banon によって 2010 年に開発され、近年では利用者が急増して、現在では最も人気のある検索エンジンとなっています。

　Elasticsearch の登場と時期を同じくして注目され始めた技術には、パブリッククラウドの Amazon Web Services、RDBMS に代わるデータベースとしての NoSQL、BigData 基盤である Hadoop などがあります。Elasticsearch も含め、こうした新しい技術にはいくつか共通して見られる特徴があります。たとえば、「JSON インターフェース」「スケールアウト可能なアーキテクチャ」「RESTful API アクセス」などがそれらの一端です。こうした特徴により、いずれのシステムも柔軟なシステム構築と運用管理が可能になっています。

　Elasticsearch はもともと全文検索の用途で開発されましたが、それ以外にもログ収集・解析の用途としても多く利用されています。複数台のサーバを運用していると、ログの管理は煩雑になりがちですが、これらのログの収集・格納・検索に、多くのユーザが Elasticsearch を利用しているのです。ここでログ収集・解析システムの構成要素として、Elasticsearch の他に、ログ収集を行う Logstash や Beats、可視化を行う Kibana を組み合わせて使うことが多く、この 4 つの製品を総称して「Elastic Stack」とも呼ばれています。このように、Elasticsearch は、検索システムの開発者だけでなく、ログ管理を行うインフラエンジニアにも広く使われるようになっています。

　本書では、上記のような背景をふまえて、全文検索エンジンとしての Elasticsearch の特徴や導入・利用方法を紹介するだけでなく、ログ収集・解析などの用途で使う際に関連する製品と組み合わせて使う手順や、Elasticsearch を運用する際の注意点なども含めて、総合的に使える実践的なガイドとなる内容をまとめました。Elasticsearch は、アプリケーション開発者からデータサイエンスにかかわるインフラエンジニアまで、多くの皆様に利用していただける価値のある製品であり、幅広い使い方を知っていただきたいという思いで、本書を執筆しました。本書を通じて Elasticsearch を活用いただき、皆様が検索による「気付き」を得られる一助になれば幸いです。

■改訂版への追記

　『Elasticsearch 実践ガイド』の出版から 1 年半経ちました。初版出版時の Elasticsearch のバージョンは 6.2 でしたが、その後すぐにバージョン 6.3 が登場して X-Pack が Elastic License のもとでオープンとなりました。また、2019 年 4 月に GA されたバージョン 7 では、Elasticsearch 自体の機能も大幅に強化され、Kibana も新しいデザインが導入されるとともに、多くの機能が利用できるようになりました。本書ではこの新バージョンの Elasticsearch 7 の内容を主題としつつも、その活用に欠かせない Kibana に関する章を追加して記載内容を拡充しました。

　さらに、改訂版の出版に合わせて、全文検索用途以外にもシステム運用管理やセキュリティにかかわるログの収集・分析用途として利用するユーザが拡大している現状をふまえて、Logstash（ログ収集ツール）と Beats（エージェント型軽量ログシッパー）に焦点を当てて仕組みや利用方法を解説する書籍『Elastic Stack 実践ガイド［Logstash/Beats 編］』も出版されることになりました。本書と合わせてこちらの書籍も手に取っていただくことで「Elastic Stack」をより包括的に幅広く理解することができるものと考えておりますので、ぜひご活用ください。

2020 年 05 月

惣道哲也

本書のターゲット

　本書はドキュメント検索だけでなく、ログ収集・解析、データ分析プラットフォームといった多様な用途で Elasticsearch を活用したいと考えているアプリケーション開発者、インフラ技術者を対象とします。Elasticsearch の機能概要、導入・利用方法、また背後にあるアーキテクチャ上のポイントを理解して、手元にあるデータを幅広く利活用いただくことを目指した内容となっており、実際に手を動かしてデータ活用にチャレンジされようとしているエンジニア、アーキテクト、またはそのチームの皆様をターゲットと想定しています。

　本書の内容、特に操作手順説明については、Linux の利用経験があり OS のコマンド操作に慣れていることを前提として記載されています。必要に応じて、関連書籍やインターネット上の情報も適宜参照するようにしてください。

本書の構成

　本書の前半となる第 1 章から第 3 章までは、はじめて Elasticsearch に触れる方でも理解いただけるように、Elasticsearch の概要、導入方法、基本的な利用方法を紹介しています。すでに Elasticsearch に慣れ親しんでいる方は、後半の第 4 章以降から読み進めていただくこともできます。後半では応用的な利用方法や運用、関連するツール・ソフトウェアとの連携について扱っています。

　第 1 章では、Elasticsearch が登場した背景、特徴や代表的な利用方法について紹介します。あらためて基本的な概念を確認することで、第 2 章以降の理解を深めていただく内容となっています。

　第 2 章では、実際に Elasticsearch 環境を導入するためのシステム構成や導入手順を解説します。ここでは Elasticsearch 固有の用語や概念についても一通り説明します。まずは本章の内容を軽く一読していただいて、具体的な手順や用語の意味を後から再確認いただけるような想定をしています。

　第 3 章では、導入した環境に対してドキュメントを登録、検索するための基本的な利用方法について説明します。インデックスやマッピングの管理、さまざまなクエリの方法をカバーしていますので、本章の内容が理解いただければ Elasticsearch を使う上での基礎的な知識が身についていると言えます。また、後半の応用的なトピックについても理解がより深まるはずです。

　第 4 章では、これまで説明した内容をさらに発展させて、より高度な概念、機能を説明します。柔軟な検索手法、複雑なデータ分析を行うための Elasticsearch のさまざまな機能を確認します。

　第 5 章では Elasticsearch クラスタを管理、運用するために必要となるトピックを紹介します。企業や組織で本格的に Elasticsearch を利用するためには、本章の内容が必須の知識となります。

　第 6 章では、Elasticsearch の活用範囲をより広げるための関連ツール・ソフトウェアとの連携に

ついて紹介するため、Elastic Stack およびオプション機能（旧 X-Pack）の機能概要、導入方法を説明します。

　最後の第 7 章では、Kibana による可視化と分析のユースケースとして、データの取り込みやグラフの描画に関する具体的な方法について紹介します。

　各章の内容を理解いただくことで Elasticsearch および Kibana をどのような用途でどのように利活用できるかが明確になり、結果として、データから新たな示唆を得て、価値を創出できる力添えができれば幸いです。本書が読者の皆様のお役に立てることを願っております。

■謝辞

　本書の執筆の機会をいただき、編集のご支援をいただきました土屋様には、厚くお礼申し上げます。

　今回は、技術コミュニティの仲間である日比野 恒様にも力強い後押しをいただきました。日比野様自身も本書の姉妹本を執筆される中で、共に歩み刺激を受けながら本書を完成させることができました。

　また、本書のレビューにご協力いただいた大谷 純様にも、貴重なお時間を割いてご支援いただきました。本当にありがとうございます。

　最後に私事にはなりますが、執筆中に暖かく励まし、また、支えになってくれた妻と二人の息子にも、心より感謝します。

本書の表記

- 注目すべき要素は、太字で表記しています。
- コマンドラインのプロンプトは、"**$**"、"**#**" で示されます。
- 実行例およびコードに関する説明は、"**##**" の後に付記しています。
- 実行結果の出力を省略している部分は、"**...**" あるいは（省略）で表記します。
- 紙面の幅に収まらないコマンドラインでは、行末に "****" を入れ、改行していますが、実際の入力では、1行で入力してください。

例：

```
# systemctl get-default ##操作および設定の説明
multi-user.target  太字で表記
... 省略
$ echo "deb https://artifacts.elastic.co/packages/7.x/apt stable main" \  ←改行
| sudo tee -a /etc/apt/sources.list.d/elastic-7.x.list
```

- 紙面の幅に収まらないコードは改行し、行末に⇒を入れていますが、実際の入力では、1行で入力してください。

例：

```
##長い設定ファイル内容
discovery.seed_hosts: ["192.168.100.10", "192.168.100.11:9300", ⇒  ←右向き矢印
"master03"]
```

- 実行コマンドに続けて出力結果を表記している箇所では、コマンド行の行末に⏎ を明示しています。

例：

```
$ curl -XGET http://localhost:9200/ ⏎  ←改行マーク
{
"name" : "es01",
"cluster_name" : "elasticsearch",
...
```

7

本書で使用した実行環境

▷ ハードウェア

- 仮想環境（VMware ESXi）
  - ・CPU vCPU 2Core（2.4GHz x64 プロセッサ）
  - ・Memory 4GB
  - ・Disk 50GB
  - ・OS CentOS 7.6

- クラウド環境（Azure D2s_v3 インスタンス）
  - ・CPU vCPU 2Core
  - ・Memory 8GB
  - ・Disk 16GB
  - ・OS Ubuntu 18.04

▷ ソフトウェア

- Elasticsearch 7.6.2
- Kibana 7.6.2
- Logstash 7.6.2
- Metricbeat 7.6.2
- curator 5.8.1

必要に応じて、インターネットのリポジトリからソフトウェアを取得しています。

▷ 本書執筆時点：2020 年 5 月

目　次

はじめに ··· 3

　　本書のターゲット ··· 5

　　本書の構成 ··· 5

　　本書の表記 ··· 7

　　本書で使用した実行環境 ··· 8

第 1 章　　Elasticsearch とは ·································· 15

1-1　　Elasticsearch が登場した背景 ······················· 16

　1-1-1　　全文検索の仕組み ·· 16

　1-1-2　　全文検索システムの構成と各構成要素の役割 ························· 18

1-2　　Elasticsearch の特徴 ······························· 21

　1-2-1　　Elasticsearch のバージョンについて ······························· 23

　1-2-2　　Elasticsearch の特徴 ··· 24

　1-2-3　　他の全文検索ソフトウェアとの比較 ·································· 29

1-3　　Elastic Stack について ······························ 31

　1-3-1　　Kibana ··· 32

　1-3-2　　Logstash ·· 33

　1-3-3　　Beats ··· 34

1-4　　Elasticsearch のユースケース ························· 34

1-5　　Elasticsearch の導入事例 ···························· 39

1-6　　まとめ ··· 40

第2章　Elasticsearch の基礎 ······························ 41

2-1　用語と概念 ·· 42
2-1-1　論理的な概念 ·· 42
2-1-2　物理的な概念 ·· 49

2-2　システム構成 ·· 51
2-2-1　ノード種別 ··· 52
2-2-2　Master ノード選定とノードのクラスタ参加 ·········· 57
2-2-3　シャード分割とレプリカ ·························· 65

2-3　REST API による操作 ··································· 67
2-3-1　リクエスト ··· 68
2-3-2　レスポンス ··· 71

2-4　Elasticsearch の導入方法 ······························ 74
2-4-1　リソース要件 ··· 74
2-4-2　前提・導入準備（OS と JVM のバージョン） ········ 76
2-4-3　Elasticsearch のインストール（1 台環境） ········· 77
2-4-4　基本設定 ··· 83
2-4-5　Elasticsearch のインストール（クラスタ環境） ····· 90

2-5　Kibana の導入方法 ······································ 93
2-5-1　Kibana のインストール方法 ······················· 93

2-6　まとめ ·· 101

第3章　ドキュメント/インデックス/クエリの基本操作 ······· 103

3-1　ドキュメントの基本操作 ······························ 104
3-1-1　ドキュメントの登録（Create） ·················· 105
3-1-2　ドキュメントの取得・検索（Read） ·············· 107
3-1-3　ドキュメントの更新（Update） ·················· 111
3-1-4　ドキュメントの削除（Delete） ·················· 112

3-2　インデックスとマッピング定義の管理 ·············· 113
3-2-1　インデックスの管理 ·························· 113
3-2-2　マッピング定義の管理 ·························· 116
3-2-3　インデックステンプレートの管理 ·············· 119

　　　3-2-4　ダイナミックテンプレートの管理 ・・・・・・・・・・・・・・・・・・・・・・・・・・・・・ 124

　3-3　さまざまなクエリ ・・ 129

　　　3-3-1　クエリ操作とクエリ DSL の概要 ・・・・・・・・・・・・・・・・・・・・・・・・・・ 130

　　　3-3-2　クエリレスポンス ・・・ 133

　　　3-3-3　クエリ DSL の種類 ・・・・・・・・・・・・・・・・・・・・・・・・・・・・・・・・・・・・・・・ 136

　　　3-3-4　クエリ結果のソート ・・・・・・・・・・・・・・・・・・・・・・・・・・・・・・・・・・・・・・ 150

　3-4　まとめ ・・・ 152

第4章　Analyzer/Aggregation/スクリプティング
　　　　による高度なデータ分析 ・・・・・・・・・・・・・・・・・・・・・・・・・・・・ 153

　4-1　全文検索と Analyzer ・・・・・・・・・・・・・・・・・・・・・・・・・・・・・・・・・・・・・・・ 154

　　　4-1-1　Analyzer とは ・・・ 154

　　　4-1-2　Analyzer の定義方法 ・・・・・・・・・・・・・・・・・・・・・・・・・・・・・・・・・・・ 160

　　　4-1-3　Analyzer の構成要素 ・・・・・・・・・・・・・・・・・・・・・・・・・・・・・・・・・・・ 161

　　　4-1-4　Analyzer のカスタム定義 ・・・・・・・・・・・・・・・・・・・・・・・・・・・・・・ 165

　　　4-1-5　日本語を扱う Analyzer の導入と設定 ・・・・・・・・・・・・・・・・・・ 169

　4-2　Aggregation ・・ 176

　　　4-2-1　Aggregation とは ・・・・・・・・・・・・・・・・・・・・・・・・・・・・・・・・・・・・・・・ 176

　　　4-2-2　Aggregation の構成 ・・・・・・・・・・・・・・・・・・・・・・・・・・・・・・・・・・・・ 178

　　　4-2-3　Metrics の定義方法 ・・・・・・・・・・・・・・・・・・・・・・・・・・・・・・・・・・・・ 181

　　　4-2-4　Buckets の定義方法 ・・・・・・・・・・・・・・・・・・・・・・・・・・・・・・・・・・・ 186

　　　4-2-5　Metrics と Buckets の組み合わせ ・・・・・・・・・・・・・・・・・・・・ 193

　　　4-2-6　複数の Buckets の組み合わせ ・・・・・・・・・・・・・・・・・・・・・・・・・ 194

　　　4-2-7　significant terms ・・・・・・・・・・・・・・・・・・・・・・・・・・・・・・・・・・・・・・ 195

　4-3　スクリプティング ・・ 198

　　　4-3-1　スクリプティングの記載方法 ・・・・・・・・・・・・・・・・・・・・・・・・・・・ 198

　　　4-3-2　Painless スクリプティングの活用例 ・・・・・・・・・・・・・・・・・・・ 199

　4-4　まとめ ・・・ 202

第5章　システム運用とクラスタの管理 ······················205

5-1　運用監視と設定変更 ···································· 206
5-1-1　動作状況の確認 ···································· 206
5-1-2　設定変更操作 ······································215

5-2　クラスタの管理 ······································· 217
5-2-1　クラスタの起動、停止、再起動 ·······················217
5-2-2　ノード単位の Rolling Restart ·······················220
5-2-3　ノード拡張・縮退 ···································221

5-3　スナップショットとリストア ·······················224
5-3-1　スナップショットの構成設定 ·······················224
5-3-2　スナップショットの取得 ·····························228
5-3-3　リストア操作 ······································230

5-4　インデックスの管理とメンテナンス ···············232
5-4-1　インデックスエイリアス ···························232
5-4-2　再インデックス ····································239
5-4-3　インデックスの open と close ·······················242
5-4-4　インデックスの shrink ·····························243
5-4-5　インデックスの rollover ·····························245
5-4-6　curator を利用したインデックスの定期メンテナンス ·······247

5-5　refresh と flush ·······································255
5-5-1　Lucene のインデックスファイル構造 ···················255
5-5-2　Lucene セグメントと refresh ·······················257
5-5-3　トランザクションログと flush ·······················261

5-6　まとめ ··· 264

第6章　Elastic Stack インテグレーション ・・・・・・・・・・・・・・・・265

6-1　Elastic Stack ・・・・・・・・・・・・・・・・・・・・・・・・・・・・・・・・・・266
　6-1-1　Kibana ・・・・・・・・・・・・・・・・・・・・・・・・・・・・・・・・・・・・266
　6-1-2　Logstash ・・・・・・・・・・・・・・・・・・・・・・・・・・・・・・・・・276
　6-1-3　Beats ・・・・・・・・・・・・・・・・・・・・・・・・・・・・・・・・・・・・285

6-2　オプション機能の活用 ・・・・・・・・・・・・・・・・・・・・・・・・・291
　6-2-1　オプション機能の概要 ・・・・・・・・・・・・・・・・・・・・・・・291
　6-2-2　オプション機能の有効化・無効化の設定 ・・・・・・・・・・296
　6-2-3　Security 機能の利用方法 ・・・・・・・・・・・・・・・・・・・・298
　6-2-4　Monitoring 機能の利用方法 ・・・・・・・・・・・・・・・・・・301
　6-2-5　インデックスライフサイクル管理（ILM）機能の活用 ・・・・・304

6-3　まとめ ・・・・・・・・・・・・・・・・・・・・・・・・・・・・・・・・・・・・308

第7章　Kibana による可視化と分析のユースケース ・・・・・・・309

7-1　データロードの手法 ・・・・・・・・・・・・・・・・・・・・・・・・・310
7-2　Visualization による可視化と分析 ・・・・・・・・・・・・・315
　7-2-1　グラフを用いた可視化 ・・・・・・・・・・・・・・・・・・・・・・316
　7-2-2　地図を用いた可視化 ・・・・・・・・・・・・・・・・・・・・・・・320
　7-2-3　Lens によるアドホック分析 ・・・・・・・・・・・・・・・・・・324

7-3　まとめ ・・・・・・・・・・・・・・・・・・・・・・・・・・・・・・・・・・・・328

索引 ・・・329

第1章
Elasticsearch とは

Elasticsearch がカバーする利用用途は幅広く、さまざまなデータの検索、分析に活用することができます。これから、Elasticsearch を使ってどのようにシステムを構成するのか、どのようにデータを格納して検索することができるのか、といった点を理解するためには、まず Elasticsearch がどのようなソフトウェアであり、どのような特徴があるのかを知ることが重要です。

本章では、はじめに検索ソフトウェアとしての Elasticsearch が生まれた背景を簡単に紹介し、Elasticsearch の特徴や位置づけ、ユースケースを説明していきます。本書の導入部となる基礎的な内容ですが、これから Elasticsearch を使って、手元にある何らかのデータを管理することに関心を持っているのであれば、Elasticsearch の理解を深めるために役立つはずです。

1-1 Elasticsearch が登場した背景

　本書でテーマにする検索処理とは何かということを、最初に少し紐解いてみたいと思います。

　コンピュータは大量の情報を処理することを得意としています。コンピュータが得意な処理の代表的な例として、大量の情報の中から目的とする情報を探す、いわゆる**検索処理**があります。欲しい情報を見つけ出す際にコンピュータを使うことで人間よりも圧倒的に効率的かつ正確に結果を得られます。実際に、1970 年代から図書館などで文献や論文の管理・検索をするシステムが開発されてきましたし、1990 年代に入ると World Wide Web の利用が広がるとともに、インターネット上の膨大なサイトから目的の情報を探し出すための検索システムが発達してきました。

　一般に、検索システムは検索対象となるデータ本体に加えて、それらの「**メタデータ**」も合わせて格納します。メタデータというのは、データ本体を探しやすくするために付加する、属性情報、キーワード、頭文字などの索引となるデータのことです。この索引となるメタデータを利用すれば、大量の情報の中からでも目的のデータを高速に検索することができます。

　検索処理の中でも特に「**全文検索**」と言って、複数の文書にまたがって特定の文字列をキーに目的の文書を探すための方式があります。全文検索では、文書を格納する際にそれらの索引を作成してメタデータとして登録します。このメタデータの情報を索引として使うことで、効率よく文書検索を行うことができます。

　本書で扱う Elasticsearch は「全文検索」を行うソフトウェアとして 2010 年に登場しました。全文検索の技術自体はそれよりもずっと昔からあり、決して新しい技術というわけではありません。なぜ後発とも言える Elasticsearch が今広く使われるようになったのでしょうか。

　このことを少し考えるため、まずはじめに、簡単に全文検索の仕組みについて説明していきます。そして、Elasticsearch がこの全文検索の仕組みをベースとしつつも、全文検索以外の幅広い領域で活用できる機能と特徴を備えていることを紹介していきます。

1-1-1　全文検索の仕組み

　全文検索とは、前述のとおり、複数の文書を対象として特定の文字列が含まれる文書を探す技術ですが、これを実現する方法は大きく分けて次の 2 種類があります。

- 逐次検索
  - ▷ 全文書を対象に、ファイルの内容を順次走査しながら目的の文字列を探す方法です。
  - ▷ UNIX/Linux などで使用される、grep コマンドと同じことを行う方式です。

▷ この方法はシンプルですが、検索の対象となる文書の数や量が大きいと現実的な時間内に処理が完了しないことがあります。

● 索引型検索

▷ 事前に文書を高速に検索できるような索引を構成しておいて、検索時にはこの索引をキーに目的の文書を探す方法です。

▷ 検索対象のサイズが大きい場合には、効率の面から通常は索引型検索が使われます。

▷ 索引は「インデックス」とも呼ばれます。

Elasticsearch は、この 2 種類のうち索引型検索を行うソフトウェアです。以降は、索引型検索について詳しく説明していきます。

■索引型検索と転置インデックス

索引型検索を行うための索引には、さまざまな形式がありますが、一般によく用いられるのは、文書内に含まれる各単語と、その単語が出現する文書（文書 ID）の組み合わせをインデックスとして構成する方式です。

こうすることで、検索時に索引となるキーワードが指定された際にそのキーワードが含まれている文章をすぐに探し出すことができます。この仕組みで構成されるインデックスのことを「転置インデックス」（Inverted Index）と呼びます。

索引となる転置インデックスデータは、対象文書の登録時に作成されて、文書とあわせて格納されます。一例として Figure 1-1 のような文章を検索システムに登録するケースを考えます。

Figure 1-1　転置インデックスの構成例

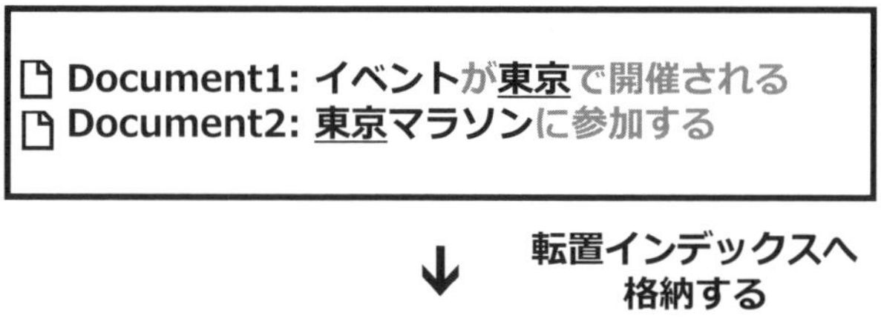

🗋 **Document1: イベントが東京で開催される**
🗋 **Document2: 東京マラソンに参加する**

↓ **転置インデックスへ**
格納する

単語	DocumentID
東京	1,2
イベント	1
マラソン	2
…	…

転置インデックスを参照すれば、たとえば「**イベント**」という単語が含まれる文書がどれかがすぐにわかります。

ここで、文章に含まれる各単語をインデックスとして抽出する際に、英語であれば単語間の空白を区切りにします。日本語の場合には空白区切りは使われないため、文章を**形態素解析**という、名詞や動詞などの品詞単位に分解する処理を行って、各単語を抜き出して、インデックスを構成する方法が一般的です。

1-1-2　全文検索システムの構成と各構成要素の役割

このように全文検索システムの多くは、仕組みとして転置インデックスを用いた索引型検索を利用しています。では検索システム全体はどのような構成になっているのでしょうか。

全文検索システムも、要件に応じてさまざまな構成や機能を持つものがありますが、これを一般化すると、大きくは Figure 1-2 に示した要素から構成されます。

Figure 1-2　全文検索システムの構成要素

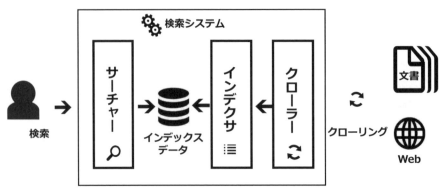

- インデクサ（indexer）
  ▷ 対象ドキュメントから検索キーワードとなる単語を抽出して、インデックスのデータベースを構成します。
  ▷ インデックスデータベースには、メタデータとしての検索キーワードおよびそれに関連したドキュメントが格納されます。
- サーチャー（searcher）
  ▷ インデクサが構成したインデックスに基づいて、検索クエリの機能を提供します。
  ▷ 検索サーバを利用するフロントエンドに対して、Java API や REST API などのインター

　　フェースが公開されます。

- クローラー（crawler）
  ▷ 検索エンジンのように、検索対象となるサイトからドキュメントを収集する必要がある場合は、クローラーを構成します。
  ▷ クローラーは、定期的に検索対象を巡回して、ドキュメントをインデクサに渡して、インデックスを更新します。
  ▷ 定期巡回を行う必要がない場合は、クローラーを構成しないケースもあります。

　これらの構成要素は、必ずすべてを備えなければいけない、ということではなく、システムの要件によって必要な要素を選んで構成することになります。

　以下では、全文検索システムを構成する要素を 3 種類のレイヤに分類して、それぞれ提供する機能・範囲の違いや関係を整理します。

- 検索ライブラリレイヤ
  ▷ コアとなるインデクサとサーチャーの機能を提供するレイヤとなるソフトウェア形態です。
  ▷ 代表的なものに、Apache Lucene（ルシーン、以下 Lucene と表記）があります。Lucene は、転置インデックス方式の検索機能を提供するソフトウェアであり、Java で書かれたライブラリです。
  ▷ 利用者は、文書のインデックス作成と全文検索を行う際には、Lucene を呼び出す Java プログラムを書いて実行する必要があります。
- 検索サーバレイヤ
  ▷ 検索ライブラリ単体で提供される機能を補完するために、インターフェースや管理機能を提供するレイヤです。
  ▷ 代表的なものに、Apache Solr（ソーラー）や本書で紹介する Elasticsearch などがあります。
  ▷ Solr や Elasticsearch は、検索ライブラリである Lucene を補完するように REST API のインターフェース層を備えており、複数ノードからなるクラスタ構成をとることもできます。
  ▷ 検索サーバである Solr や Elasticsearch に、REST API でインデックス作成指示や検索クエリを投げると、内部で Lucene の Java API を呼び出します。
- 検索システムレイヤ（エンタープライズサーチ）
  ▷ 検索サーバをベースにして、対象ドキュメントを自動で収集するクローラー機能や、Web ユーザインターフェース機能などを付加したレイヤです。
  ▷ いわゆる Google 検索と同等の検索システムを企業内で実現して、社内文書の横断的な全文検索を実現するような、複雑な要件を備えた商用製品も数多く販売されています。こ

れらの製品は、通称「**エンタープライズサーチ**」と呼ばれています。オープンソースでの代表的なプロダクトには、namazu や Fess などがあります。

▷ 検索システムは、ニュース情報など社外の情報を収集して検索機能を提供する使い方もありますし、社内でさまざまな情報をインデックス化しておいて、検索クエリによって横断的に情報を探し出す、という使い方もあります。

これらの関係を図に整理すると Figure 1-3 のようになります。

Figure 1-3　全文検索システムを構成する各構成要素のレイヤの関係

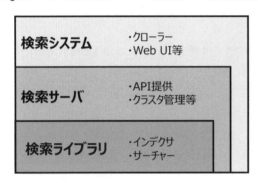

用途によっては、クローラーが不要で検索サーバまでを構成できればよい、といったケースもあります。たとえば、ログ分析の用途では、システムを構成する各サーバから Push 型でログデータを検索サーバへ送信するという使い方も多く、クローラーを使わずにインデックスすることができます。そのような場合には Elasticsearch などの検索サーバがよく使われています。

Elasticsearch の詳しい特徴はこの後に詳しく説明しますが、Elasticsearch が検索サーバとしての役割を持ち、内部では検索ライブラリである Lucene を利用していることは重要なポイントですので、ぜひ理解しておいてください。

また、関連する周辺ソフトウェアとして、ログやシステム情報の収集を行うツール、検索結果を GUI で可視化するツールを組み合わせて使うこともあります。これらは厳密には全文検索システムとは言えませんが、Elasticsearch と親和性の高い周辺ソフトウェアについては、後で合わせてご紹介します。

以上の背景をふまえて、Elasticsearch の特徴について、また Elasticsearch の利用用途や活用事例について紹介していきます。

Column　リレーショナルデータベースと検索システムの違い

　全文検索システムは、対象となるデータを管理・蓄積するという意味では一種のデータベースとも言えます。全文検索システムもリレーショナルデータベースも、データを蓄積・管理するという機能面では共通しています。一方で、両者の違いとしては、リレーショナルデータベースが検索条件に合致するデータをすべて取得するのに対して、全文検索システムは検索条件にどの程度合致しているかをスコアで数値化することができます。スコアを比較することで、最も検索条件に合致している結果を探すという使い方ができます。　また、リレーショナルデータベースがトランザクション処理の信頼性を担保し、SQL をインターフェースとして汎用的に利用できるよう豊富な機能が提供されている一方で、全文検索システムでは検索処理のユースケースを主用途としているため、クエリ性能と大規模用途向けのスケーラビリティを相対的に重視したアーキテクチャになっています。

　どちらも業務要件により、向いている、向いていないという特性がありますので、特性をよく理解した上で適切な選択をするようにしてください。

1-2　Elasticsearch の特徴

　ここからは、あらためて Elasticsearch の特徴について詳しく説明していきます。

　Elasticsearch は、Apache Lucene をベースとした、Java で書かれた全文検索ソフトウェアです。Elasticsearch にドキュメントを格納（インデックス）することで、さまざまな検索や分析を行うことができます。Elasticsearch および関連ソフトウェアの開発は、オランダ・アムステルダムに拠点を置く Elastic 社によって行われています。

　もともと Elasticsearch は、Shay Banon によって 2004 年から開発されていた Compass という検索ソフトウェアが前身となっています。Compass は、彼の妻の料理レシピ情報を検索するためのアプリケーションとして、Lucene をベースにしつつもより簡単に扱える検索サーバとして開発されました。

　Shay Banon は Compass の改善を続けていましたが、よりスケーラブルな検索ソリューションを実現したいと考えて、新しいソフトウェアを一から書き直すことを決心しました。そうして 2010 年に Elasticsearch の最初のバージョンが誕生しました。

　Elasticsearch は、いわゆる open-core ビジネスモデルを採用しており、基本的なコア機能部分については Apache License 2.0 ライセンスを持つオープンソースソフトウェアですが、エンタープラ

イズなどで求められるようなより高機能なオプション部分は Elastic License で管理されています[*1]。後者の部分は以前は X-Pack と呼ばれる有償の追加モジュールでしたが、バージョン 6.3 からはソースコードがリポジトリ上で公開されるとともに、オプション機能という扱いのもと、基本ソフトウェアにも同梱されるようになりました[*2]。なお、オプション機能の一部は Basic ライセンスと呼ばれ無料で利用できますが、それ以外の有償機能を利用する際には Gold または Platinum ライセンス以上のサブスクリプション契約を締結する必要があります（Figure 1-4）。

　本書では、主に Apache License 2.0 ベースのコア機能部分を中心に説明しますが、第 7 章ではオプション機能についても簡単に使い方を解説します。

Figure 1-4　Elasticsearch のサブスクリプションと利用できる機能

[*1] このような open-core ビジネスモデルを採用するソフトウェアの例として、kafka、cassandra、GitLab などがあります。

[*2] We opened X-Pack
https://www.elastic.co/jp/what-is/open-x-pack

1-2-1　Elasticsearch のバージョンについて

Elasticsearch のバージョンは、本書執筆時点（2020 年 5 月）で 7.6.2 となっています。本書の実行環境は、このバージョンを対象にしています。

Table 1-1 の表に、Elasticsearch の主要なバージョン番号とそのリリース日をまとめます。

Table 1-1　Elasticsearch のバージョンとリリース時期について

バージョン番号	GA(一般提供開始日)
0.4	2010-02-08
1.0.x	2014-02-12
2.0.x	2015-10-28
5.0.x	2016-10-26
6.0.x	2017-11-14
6.1.x	2017-12-12
6.2.x	2018-02-06
6.3.x	2018-06-14
6.4.x	2018-08-24
6.5.x	2018-11-15
6.6.x	2019-01-30
6.7.x	2019-03-27
6.8.x	2019-05-21
7.0.x	2019-04-11
7.1.x	2019-05-21
7.2.x	2019-06-26
7.3.x	2019-08-01
7.4.x	2019-10-01
7.5.x	2019-12-03
7.6.x	2020-02-12

Elasticsearch のバージョンは、2.4 の次が 5.0 となっています。これは後述する Kibana、Logstash、Beats などの周辺ソフトウェアも含めたいわゆる「Elastic Stack」全体でバージョン番号を統一することを目的として、この時点でバージョン番号を統一したためです。これまでは Elastic Stack の各ソフトウェアのバージョンがバラバラでわかりづらいという声もあったのですが、5.0 以降のバージョンでは、各ソフトウェアのバージョンが統一されることになります。

Elastic 社は、Elasticsearch の開発メンテナンスおよびサポートに関しては、以下のようなポリ

シーを定めています。

- バージョン番号について
  - ▷ バージョン番号は"x.y.z"（x：メジャーバージョン、y：マイナーバージョン、z：メンテナンスリリース）の形式で表されます。メジャーバージョンが 1 つ上がると後方互換性が失われる可能性があります。また、マイナーバージョンが上がる際にはさまざまな新機能が導入されることがあります。バグ修正のみを行う場合にはメンテナンスリリースが 1 つ上がります。
- サポートポリシー
  - ▷ 基本的に各リリースの GA（一般提供開始日）から 18 か月間はサポート期間として、バグ修正が行われます。
- メンテナンスポリシー
  - ▷ 通常は最新 2 世代のメジャーバージョンに対してのみメンテナンスが行われます。
  - ▷ 現在では最新メジャーバージョンが 7.x で、最新の 1 世代前が 6.x ですので、7.6.x および 6.8.x のリリースが維持されています。次のメジャーバージョンである 8.0.0 が GA になるタイミングで 6.8.x のメンテナンスが終了する予定です。

　最後に一点だけ、後方互換性に関する注意点をお伝えしておきます。それは、Elasticsearch で作成したインデックスが利用できるのは、1 つ先のメジャーリリースまでという制限です。たとえば 5.x の環境で作成したインデックスは、6.x の環境では動作しますが、7.x の環境では動作しないということを意味しています。この制限は、Elasticsearch が内部で利用している Lucene のインデックスが同様の後方互換性の制限を持つことが理由です。Elasticsearch は非常にバージョンアップのスピードが速いソフトウェアですが、特に Elasticsearch をメジャーバージョンアップする場合にはこの制限に注意してください。

1-2-2　Elasticsearch の特徴

　Elasticsearch が Java で書かれた全文検索ソフトウェアであり、ベースに Lucene を利用していることはすでに紹介しました。それ以外の機能面での主な特徴としては以下の 4 点があげられます。

- 分散配置による高速化と高可用性の実現
- シンプルな REST API によるアクセス
- JSON フォーマットに対応した柔軟性の高いドキュメント指向データベース
- ログ収集・可視化などの多様な関連ソフトウェアとの連携

以下では、それぞれの特徴について説明します。

■分散配置による高速化と高可用性の実現

Elasticsearch ではインデックスを作成すると、その内部ではシャードと呼ばれる単位に分割して格納されます。Elasticsearch 7.x ではデフォルトのシャード数は 1 つですが、設定により複数のシャードを構成して分散配置できます。

分散配置は一般的なデータベースでもよく見られるアーキテクチャです。格納するデータ量が増大するにつれて、サーバの CPU、メモリ、I/O 負荷が上昇して、性能が徐々に低下することがあります。このとき保持するデータを複数台のノードに分散して配置することで 1 台当たりのリソース負荷を減らすことができます。この仕組みは、シャーディングもしくはパーティショニングと呼ばれています。Elasticsearch でも同じようにインデックスのデータをシャード単位で分散保持する仕組みを備えています。

シャードに分割することのメリットとして、データを保持するノードを増やすことでインデックスの検索が分散処理されて並列で行えるため、検索性能が向上するという点があげられます。さらに Elasticsearch では、ノードを追加した際のシャードの再構成はすべて自動的に行われます。このため、基本的にはデータノードを追加するだけで性能がスケールするという特徴を持っています。

また、可用性を高める仕組みとして、各シャードに対して、レプリカと呼ばれる複製を 1 つ以上持たせることができます。レプリカがあれば、シャードを保持するノードが 1 台ダウンしてしまった場合でも、レプリカをもとに自動復旧することが可能です。デフォルトでは各シャードに対して 1 つのレプリカが自動的に複製されます。

クラスタを構成する際に、データを保持するノード数に応じてシャードの数を適切に設定すれば、分散配置による高速化の恩恵を受けられますし、レプリカを持たせればサーバ停止によるデータロストを防止することができます。

■シンプルな REST API によるアクセス

Lucene では、インターフェースとして Java API によるアクセスをサポートしています。このため、インデックス作成や検索をするためには、Java プログラムを記述して、コンパイル・実行する必要があります。

Elasticsearch では、HTTP プロトコル上で REST API を使ったアクセスが可能です。インデックスの作成・検索はもちろん、Elasticsearch クラスタの管理・メンテナンスも含めて、すべての操

作を REST API 経由で行うことができます（REST API 以外にも、Java、JavaScript、C#、Python、Perl、Ruby、PHP といった主要な言語ライブラリ経由でのアクセスもサポートされています）。

Elasticsearch で REST API が使えることにはどのようなメリットがあるのでしょうか。

一つには、REST API の URL を見るだけで、どのようなリソースにどのような操作をしているかがクリアになるという点があげられます（「Column　REST API によるアクセス」参照）。REST API を扱えるクライアントツールも数多く公開されているので、簡単に Elasticsearch にアクセスするスクリプトやコードを作成することも可能ですし、REST API によって既存のさまざまなシステムとの連携も容易に実現できます。

Operation 1-1 と Operation 1-2 に、Elasticsearch に対するドキュメントインデックスおよびクエリの操作例を紹介します。詳細な操作方法については第 2 章で説明しますが、このように、操作がすべて REST API により行われるということを知っておいてください。

Operation 1-1　REST API によるアクセスの例（ドキュメントのインデックス）

```
$ curl -XPUT 'http://localhost:9200/twitter/_doc/1?pretty' \
-H 'Content-Type: application/json' -d '
{
    "user": "kimchy",
    "post_date": "2009-11-15T13:12:00",
    "message": "Trying out Elasticsearch, so far so good?"
}'
```

Operation 1-2　REST API によるアクセスの例（ドキュメントのクエリ）

```
$ curl -XGET 'http://localhost:9200/twitter/_search?pretty' \
-H 'Content-Type: application/json' -d '
{
    "query" : {
        "match" : { "user": "kimchy" }
    }
}'
```

Column　REST API によるアクセス

　REST API とは、HTTP プロトコルを使ってリソースの操作を表現する設計方法を指します。「リソース指向の設計」と呼ばれることもあります。

　リソースの操作というのは、たとえば「ユーザの一覧を表示する」「注文を登録する」といったように「何を」「どうする」かを示したものです。「何を」に該当するリソースの情報と、「どうする」に該当する操作の情報を表現するために REST API では次のような方法をとります。

- 扱う対象となる情報である「リソース」は、URI で一意に表現する
- リソースの「操作」は HTTP メソッド（GET、PUT、POST、DELETE、HEAD）で表現する

　REST API には厳密な規定はないものの、シンプルで綺麗な設計をすることで開発者・利用者の双方が使いやすい API となります。このため、REST API の設計の良し悪しは、その製品にとって中核となるポイントになります。

　たとえば、あるアイテムを管理するシステムの REST API を考えます。アイテムの登録・参照・変更・削除といった操作を行う API を設計した場合、以下のような REST API は、URI パスの中に view や create などの動詞を含んでいるため、あまり望ましい設計とは言えません。

Code 1-1　REST API の例（望ましくない例）

```
GET /items/view?id=1234
POST /items/create
DELETE /items/delete?id=1234
```

　代わりに、次のようにリソースの操作を表す動詞部分は、HTTP メソッドで表現した方がより望ましい設計と言えるでしょう。

Code 1-2　REST API の例（望ましい例）

```
GET /items/1234
POST /items
DELETE /items/1234
```

　REST API 設計のお手本として、Twitter や GitHub などの API セットが参照されることがあります。Elasticsearch でも、インデックスやドキュメント、ノードやクラスタといったすべてのリソースを URI で表し、これらを HTTP メソッドで操作します。もし REST API の設計に興味がある方は Elasticsearch の API 仕様にも目を通してみると参考になると思います。

■ JSON フォーマットに対応した柔軟性の高いドキュメント指向データベース

Elasticsearch では、インデックスやクエリの対象となるドキュメントを、すべて JSON フォーマットで表します。インデックス対象のドキュメント、検索クエリ、検索結果も、すべて JSON で表現します。

JSON（JavaScript Object Notation）とは、データ送受信に用いるシンプルで軽量な言語フォーマットです。JavaScript と名前が付いていますが、特に言語の依存性はなく、幅広いプログラム言語の間でのデータの受け渡しに利用できる他、クライアントとサーバ間や、プロセス間の通信などにも使うことができます。

Code 1-3　JSON オブジェクトの例

```
{
  "id": "12345678",
  "name": "Tanaka Ichiro",
  "age": 30,
  "work-start": "2005-04-01",
  "emptype": "regular",
  "address": {
    "line": "2-2-1 Ojima, Koto-ku",
    "city": "Tokyo",
    "postalcode": "168-0042"
  },
  "language": ["Japanese","English"]
}
```

リレーショナルデータベースでは、一般にデータを表形式で扱い、事前にデータ型をスキーマとして登録して使います。一方、Elasticsearch では、格納するドキュメントは事前にスキーマを定義しなくても、データを格納することが可能です。スキーマを定義せずにインデックスをした場合、格納するデータの値を見て、Elasticsearch が自動的にデータの型を推論してくれます（もちろん、明示的にスキーマを定義することも可能です）*3。

Elasticsearch では 1 件のレコードのことを「ドキュメント」と呼びますが、格納する各ドキュメントのデータ構造は、JSON フォーマットに従っていれば自由に定義することができます。

これまでは、データ設計を行いながらも、性能向上のための非正規化や要件の変更発生にともな

＊3　このようなスキーマ定義が不要である特徴を指して「スキーマレス」「スキーマフリー」などと呼ばれることがありますが、Elasticsearch ではスキーマ定義を省略した場合であっても型を推測してスキーマが自動生成されますので、スキーマがないわけではありません。

うスキーマ定義の修正といった対応が必要になることもありました。Elasticsearch の場合は、データ設計としては JSON オブジェクトに表現できさえすれば、後はそのドキュメントを格納するだけで、各項目にインデックスが作成されて、格納後は素早くデータを検索できます。フィールド追加などの要件変更にも柔軟に対応することが可能で、結果として非常にアジャイルな開発フローが実現できます。

■ログ収集・可視化などの多様な関連ソフトウェアとの連携

Elasticsearch は単体で使っても十分優れたソフトウェアですが、関連するソフトウェアと組み合わせることで、全文検索にとどまらない幅広い用途に適用できます。特に、可視化を行う Kibana、ログ収集を行う Logstash、エージェント型で軽量ログ転送を行う Beats と組み合わせて「Elastic Stack」と呼ばれるソフトウェア群全体で連携させることで、高機能なログ分析システムが簡単に構築できます。

これに加えて、Elastic 社が追加実装を行ったセキュリティ、監視、アラート、機械学習による異常検知などのアドオンモジュールがオプション機能として用意されており、エンタープライズレベルの要件についても、これら関連ツールを使って実装が可能です。Elastic 社は検索サーバとしての Elasticsearch を軸にして、利用者の多様なニーズに対応できるポートフォリオを提供しています。

これ以外にも Elasticsearch と連携できるツール・製品も数多くあります。REST API によるシンプルなインターフェースというメリットを生かして、幅広く連携できる点も大きな特徴の一つです。

1-2-3　他の全文検索ソフトウェアとの比較

Elasticsearch と類似していてよく比較される全文検索ソフトウェアに、Apache Solr（ソーラー、以下 Solr と表記）があります。Solr は 2004 年に登場した全文検索ソフトウェアです。両者の共通点・違いを簡単に整理しておきましょう（Table 1-2）。

Table 1-2　Elasticsearch と Apache Solr の比較

	Elasticsearch	Apache Solr
実装言語	Java	Java
ライセンス	Apache License 2.0	Apache License 2.0
開発組織	Elastic 社	Apache Software Foundation

開発開始時期	2010 年	2004 年
バックエンド検索ライブラリ	Apache Lucene	Apache Lucene
クラスタ構成時の調停方式	内蔵のクラスタリング機能	Zookeeper
シャード数の変更	インデックス作成後は変更不可	インデックス作成後も追加（split）は可
シャードの自動リバランス	可能	不可
可視化ツール	Kibana	Banana （Kibana をポーティングしたもの）
サポート提供	Elastic 社およびパートナーが提供	OSS サポートベンダーが提供

　細かな機能などの違いはあるものの、基本的な機能や特徴は両者とも非常によく似通っていると言えます。筆者も両方のソフトウェアを扱った経験がありますが、バージョンアップにともなって、両者の機能差は小さくなってきていると感じています。

　あくまで参考までですが、両者の採用度合いをスコアで表した調査を db-engines.com というサイトが行っているので、紹介します（Figure 1-5）[4]。

Figure 1-5　DB-Engines Ranking による Elasticsearch と Apache Solr の比較

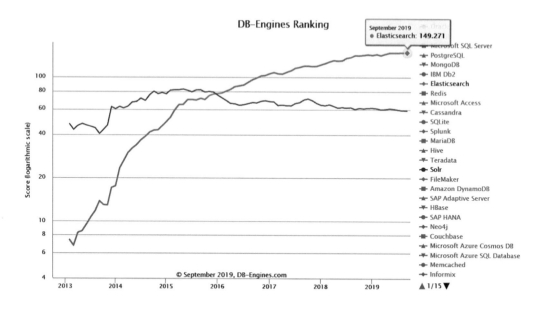

　この調査は、そのソフトウェアに言及しているサイトの数、Google Trends の傾向、そのソフトウェアに関する求職数などをもとにして総合的にスコアリングした結果を時系列に表したという

ものです。

　調査結果を見ると、2016 年を境に両者のスコアが逆転して、Elasticsearch のスコアが今も上昇を続けていることがわかります。ちょうど Elasticsearch 2.x のメジャーリリースが 2015 年末ごろなので、2.x のメジャーリリースをきっかけに徐々に Elasticsearch の採用が拡大してきたという見方もできます。とはいえ、前述したように、両者に大きな機能差はありません。導入を検討する際には、連携する関連ソフトウェアの有無や、利用用途に応じた検証を行うなどして、どちらを使うかを選択すればよいでしょう。

1-3 Elastic Stack について

　2016 年に、Elastic 社の創業者でもある Shay Banon は、それまで「ELK Stack」（Elasticsearch、Kibana、Logstash を合わせた総称）と呼ばれていた名前をあらためて、今後は「Elastic Stack」とすることを決めました。理由の 1 つには、Elasticsearch 5.0.0 のリリース時に Beats という 4 つ目のソフトウェアがポートフォリオに加わったためなのですが、もう 1 つは、これまでバラバラであった各製品のバージョン番号を統一するためという理由もあります。今後はバージョン番号が揃うだけでなく、これら 4 つの製品は開発・テスト・リリースも一緒に行われて統合管理されるようになります（Figure 1-6）。

Figure 1-6　Elastic Stack の構成

　以下では、Elastic Stack を構成する Kibana、Logstash、Beats の概要について簡単に紹介します。システム構築の解説は、第 6 章で行います。

1-3-1 Kibana

Kibana は、Elasticsearch に格納されたデータをブラウザを用いて可視化するツールです。Kibana 自体は HTML と JavasSript で書かれており、バックエンドとして Elasticsearch にクエリを投げて、検索結果を UI として表示するソフトウェアです (Figure 1-7)。

利用者が Elasticsearch に格納されたデータを分析する際に、直接クエリを投げてもよいのですが、Kibana の UI を使うことで、各種のグラフやヒストグラム、地図と重ね合わせた表示など、非常に表現力の高い可視化が手軽に実現できます。その他にも、Aggregation という Elasticsearch の強力な検索・分析機能を利用して、複雑なデータに対するドリルダウンを行ったり、一定間隔で自動的に画面表示をリフレッシュさせる機能を活用することで、常に最新状況を表示する分析ダッシュボードとして利用することもできます。

Figure 1-7　Kibana による可視化の例

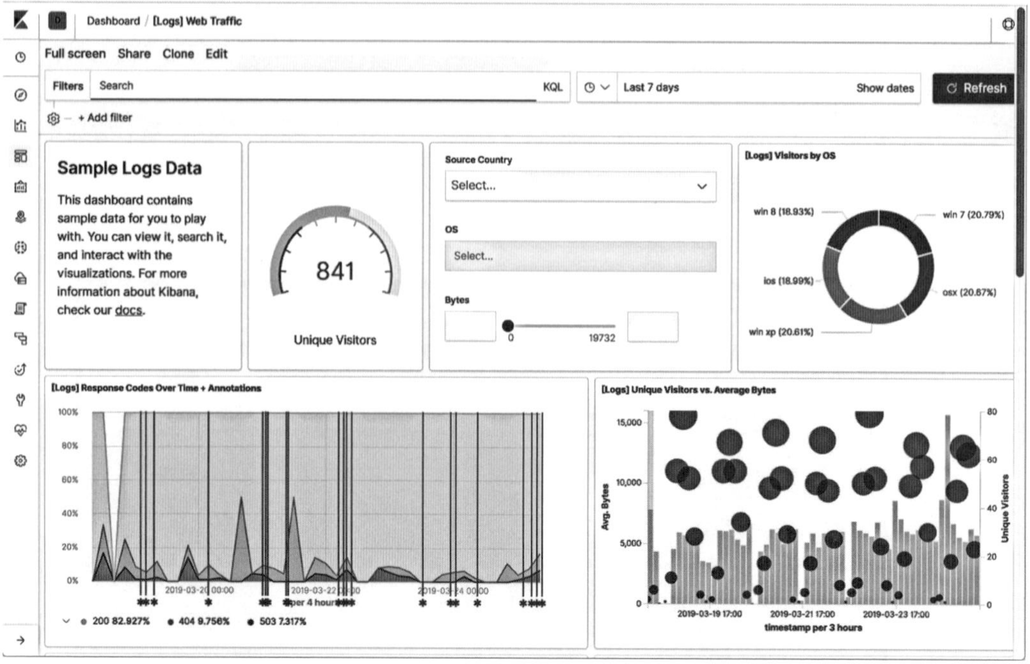

1-3-2 Logstash

Logstash は、データ、ログを収集・加工・転送するためのデータ処理パイプラインを実現する
ツールです。Logstash は「Input」「Filter」「Output」の 3 つの要素から構成されます。

- Input：収集対象となるデータ種別に応じて、ログファイルの読み込み、データベース、ソケッ
  トからのデータキャプチャ、Twitter をはじめとした各種ネットワークサービスなどからの
  データ取得を行います。豊富なデータソースに対応したプラグインが各種提供されています。
- Filter：入力したデータの変換、加工処理を行う機構です。
- Output：相手のシステムにデータを送信・格納する仕組みですが、Elasticsearch だけでなく、
  ファイル、メール、Kafka、MongoDB、Amazon S3 といったサービスにもデータを出力するこ
  とができます。

Logstash は 200 を超えるプラグインを持ち、これらを組み合わせて容易にデータパイプライン
を構成することができる点が特徴です（Table 1-3）。

Table 1-3　Logstash のプラグインの例

種別	プラグイン名	機能
入力プラグイン	beats	Beats からデータを受信する
	jdbc	JDBC データをイベントとして受け取る
	syslog	syslog メッセージをイベントとして受け取る
	twitter	twitter streaming API からイベントを受け取る
フィルタ	grok	非構造データからデータを抽出する
	geoip	IP アドレスから地理情報を得る
	date	日付情報をパースして timestamp データにする
	json	json イベントをパースする
出力プラグイン	elasticsearch	Elasticsearch へ出力を行う
	file	ファイルへ書き出す
	kafka	kafka トピックへイベントを書き出す
	mongodb	MongoDB へイベントを書き出す

1-3-3　**Beats**

Beats は、ログやメトリクスデータを収集、転送するための軽量データシッパーです。Beats はデータ発生元となるサーバに、直接エージェントをインストールして動作させます。現時点では以下の 8 種類のエージェントがあり、集めたいデータにあわせてインストールして使うことができます。

- Filebeat：ログファイルの収集
- Metricbeat：サーバメトリクスの収集
- Packetbeat：ネットワークデータ（パケットデータ）の収集
- Winlogbeat：Windows イベントログの収集
- Heartbeat：稼働状況の収集
- Auditbeat：監査データの収集
- Functionbeat：AWS Lambda のようなサーバレス環境上でのクラウドログ・メトリクスの収集
- Journalbeat：systemd journal ログの収集

Beats は、インストールしたサーバにできるだけ負荷を与えないように、収集したデータを Elasticsearch または Logstash に転送することだけを行います。もし、より高度なデータ処理がしたい場合や、Beats が提供しない入力データを扱いたい場合には、Beats の代わりに Logstash を使うようにします。

1-4　Elasticsearch のユースケース

Elasticsearch はもともと全文検索を実現するソフトウェアですが、前述のとおり、柔軟性や拡張性が高いため、単に文書を検索する以外にもさまざまな用途に活用できます。

ここでは、代表的なユースケースをいくつかご紹介します。

■全文検索

本来の利用用途である全文検索システムとしても、Elasticsearch は数多くの場面で使われています。本章の冒頭でも説明したように、全文検索システムとして構成するためには、検索対象となる文書を収集、格納する仕組みも必要となります。このため、インターネットやイントラネットを探索して文書を収集する、クローラーのようなサブシステムと組み合わせて使われることにな

ります（Figure 1-8）。

Figure 1-8　全文検索システムの構成イメージ

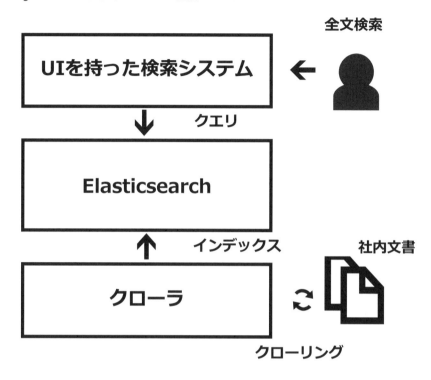

たとえば、社内に格納されている文書、情報、メールなどを Elasticsearch にすべて収集して、これらを横断的に検索できる仕組みを作ることで、社内の知識データベースを構成する、いわゆるナレッジマネジメントシステムを作ることができます。

また、EC サイトのような Web システムを利用するユーザ向けに、商品情報（商品名、価格・サイズなどの属性情報、商品説明、口コミなど）を Elasticsearch に登録して検索できるような仕組みも考えられます。絞り込み検索やハイライトなどの Elasticsearch の豊富な検索機能を活用することで、利用者の利便性を向上させることもできます。

■アクセスログとアプリケーションログ分析

全文検索以外で Elasticsearch がよく利用されるケースとして、ログ分析があげられます。システムが出力するアプリケーションログや、アクセスログなどのファイルを、1か所に収集することで、分析を行うことが可能になります。Elastic Stack のようなログ収集や可視化の関連ソフトウェ

アと連携させることで、非常に簡単にスケーラブルなログ収集・分析システムを構成できるため、多くの利用者がログ分析として Elasticsearch を活用しています。

　具体的な活用方法としては、業務に関するログファイルを定期的に Elasticsearch に収集して、クエリや可視化を使った分析を行う例があげられます。可視化や分析によって、ある傾向や問題点が見えてくることがあるため、分析結果をもとに、どのような施策・対策を打つことができるのかを判断し、業務の改善に役立てます（Figure 1-9）。

Figure 1-9　ログ分析システムの構成イメージ

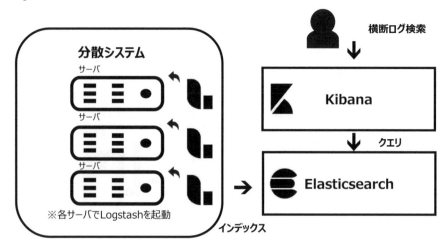

　例として、ブログサイトを運用している管理者であれば、次のような可視化・分析方法が考えられます。

- どの記事が人気があるのかを、ページビューの多い順にソートする
- アクセス元 IP アドレスのデータから、どの地域からのアクセスが多いのかを分類する
- ユーザの使っているブラウザなどの端末情報の傾向を見る
- ステータスコード 500 などのエラー事象が発生していないかをチェックする
- ステータスコード 404 の発生数が異常に多いなどの不正アクセスの痕跡が残っていないかを確認する

■分散システムの横断ログ検索

先ほどのアクセスログ・アプリケーションログの分析と近いユースケースですが、ここで言う「分散システム」の意味は、役割を分担した複数台のサーバで構成されるシステムのことを指しています。あるシステムを 1 台のみではなく複数台のサーバで構成することは珍しくなくなりました。これは、可用性を高めるために 2 台以上のサーバで構成したり、あるいはユーザリクエストを処理するフロントシステムとデータベースのようなバックエンドシステムを分離することで拡張性・柔軟性を高めるためだったり、さまざまな背景があります（Figure 1-10）。

Figure 1-10　横断ログ検索システムの構成イメージ

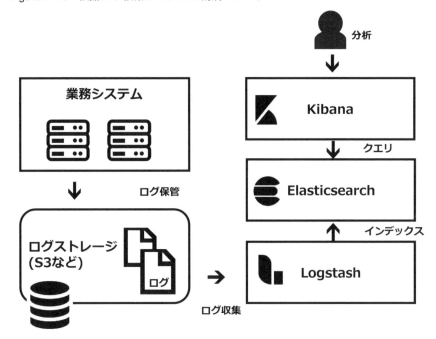

この際によく問題になるのが、エラーログやデバッグログを、全サーバ間で突き合わせして確認したいケースです。着目している事象に関するログは、各サーバに分散して、かつ、フォーマットもおのおの異なる形で出力されているため、エラー発生時の原因調査などの場合に無駄に時間がかかってしまうことがあります。

ここで、各サーバのログを Elasticsearch に一括して収集するようにすることで、着目するキーワードを用いて、全サーバのログを対象に横断検索を行うことができます。この応用例として、システムを構成する各サーバで統一したリクエスト ID やイベント ID をシステムログに出力する

ことで、分散したサーバのログの横断検索ができるため、格段に運用管理の効率が向上します。

■異常検知

異常検知とは、通常よく観測されるパターンから逸脱した事象を観測するための分析手法を指します。機械学習を用いた手法がいくつか提案されており、適用対象により適切な方法がありますが、Elasticsearch を利用して異常検知を行うこともできます。

1 つは、Elasticsearch の Significant Terms Aggregation という機能を使う方法です。この機能は、Aggregation と呼ばれる、クエリ結果を分類・集計する機能の副次的機能です。たとえば、あるシステムのアクセスログを分析する際に、「レスポンスタイムが 2 秒以上かかったリクエストに着目した際に、特に目立って多いブラウザ種別は何か？」「イギリス全土の犯罪記録のうち、ロンドン市内に限定した場合に目立って多い犯罪種別は何か？」といった分析を、クエリにより行うことが可能です。

もう 1 つは、第 6 章で後述する Machine Learning 機能を使う方法です。Machine Learning 機能は、Elastic 社が追加実装しているオプション機能の一つです。格納データに基づいて強力な異常検知を行う機能を備えており、株価データや企業の売上高のような時系列データを、統計的に処理して変化点を検出するような使い方が可能です。

■ IoT デバイスのセンサデータの可視化

Elasticsearch が扱えるのは、日本語の文章のような自然言語だけではありません。JSON フォーマットであれば、どのようなデータでも格納できるので、IoT デバイスからセンサデータを収集しているようなケースでも、Elasticsearch に格納して可視化・分析することが可能です。

特に、Kibana を使ってセンサデータの可視化を行うことで、データの傾向を直観的に理解することができるため、グラフを見て工場のラインの歩留まりが悪いエリアを探し出す、といった使い方が可能です。これまで管理できていなかったデバイスデータを収集することが、IoT 活用の第一歩ですが、Elasticsearch へデータを格納するだけで、収集したデータの可視化・分析が容易に行えるので、有用なユースケースの一つと言えるでしょう。

■セキュリティ脅威分析（SIEM）

近年、サイバー攻撃は高度化、多様化しており、従来のシンプルな監視だけではセキュリティ対策として十分とは言えなくなりました。Beats や Logstash を使ってホストおよびネットワーク

関連のセキュリティログやイベント情報を Elasticsearch に格納して、これらの情報を組み合わせて一元管理することで、セキュリティ脅威に対する高度な分析を行うことができます。こうしたセキュリティ脅威分析は、SIEM（(Security Information and Event Management）とも呼ばれます。

Kibana 7.6 からは SIEM の機能が専用アプリケーションとして提供されるようになり、ユーザは Beats/Logstash を用いてリアルタイムに Elasticsearch へ格納されるセキュリティログ、イベント情報を Kibana のダッシュボード上で直観的かつ効率的に分析することが可能になりました。

Elasticsearch は検索性能の高さが特長でもあるため、多種多様なログやイベント情報の検索を組み合わせた分析用途に活用することは非常に効果的です。

1-5　Elasticsearch の導入事例

前述したように、Elasticsearch の活用方法は幅広いため、導入事例も数多くあります。ここではその中から、Elastic 社が定期的に開催している「Elastic{ON}」というテクニカルカンファレンスにおける発表事例から、2 つだけ特徴的なものをご紹介します。

■日本経済新聞社

株式会社日本経済新聞社は、販売部数 220 万部以上の日本経済新聞朝刊（2019 年 12 月）と、電子版会員数 466 万の日経電子版（無料登録含む。2020 年 1 月）という PC やスマートフォンなどからアクセスできる媒体を提供しています。

日経電子版では数百万件ある記事の全文検索機能を提供しており、ここで Elasticsearch が使われています。また、アクセスログの分析にも Elasticsearch を利用しており、1 日当たり 3 億件にもなるアクセスログを数週間の間保持して、データ分析に活用しています。

記事の全文検索として Elasticsearch を利用するだけでなく、記事にアクセスした際のアクセスログの分析にも活用している点が特徴的です。

■リコー

株式会社リコーでは、同社のシステム環境に展開されるほぼすべての IT デバイスからのログを Elastic Stack に集約しています。これらのログを利用して IT 環境全体の可視化や、セキュリティ対策に活用しています。

収集するログの量は 1 日約 2TB にもなり、35 ノード、400TB を持つクラスタで処理しています。格納しているドキュメント数は 2018 年末時点で 3450 億ドキュメントになり、現在はさらに

増えているそうです。

　これら以外にも海外事例としては、GitHub、Facebook、eBay、Uber など数多くの事例があります[*5]。Elastic 社のサイトにも掲載されていますので、興味があればぜひ Elasticsearch の使い方の参考にしてみてください。

1-6　　まとめ

　本章では Elasticsearch が登場した背景をはじめに説明し、その中でも、全文検索の仕組み、および、転置インデックスの仕組みを解説しました。Elasticsearch は検索ライブラリの Apache Lucene をベースとしており、便利な特徴をいくつも備えています。クラスタを簡単に構成することができ、インデックスは内部ではシャードと呼ばれる単位で分割されて分散配置されるため、高速化と高可用性が実現されています。また、REST API を使って JSON フォーマットの文書を扱えるという特徴を持ち、全文検索の用途のみでなく、ログ分析などの幅広い用途で使われていることも紹介しました。

　Elasticsearch が登場したのは 2010 年です。これは他の全文検索ソフトウェアと比べると後発と言えます。しかし、後発であるがゆえに、今の時代に必要とされる多くの特徴が取り込まれたアーキテクチャになっています。

　ちょうど 2006 年から 2010 年ごろにかけては、これまでにない新しい技術の波が次々と押し寄せてきた時代でした。Amazon Web Services が 2006 年に登場してクラウド時代の幕を開けました。同じ年には Hadoop が Apache のプロジェクトになり、スケールアウト型のデータ分析基盤が企業でも広く使われ始めます。また、多くの Web サービスでは JavaScript が再注目され始めるとともに、JSON が RFC4627 として策定されたのもこの頃です。

　Shay Banon は、前身である compass をよりスケーラブルにするために、Elasticsearch を一から作り直しましたが、背景にはこのような技術の潮流もあったものと考えられます。REST API インターフェースや JSON フォーマットの採用など、今のプロダクトに多く見られる特徴を備えたアーキテクチャであることも、利用者が現在も拡大している一因と言えるでしょう。

　第 2 章では Elasticsearch の基礎として、あらためて用語を整理するとともに、システム構成やシステムの導入手順についても説明を行います。

＊5　ユーザストーリー
　　https://www.elastic.co/jp/use-cases

第2章
Elasticsearchの基礎

第1章では、全文検索の仕組みとElasticsearchがどのようなソフトウェアなのか、その特徴や活用方法など、一般的な内容について紹介しました。

第2章では、Elasticsearchの構成方法や導入手順といった具体的な作業について解説します。また、その際に必要な用語や概念の説明も行います。また、Elasticsearchの操作をする際によく利用されるKibanaについても本章で簡単に導入手順を説明します。Elasticsearchは手元の環境やクラウド環境でも容易に導入ができる製品です。本章の内容を読んで、実際に皆さんの環境でもElasticsearchを動かしてみていただくと、より一層理解が深まることと思います。

2-1　　用語と概念

　第 1 章で Elasticsearch の概要について紹介をしましたが、ここであらためて Elasticsearch で使われる用語と概念を整理して説明します。

　Elasticsearch に固有の用語も多くありますが、大きく分けて以下のように論理的な概念と物理的な概念とで区分をすると理解がしやすくなるでしょう。

2-1-1　　論理的な概念

　まず論理的な概念として、Elasticsearch で扱われるデータがどのように表されるのかを見ていきましょう。それぞれの関係を理解するのが少し難しいかもしれませんが、最後に概念図を使って整理しますので、そちらも参考にしてみてください。

■ドキュメント（Document）

　Elasticsearch に格納する 1 つの文章の単位を**ドキュメント**と呼びます。リレーショナルデータベースで言えば、テーブルに格納される 1 行のレコードに該当します。一般的なリレーショナルデータベースと異なるのは、Elasticsearch で格納するドキュメントは、JSON オブジェクトであることです。

　Elasticsearch ではインデックスへの格納も検索もドキュメントの単位で行います。ドキュメントの中身は 1 つ以上のフィールド（フィールドについては後述）によって構成されます。ドキュメントの例として、氏名、年齢、住所、部署のフィールドを含んだ 1 人の従業員を表す JSON オブジェクトがあげられます。また、タイムスタンプ、リクエスト URL、ステータスコードなどのフィールドが含まれた Web サーバのアクセスログを JSON フォーマットにしたレコードもドキュメントの例としてあげられます。**Code 2-1** はそのようなドキュメントの例です。

Code 2-1　ドキュメントの例

```
{
  "host": "192.168.100.50",
  "ident": "-",
  "user": "-",
  "date": "2017-09-10T17:35:01",
  "request": "GET http://www.example.com/index.html HTTP/1.1",
```

```
    "status": "200",
    "bytes": 1850
  }
```

　ここで、ドキュメントを示す JSON オブジェクトの基本的な表記としては、全体を { } で囲み、キーと値からなるフィールド要素を「キー：値」の形式で表します。フィールド要素が複数ある場合には各要素をカンマ（,）で区切ります。フィールド要素は型に応じてさまざまな表記が可能ですが、記法については後述します。なお、JSON 記法にはコメント構文がないため「"bytes": 1850 ### コメント」といった書き方はエラーになるので、注意してください。

　ドキュメントを Elasticsearch に格納する際には、各ドキュメントを内部で管理するための ID が付与されます。ID はインデックスへ格納時にユーザが明示的に指定することもできますが、指定しなかった場合には、Elasticsearch が自動的に ID を採番します。

■フィールド（Field）

　ドキュメント内の項目名（key）および値（value）の組をフィールドと呼びます。上記の例で言うと「"host": "192.168.100.50"」の部分が 1 つのフィールドに該当します。ドキュメントは 1 つ以上のフィールドから構成されます。なお、Elasticsearch における転置インデックスは、フィールドごとに作成、管理されています。このため、クエリを実行する際には、基本的にフィールド単位で検索をすることになります。

　フィールドの値としてサポートされるデータ型についても簡単に説明しておきます。値に格納できるデータとしては、文字列、数値、日付などの基本データ型や、配列やネスト（入れ子）構造のデータのような複雑なデータ型も格納することができます。

　以下に、よく使われる代表的なデータ型をいくつか紹介します。より詳細なガイドについては脚注の URL[1]を参照してください。また、フィールドに定義するデータ型（いわゆるスキーマ）の指定方法についても後ほど説明します。

- 文字列を表すデータ型（text, keyword）
  　文字列を表すデータ型には、text と keyword の 2 種類があります。同じ文字列を扱うデータ型が 2 種類あることで多少混乱するかもしれませんが、この 2 つは検索の目的によって使い分けるものだと考えてください。

＊ 1　Elasticsearch Reference – Field datatypes
　　　https://www.elastic.co/guide/en/elasticsearch/reference/7.6/mapping-types.html

◇ text 型

　　text 型は、文字列からなる文章を格納するデータ型です。ニュース記事の本文、商品を説明する文章、blog のエントリ本文などに使うことができます。text 型のフィールドは、格納時にアナライザ（Analyzer）によって文章を構成する各単語に分割されて、分割された単語ごとに転置インデックスが構成されるという特徴があります。アナライザのふるまいについては第 4 章でも詳しく紹介します。ここでは、text 型のデータは格納する際に単語ごとに分割されること、また、クエリの際には単語を指定して検索する使い方になることを知っておいてください。

　　▷ text 型の例：{ "news": "Powerful hurricane heads toward Ireland." }

◇ keyword 型

　　keyword 型は、text 同様に文字列を格納できます。text 型との大きな違いとして、keyword 型は格納した文字列を「**完全一致**」で検索する用途で使います。keyword に格納したデータは、アナライザによる単語分割処理が行われません。たとえば、メールアドレスや、Web サイトの URL、タグ分類を行う際のタグ名といったデータは、分割せずに格納・検索したいケースが多いはずです。以下の例では、データは keyword 型として格納されていると想定します。keyword 型の場合、クエリの際に、部分文字列である"yamada"や"example.com"などを検索条件に指定してもヒットしません。完全一致となる、"taro.yamada@example.com"というクエリ条件で検索しなければヒットしないことに注意してください。

　　▷ keyword 型の例：{ "author": "taro.yamada@example.com" }

- 数値を表すデータ型（long, short, integer, float など）

　　数値を表すデータ型として、long、short、integer、float など数値型に応じたさまざまな型が利用できます。値の部分はダブルクォート「"」で囲まず、そのまま記述します。これらのデータは数値の大小による比較が可能です。数値の範囲を指定したレンジ検索を行いたい場合にも、これらのデータ型が用いられます。

　　▷ long 型の例：{ "price": 3200 }
　　▷ float 型の例：{ "temp": 25.1 }

- 日付を表すデータ型（date）

　　日付を表す際には、date という型で日付を表します。"2019-09-15"のような日付のみの表記、"2017-09-15T17:30:10"のような時刻も含めた表記、または"1568536200000"のように

UNIX エポック（1970/1/1 0:00:00）からのミリ秒数での表記、といったフォーマットのいずれかを指定して使います[2]。

> ▷ date 型の例：{ "birth": "2006-10-19T18:30:10" }

- 真偽を表すデータ型（boolean）

　　真偽を表す際には、boolean という型を使います。true または false を指定できます。数値型と同様に、値の部分はダブルクォート「"」で囲まず、そのまま記述します。

> ▷ boolean 型の例：{ "completed": true }

- オブジェクトを表すデータ型（object）

　　JSON オブジェクトは、ネスト（入れ子）構造を持つことができます。Elasticsearch では object 型というデータ型を用いると、JSON オブジェクト自体をデータ型として扱うことができます。以下の例では、"book"という項目名（key）に対して、値（value）が JSON オブジェクト（{ "title": "Elasticsearch guide", "price": 500 }）となっています。

> ▷ object 型の例：{ "book": { "title": "Elasticsearch guide", "price": 500 } }

- 配列を表すデータ型（array）

　　任意の型を配列として表すために、array 型というデータ型を定義することができます。このとき、配列の各要素は同じデータ型をとります。以下にいくつかの array 型の例を示します。

> ▷ 数値の array 型の例：{ "ids": [1, 2, 3] }
> ▷ 文字列の array 型の例：{ "city": ["Tokyo", "Osaka", "Nagoya"] }
> ▷ object の array 型の例：{ "vms": [{ "host": "web01", "flavor": "small" }, { "host": "db01", "flavor": "large" }] }

- その他特殊な用途で利用されるデータ型（geo_point, ip など）

　　その他にも Elasticsearch にてある特定の用途に合わせた便利なデータ型がいくつかあります。以下に一例として geo_point 型と ip 型の例を示します。geo_point 型は地図データと組み合わせて緯度経度による範囲検索を行う際に便利な型です。また、ip 型も IP アドレスや IP アドレスレンジ（CIDR）を使った検索などで用いることができます。

＊2　バージョン 7.0 からは date_nanos というデータ型によりナノ秒まで扱うことも可能になりました。

▷ geo_point 型の例：{ "location": { "lat": 35.68, "lon": 139.76 } }

▷ ip 型の例：{ "ip_addr": "192.168.1.1" }

Column　マルチフィールド型について

　マルチフィールド型という、少し特殊なデータ型の使い方について紹介します。これは 1 つのフィールドに、同時に複数のデータ型を定義できる機能です。あるフィールドに対して、text 型による形態素解析された単語単位の検索と、keyword 型による完全一致検索の両方ともクエリで利用したい、という場合にはマルチフィールド型の機能が必要となることがあります。例として、アクセスログ分析をするために、クライアントの種別を格納するユーザエージェントの文字列をフィールドとして定義することを考えてみます。一般に、ユーザエージェントの文字列の構成は複雑で、部分的な文字列を見ても判別ができません。そこで、完全一致検索するための keyword 型が必要になります。

- IE10 の UserAgent：Mozilla/5.0（compatible; MSIE 10.0; Windows NT 6.2; Win64; x64; Trident/6.0）
- Chrome28 の UserAgent：Mozilla/5.0（Windows NT 6.1）AppleWebKit/537.36（HTML, like Gecko）Chrome/28.0.1500.63 Safari/537.36

　一方で、"MSIE"や"Chrome"のような部分文字列を使った検索、集計などを行いたいケースも考えられます。このように、1 つのフィールドに対して、複数の種類のクエリを実行するために、マルチフィールド型として text 型、keyword 型の両方を定義することが可能です。

　実は Elasticsearch 5.0 以降では、マッピング定義で型を明示的に定義していない状態で、文字列をインデックスに格納すると、そのフィールドはデフォルトで text 型と keyword 型のマルチフィールドとして定義されるようになっています。このため、実際には何も意識しなくても暗黙的にマルチフィールドが定義されるため、上記の例のような使い方はできるようになっています。逆に、暗黙的にマルチフィールドが定義されることで多少インデックス容量が増加するので、もし用途が明確であれば text 型もしくは keyword 型を明示的に定義する方が望ましいでしょう。

■インデックス（Index）

　Elasticsearch においてドキュメントを保存する場所を**インデックス**と呼びます。ただし、格納したドキュメントがそのまま格納されているのではなく、後で検索を効率的に行うために、文書をアナライザによって単語に分割したり、転置インデックス情報を構成したりして、さまざまなデータ形式で保存されています。また、インデックスが格納される際には、一定数のシャードと呼ば

れる単位に分割されて各ノードに分散して格納されています。なお、インデックスという言葉は、上記のように、格納される場所のことを指す他に、格納する動作自体のことを指す場合があります（「インデックスする」など）。混同を避けるために、格納する動作を表す際には、本書ではできる限り「インデックスを作成する」「インデックスに格納する」という表現を使うようにします。

■ドキュメントタイプ（Document type）

　ドキュメントタイプは、ドキュメントがどのようなフィールドから構成されているか、という構造を表す概念です。

　ドキュメントは複数のフィールドから構成され、ドキュメントの性質によって、どのような構造かが決められているものです。たとえば、日記やブログなどの文章を投稿するタイプのドキュメントであれば、ユーザ名、投稿日時、投稿本文、コメント、などが構成要素となるでしょう。このように、ドキュメントに含まれるフィールドの型や属性情報などのデータ構造が定義されたものを、ドキュメントタイプと呼びます。1つのインデックスに定義できるドキュメントタイプは1つのみです。

Note　ドキュメントタイプ

　Elasticsearch 5.x までは、1つのインデックスの中に、複数のドキュメントタイプを定義してまとめて格納、管理することができました。しかし、Elasticsearch 6.0 以降では1つのインデックスに格納できるドキュメントタイプは1つのみとなりました。Elasticsearch 7.0 以降ではリクエスト API におけるタイプ名の指定も廃止されたため、利用者がタイプ名を意識することはなくなりました。

参考：https://www.elastic.co/guide/en/elasticsearch/reference/7.6/removal-of-types.html

---

■マッピング（Mapping）

　ドキュメントタイプを具体的に定義したものとして、ドキュメント内の各フィールドのデータ構造やデータ型を記述した情報をマッピングと呼びます[3]。各フィールドのデータ型を、Operation 2-1 のようなマッピング定義を行って宣言できます。

＊3　「1-2-2 Elasticsearch の特徴」にてデータ型を定義するスキーマについて紹介しましたが、このスキーマのことを Elasticsearch ではマッピングと呼びます。

Operation 2-1　マッピングを定義するコマンドの例

```
$ curl -XPUT http://localhost:9200/my_index/_mapping \
-H 'Content-Type: application/json' -d '
{
  "properties" : {
    "user_name" : { "type" : "text" },
    "message" : { "type" : "text" }
  }
}
'
```

ここでは"my_index"というインデックスに対するマッピングとして、"user_name"、"message"というフィールドをそれぞれ text 型として定義しています。

　ただし Elasticsearch では、必ずしも事前にこのようなマッピングを定義していなくてもドキュメントを格納できます。事前にマッピングが定義されていない場合、Elasticsearch が各フィールドのデータ型を推測して、自動的にマッピングを定義してからドキュメントを格納してくれます。

　ここまで論理的な概念として、ドキュメント、フィールド、インデックス、ドキュメントタイプ、マッピングについて説明しました。それぞれの関係を整理するために、包含関係を表した概念図を示します（Figure 2-1）。

　1 つ以上のフィールドを持つドキュメントが格納される場所がインデックスです。この際に各ドキュメントの構造を表す概念としてドキュメントタイプがあり、インデックスに 1 つだけ定義されます。ドキュメントタイプにおいて、フィールドのデータ型などの具体的な定義を行うのがマッピングとなります。

Figure 2-1　インデックス、タイプ、ドキュメント、フィールドの概念図

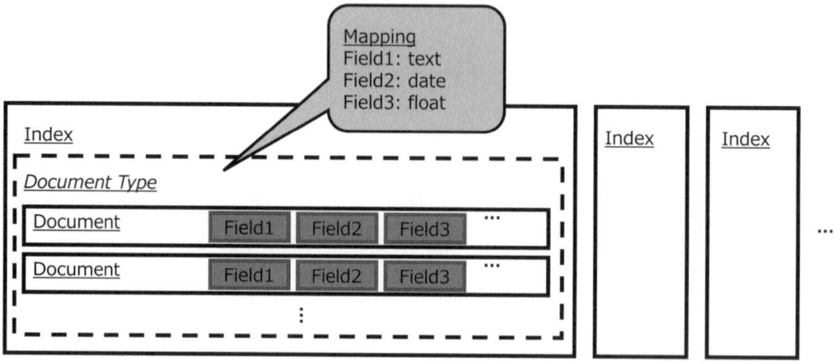

2-1-2　物理的な概念

次に物理的な概念として、Elasticsearch が動作するサーバ（群）の中身を見ていきたいと思います。本節の最後にそれぞれの関係を概念図で整理します。

■ノード（Node）

Elasticsearch が動作する各サーバのことを、ノードと呼びます。Elasticsearch は Java VM 上で動作しますので、Elasticsearch が動作する 1 つの JVM インスタンスのことを、ノードと考えても構いません。各物理（または仮想）サーバの OS 上に 1 ノードだけ起動するのが典型的なデプロイ方法ですが、1 つの OS 上に複数の Elasticsearch ノードを起動することも可能です。

　各ノードは設定ファイルで指定できる一意のノード名（node.name）を持っています。

Note　複数ノードのポート番号

　1 つの OS 上で複数の Elasticsearch ノードを起動する場合は、リスンするポート番号や、データ格納用ディレクトリなどが重複しないよう、構成設定には注意が必要です。

■クラスタ（Cluster）

Elasticsearch は複数のノードを起動すると、お互いにメッセージを送信し合い、自律的にノードのグループを形成することができます。協調して動作するこのノードグループのことを、クラスタと呼びます。各ノードは設定ファイルで指定できる一意のクラスタ名（cluster.name）を持ち、同じクラスタ名を名乗るノードグループを見つけると、これらのノードは同一のクラスタを形成します。逆に、2 つのノードグループにそれぞれ異なるクラスタ名を設定することで、2 つのクラスタを稼働させることもできます。

　Elasticsearch では、複数のノードでクラスタを構成することを最初から想定して設計されており、ノード名やクラスタ名などの簡単な設定を行うだけでクラスタを構成できます。クラスタ構成時の設定方法の詳細については、後述する Elasticsearch の導入に関する節にて説明します。

■シャード（Shard）

　第 1 章でも紹介したように、Elasticsearch ではインデックスのデータを一定数に分割して、異なるノードで分散保持することにより、検索性能をスケールできる仕組みを持っています。この分割した各部分のことをシャードと呼びます。

　仮に 1 台のノードだけでインデックスを保持する仕組みだとすると、インデックスに格納されるドキュメント数が増大するにつれて、CPU やメモリ、ディスクなどのリソースが不足して、最終的には処理可能なリソースの上限に達してしまいます。Elasticsearch のように複数ノードで分割して分散保持・分散処理できるようにすることで、1 台で処理できるよりもはるかに大容量のドキュメントを管理できるというメリットがあります。

　シャードの実体は、具体的には各ノード上に作られる Lucene インデックスファイルです。Elasticsearch は分散したノード間で連携、協調しながら、各ノードローカルにある Lucene インデックスファイルに対して、格納や検索などの操作を実行しています。

　なお、シャードの数は事前に指定して決めておく必要がある点に注意してください。シャードの数は、インデックス作成時に指定できますが、インデックス作成後に自由に増減させることが難しいためです。このため、将来的なデータ量の増大や、拡張可能なノード数を事前にある程度想定して、シャード数を決める必要があります。この問題については「2-2-3　シャード分割とレプリカ」の節で詳しく考えていきます。

■レプリカ（Replica）

　シャードあるいはノードの可用性を高めるために、各シャードは自動的に複製される仕組みがあります。この複製のことをレプリカと呼びます。複製元となるオリジナルのシャードをプライマリシャードと呼び、複製されるシャードのことをレプリカシャードと呼びます。インデックスが更新される際は、必ず最初にプライマリシャードに反映されてから、次にレプリカシャードを複製するようになっています。

　さて、ノードの可用性を担保するためには、プライマリシャードとレプリカシャードを同じノードに割り当てないようにする必要がありますが、Elasticsearch ではこの点を考慮して、自動的に異なるノードへ割り当てる機能を持ちます。もしノード障害によりプライマリシャードが失われた場合は、レプリカシャードのうち 1 つが選定されて、自動的にプライマリシャードに役割が変更されます。

　また、可用性以外にレプリカが有用なもう 1 つのケースとして、検索性能の向上があります。検索処理はレプリカシャードにも並列で行われるため、レプリカを構成することで検索性能が向

上するというメリットがあるわけです。

　前述したシャード数の設定とは異なり、レプリカ数の設定はインデックス作成後も動的に変更することができます。このため、可用性や検索性能の要件に応じて、柔軟にレプリカ数を変えるという運用も可能です。

　ここまで物理的な概念として、ノード、クラスタ、シャード、レプリカについて説明しました。それぞれの関係を概念図で整理しましょう（Figure 2-2）。

Figure 2-2　ノードとクラスタの関係、および、シャード、レプリカの配置
　　　　　　の概念図

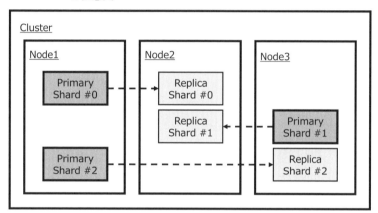

　このようにElasticsearchでは、各シャードおよびそのレプリカが各ノードに分散されて配置できる仕組みを持っており、ノード障害が起きても可用性が担保されるとともに、格納するドキュメント数が増えても検索性能が劣化しにくいという拡張性を備えたアーキテクチャとなっています。

2-2　システム構成

　Elasticsearchでよく使われる用語の確認を行ったところで、実際のシステム構成について紹介します。Elasticsearchは分散システムであり、クラスタを構成する各ノードがお互いに通信を行い、各ノード固有の役割を持って連係動作する仕組みがあります。

　ここでは、各ノードの種別や役割について、またこれらをどのように組み合わせて構成するのかについて説明します。また、本節では説明のために、設定ファイルでの具体的な設定例をいくつか紹介していますが、全般的な設定方法については後の節であらためて説明しますので、ここ

ではあくまで設定のサンプルを提示しているものとして参考にしてください。

2-2-1 ノード種別

Elasticsearch には、全部で 5 種類のノード種別（属性）があります。システムの規模や要件に応じて、1 台で複数の属性を持たせることもできますし、1 つの属性のみを持たせた専用ノードを構成することもできます。

- Master(Master-eligible) ノード
- Data ノード
- Ingest ノード
- Coordinating only ノード
- Machine Leaning ノード（オプション機能）[4]

デフォルトの設定では、各ノードは上記の役割をすべて持つようになっています。小規模構成の場合には、1 台〜数台のデフォルト設定ノード（上記すべての役割を持つノード）を構成するケースもよく見られます。台数が増えてくると、これらの役割を分離して、それぞれの役割を単体で担う専用ノードを構成することも有効と言えます。

まず、それぞれのノードの役割について見ていきましょう。

■ Master(Master-eligible) ノード

Elasticsearch クラスタは、必ず 1 台の Master ノードを持つ必要があります。Master ノードは、クラスタ管理を行うノードとして以下の役割を担います。

- ノードの参加と離脱の管理

    Master ノードは、定期的に全ノードに対して生存確認のための ping を送信し、各ノードからの返信の有無で生死判定を行います。

- クラスタメタデータの管理

    クラスタ内のノード構成情報、インデックスやマッピングに関する設定情報、シャード割

---

* 4　Machine Learning ノードは Elastic 社の提供するオプション機能の 1 つである Machine Learning 機能を利用する際のノード種別です。適切なサブスクリプションが付与されている場合に機能が有効となりますが、サブスクリプションがない場合には設定が無視されますのでデフォルトの設定のままでも問題はありません。

り当てやステータスに関する情報を管理し、更新情報を随時各ノードに伝達します。

● シャードの割り当てと再配置

　シャードに関する情報をもとに、新しいシャードの割り当て、または、既存のシャードの再配置を実行します。

　これらの管理タスクを行う Master ノードは、クラスタ内で常に 1 台存在します。しかし、その 1 台の Master ノードが停止してしまうと、Elasticsearch クラスタの機能が停止してしまいます。このため、Master ノードが停止した際に、Master に昇格できる候補のノードを準備しておくことができます。この Master 候補ノードのことを Master-eligible ノードと呼びます。「eligible」という単語は、日本語では「適格」と訳されます。複数の Master ノード候補となる「適格な」ノードの中から、1 台だけ Master ノードを選定する仕組みのため、このような呼び方をします。なお、Master ノード選定の仕組みについては、この後の節で詳しく説明します。

　デフォルトの設定では、すべてのノードが Master-eligible ノードの役割を持っています。もし他の役割を持たせずに Master-eligible 専用のノードとして構成したい場合は、そのノードの設定ファイル elasticsearch.yml のノード種別の項目を、Code 2-2 のように設定してください。デフォルトの設定値では 4 つのパラメータ値がすべて true となっているのですが、Code 2-2 のように node.master のみ true として残りを false と設定することで、Master-eligible 専用のノードとして起動します[5]。

Code 2-2　専用の Master-eligible ノードを構成する設定の例

```
node.master: true
node.data: false
node.ingest: false
node.ml: false
```

＊5　設定ファイル elasticsearch.yml におけるノード種別の設定方法の詳細は「2-4-5 Elasticsearch のインストール（クラスタ環境）」で後述します。以下、他のノード種別の設定も同様です。

■ Data ノード

Data ノードは、Elasticsearch におけるデータの格納、クエリへの応答、また内部的に Lucene インデックスファイルのマージなどの管理を行う役割を持ちます。ちなみに、前節で紹介したシャードはこの Data ノードによって保持されています。

デフォルトの設定では、すべてのノードは Data ノードの役割を持っています。もし他の役割を持たせずに専用の Data ノードとして構成したい場合は、そのノードの設定ファイル elasticsearch.yml のノード種別の項目を Code 2-3 のように設定してください。

Code 2-3　専用の Data ノードを構成する設定の例

```
node.master: false
node.data: true
node.ingest: false
node.ml: false
```

■ Ingest ノード

Ingest ノードは、Elasticsearch 5.0 から新しく登場したノード種別です。これは Elasticsearch ノードの内部でデータの変換や加工といった、従来 Logstash で行うような処理を実行できる機能です。Ingest ノード上で処理フロー（pipeline とも呼ばれます）を定義すると、クライアントから送られたデータを pipeline で前処理することができます。処理後のデータは Data ノードに送られてインデックスに格納されます。Ingest ノードを構成した場合であっても、必ずしも pipeline を定義する必要はありません。要件に応じて pipeline を定義してください。

デフォルトの設定ではすべてのノードは Ingest ノードの役割を持っています。もし他の役割を持たせずに専用の Ingest ノードとして構成したい場合は、そのノードの設定ファイル elasticsearch.yml のノード種別の項目を Code 2-4 のように設定してください。

Code 2-4　専用の Ingest ノードを構成する設定の例

```
node.master: false
node.data: false
node.ingest: true
node.ml: false
```

■ Coordinating only ノード

　実は、これまで見てきた3種類のノードが共通で持つ役割として、Coordinating と呼ばれる、ク
ライアントから受け付けたリクエストのハンドリング処理があります。クライアントがドキュメ
ントをインデックスに格納すると、格納対象となるシャード番号を決定して、そのシャード番号
を保持している Data ノード（これは自ノード以外となる可能性もあります）へ処理をルーティン
グします（Figure 2-3）。

Figure 2-3　インデックス処理で行われるルーティング

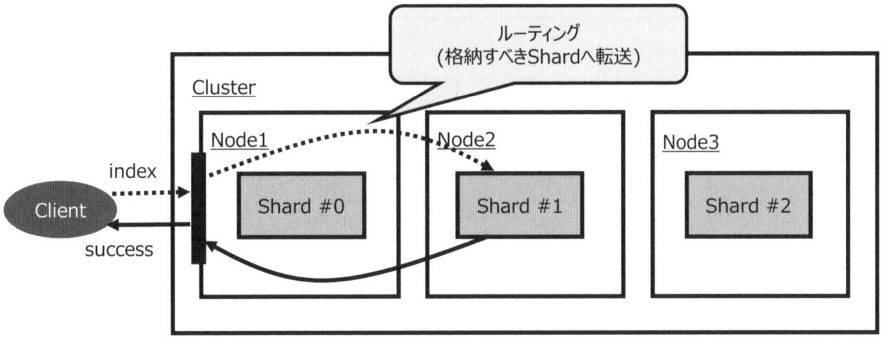

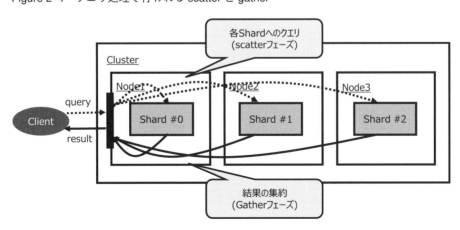

　また、クエリ処理の場合は、クエリ内容に対応する1つ以上のシャードを持つ Data ノードへ
ルーティングを行い（scatter フェーズと呼ばれます）、各 Data ノードからのレスポンスを集約して
（gather フェーズと呼ばれます）、まとめられた結果をクライアントへ応答します（Figure 2-4）。

Figure 2-4　クエリ処理で行われる scatter と gather

デフォルトの設定ではすべてのノードが Coordinating の役割を持っていますが、たとえば、Master-eligible の役割も Data の役割も Ingest の役割も Machine Learning の役割も持たない、Coordinating のみを専用で行うノードを構成することも可能です。これを Coordinating only ノードと呼びます。

　Coordinating only ノードでは、クライアントからのリクエストのハンドリングのみを実行します。すなわち、インデックス処理時に適切なプライマリシャードを持つ Data ノードヘルーティングを行う、あるいは、クエリ処理時に scatter と gather を専門に行うための専用ノードとなります。Figure 2-5 に、クエリ処理時に Coordinating only ノードが行う scatter と gather の様子を示します。

Figure 2-5　Coordinating only ノードで行われる scatter と gather

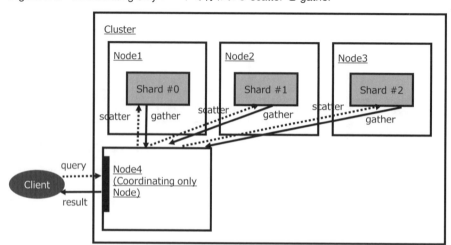

　前述したように、デフォルトの設定では、すべてのノードは Coordinating の役割を持ちますが、もし他の役割を持たせずに専用の Coordinating only ノードとして構成したい場合は、そのノードの設定ファイル elasticsearch.yml のノード種別の項目を Code 2-5 のように設定してください。

Code 2-5　専用の Coordinating only ノードを構成する設定の例

```
node.master: false
node.data: false
node.ingest: false
node.ml: false
```

　このような専用の Coordinating only ノードが必要になる場面としては、いわゆるリクエスト処理の負荷分散を行いたいケース、あるいは、検索結果のマージや aggregate などの負荷のかかる集

計処理を Data ノードに行わせずに別の専用ノードで行いたいケースが考えられます。ユースケースとしてこのような使い方がある場合には Coordinating only ノードを構成することも検討してください。

■ Machine Learning ノード（オプション機能）

Machine Learning ノードは、オプション機能の 1 つである機械学習（Machine Learning）の機能を扱うノードです。このノードでは機械学習機能の API リクエストを受け付けて、指定された機械学習ジョブを実行することができます。

デフォルトの設定では、すべてのノードは Machine Learning ノードの役割を持っています。もし他の役割を持たせずに専用の Machine Learning ノードとして構成したい場合は、そのノードの設定ファイル elasticsearch.yml のノード種別の項目を Code 2-6 のように設定してください。ここで、node.ml パラメータだけでなく、Machine Learning 機能自体を有効化するために xpack.ml.enabled パラメータも設定が必要な点に注意してください。

なお、本書の説明の対象外としていますが、Elasticsearch のコア機能のみをパッケージングした OSS 版ディストリビューションを導入する場合には Machine Learning ノードの設定自体ができず、設定パラメータをコメントアウトしないと起動時にエラーが発生しますので注意してください。

Code 2-6　専用の Machine Learning ノードを構成する設定の例

```
node.master: false
node.data: true
node.ingest: false
node.ml: true
xpack.ml.enabled: true
```

2-2-2　Master ノード選定とノードのクラスタ参加

Elasticsearch はクラスタ構成を組むことで高い可用性と拡張性を実現できます。しかし、Elasticsearch に限らず一般的な分散システムでは、複数ノードを調停して正しく状態管理するということは非常に困難をともなう問題です。なぜならば、注意深く設計された分散システムでなければ、障害時に意図しないサービス停止が起きたり、クラスタ状態の不整合が発生したりするためです。

Elasticsearch ではこのように分散された複数のノードによるクラスタ構成の仕組みを**クラスタコーディネーション**と呼びます。

　ここでは、Elasticsearch で複数ノードからなるクラスタを構成する際に、注意すべき点についてまとめます。

■ Master ノードの選定

　Elasticsearch では、Master-eligible ノードの中から選出された 1 つのノードが、クラスタのリーダーとして状態管理の責任を持ちます。このときクラスタのリーダーとしてふるまうノードのことを、特に Master ノードと呼びます。たとえば、クラスタに新たにノードが参加した、あるいは、新しくインデックスが追加された、といったクラスタ状態の更新は必ず Master ノードが管理します。そして、Master ノードから各ノードへ随時情報が伝達されるようになっています。

　Master ノードが停止するとクラスタが停止してしまうため、可用性の高いクラスタ構成にするためには、必ず複数台の Master-eligible ノードを稼働させて、障害発生時にはいつでも代替ができるようにします。

　このように Master ノードを高可用性構成にする場合、Master-eligible ノードは 3 ノード以上で構成してください。なぜなら 2 ノードで構成する場合には、**スプリットブレイン**（"split-brain"）の問題が起きる可能性があるためです。

　スプリットブレインとは、わかりやすく言うと、Elasticsearch クラスタが 2 つに分断されて、かつ、それぞれのクラスタ上で Master ノードが独立して稼働してしまう状態のことを指します。

　仮に 2 ノードの Master-eligible ノードがあって、片方のノードが Master ノードとしてクラスタを管理していたとします。このとき 2 つのノードを接続するネットワークスイッチに障害が発生したとすると、この 2 つのノードはお互いに通信ができない状態になります。それぞれの Master-eligible ノードは、自ノードから疎通できる範囲のクラスタ内には他にクラスタのリーダーがいないため、おのおののノードが（ほぼ同時に）Master ノードを名乗るようになります。

　この状態で、クライアントからクラスタ状態を更新するようなリクエストがあると、クラスタ状態の更新が片方のクラスタのみに行われてしまいます。また、両クラスタ間の同期も行われないため、クラスタとしては不整合が起きた状態となってしまいます（Figure 2-6）。

Figure 2-6　スプリットブレイン状態となった2ノードクラスタ

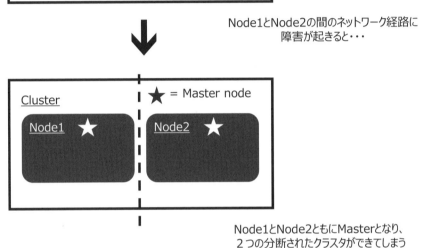

Node1とNode2の間のネットワーク経路に
障害が起きると・・・

Node1とNode2ともにMasterとなり、
2つの分断されたクラスタができてしまう

　スプリットブレイン状態を防ぐために、Elasticsearch では次のようなクラスタ構成、および、設定が必要となります。

- Master-eligible ノードの数を3以上にする
- クラスタを構成する Master-eligible ノードのリストを elasticsearch.yml 設定ファイルに記載する

これにより、以下のようにクラスタコーディネーションが行われます。

- 「過半数」の Master-eligible ノードが集まったノードグループ内でのみ、その中の1ノードが Master ノードへ昇格する

Elasticsearch では「過半数」の Master-eligible ノードが集まればクラスタを形成でき、その中から1ノードのみ Master への昇格が許可されます。逆に Master-eligible ノード数が「過半数」を満たさないグループでは誰も Master ノードに昇格できず、クラスタを形成することはできません。

　たとえば Master-eligible ノードが 3 ノードの場合には「過半数」は 2 となります。このため、仮に以下の図のように 2 ノードと 1 ノードでネットワーク分断が発生してしまった場合であっても、2 ノードがいる側のグループでのみ Master ノードへの昇格が許可されます（Figure 2-7）。

Figure 2-7　「過半数」ノードのグループでのみ Master 昇格が許可される

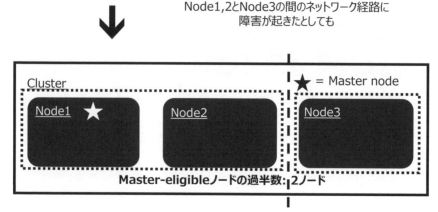

「過半数」の算出方法を一般化すると以下のようになります。

● クラスタコーディネーションにおける「過半数」の算出方法

```
Ｎ：クラスタ内のMaster-eligibleノードの数
「過半数」 = N/2 + 1
（N/2が整数でない場合は切り下げる）
```

　なお、Elasticsearch 6.x まではこの「過半数」ノードの数は利用者が計算して elasticsearch.yml 設

定ファイルの"discovery.zen.minimum_master_nodes"というパラメータに明示的に記載する必要がありました。しかし、3ノード以上のクラスタを構成する場合にこの値を2以上に設定する必要があるにも関わらず設定を忘れてしまうケースが多く見られました。このパラメータのデフォルト値が1であるため、デフォルト値からの設定変更をせずに上記のネットワーク分断が起きるとスプリットブレインが発生してしまいます。また、Master-eligibleノードを増設、縮退する際にも、パラメータの設定変更が必要となりその都度運用対処が必要となっていました。

Elasticsearch 7.0からは新たなクラスタコーディネーションの仕組みが導入され、「過半数」の値が自動計算されるように変更されたため、このパラメータを利用者が明示的に設定する必要がなくなりました[6]。この新しいクラスタコーディネーションの仕組みについてはこの後あらためて説明します。

 Column　Master-eligible ノードを偶数台にすることは可能か？

　結論から言えば、2台構成にはできませんが、4台以上の偶数台のMaster-eligibleノードを構成することは可能です。これはバージョン7から新しく導入された仕組みによって、「過半数」の算出方法が改善されたためでもあります。以下の例でどのように改善されたのかを説明します。

- Master-eligible ノードを2台にした場合
　「過半数」を上記式で算出すると (2/2 + 1) =2 となります。これは2台あるノードのいずれかがダウンすると、Masterノードへの昇格が許可されず、クラスタを構成できないことになるため、そもそも高可用性が実現できません。

- Master-eligible ノードを4台とした場合
　上記式のとおりに「過半数」を算出した値は（4/2 + 1）= 3 となります。ここでもしも、ノードを接続するネットワークに障害が起き、2台対2台でネットワーク分断が発生してしまうと、どちらのグループも「過半数」である3台に満たないため、誰もMasterノードに昇格できなくなります。バージョン6までは、このように4台の構成においてはスプリットブレインの問題を考慮する必要がありました。
　しかし、バージョン7から新たに導入された仕組みでは、4台以上の偶数台の構成の場合には、Master-eligibleノードのいずれか1台を除外した台数で「過半数」を算出する仕組みに変わりました。Master-eligibleノードが4台の場合には、4 - 1 = 3台により「投票（voting）」が行われ、獲得すべき「過半数」は2台となります。この結果、上述のように2台ずつでネット

＊6　新世代 Elasticsearch クラスターコーディネーション
https://www.elastic.co/jp/blog/a-new-era-for-cluster-coordination-in-elasticsearch

ワーク分断が起きるケースでも、片方のグループは「過半数」を獲得して Master に昇格できることがわかります。同じことが 6 台以上の偶数台の場合にも当てはまります。

このように、バージョン 7 からはクラスタコーディネーションの仕組みが大きく変わり、管理者が細かな構成を意識しなくても自動的に適切な状態を維持できるようになりました。

■ノードのクラスタ参加

Elasticsearch では、各ノードは起動時に既存のクラスタに自動的に参加する仕組みを備えています。では各ノードはどのように検知され、クラスタに参加できるのでしょうか。

各ノードは起動時に、設定ファイルの"discovery.seed_hosts"で定義されたノード（群）に接続を試みます。接続に成功すると、このノードはクラスタの一員として参加が認められることになります。

一度クラスタに参加すると、それ以降は Master ノードから全ノードに対して、生存検知のパケットが一定間隔で投げられます。また、各ノードからも Master ノードに対して、自ノードが稼働していることを示すためにパケットが一定間隔で投げられます。もしあるノードが停止していて、タイムアウト期間内に Master ノードへ応答できなかった場合、そのノードはクラスタから離脱したとみなされます。

■ノード検知とクラスタ形成のメカニズム（discovery）

Elasticsearch は分散環境において、上記のようにクラスタにノードを参加させたり、Master ノードを選定したりするメカニズムを持っています。この仕組みは「discovery」と呼ばれています。discovery の仕組みは Elasticsearch に内蔵されており、外部のソフトウェアを使わずに実現されています。

前述したように Elasticsearch 7.0 からは discovery として新たなクラスタコーディネーションシステムが導入されました。Elasticsearch 6.x まで使われていた Zen discovery と比較してクラスタ管理の信頼性や性能が大きく改善されています。

Note　外部ソフトウェアを使用する例

外部のソフトウェアを使う例として、SolrCloud では Apache Zookeeper を利用して調停を

行っています。また、検索エンジンではありませんが、最近の分散システムの例としては、コンテナオーケストレータのkubernetesがetcdを利用しているといった例もあります。

では、この新しいdiscoveryを使うためには、各ノードでどのような設定を行えばよいでしょうか。具体例を示すために、設定ファイルelasticsearch.ymlにおける設定例[7]を見てみましょう（Code 2-7）。

Code 2-7　クラスタ参加に関する設定パラメータの例

```
cluster.name: my-cluster
discovery.seed_hosts: ["master1","master2","master3"]
cluster.initial_master_nodes: ["master1","master2","master3"]
```

まず、クラスタ名（cluster.name）を設定します。このクラスタ名をもとにして、ノード同士でクラスタを形成します。次に、このクラスタに属するMaster-eligibleノードの、IPアドレスまたはホスト名を記載します。ノードが複数ある場合には、上記のように配列で記載できます。ここでMaster-eligibleノードの設定を2種類記載する点に注意してください。通常はどちらも同じ設定内容として、Master-eligibleノード群を指定すれば問題ありませんが、実際にはこれらの設定は次に示すようにそれぞれ異なる意味を持ちます。

discovery.seed_hostsはクラスタ起動時に接続するMaster-eligibleノードを指定するパラメータです。なお、接続先のクラスタ上ですでにMasterノードが稼働しているかどうかによって、以下のようにふるまいが変わります。

- 接続したクラスタ上にすでにMasterノードがいる場合
  ▷ このノードはMasterノードに認知され、クラスタに参加できます。
- 接続したクラスタ上にまだMasterノードがいない場合
  ▷ まずMasterノードの選定とクラスタの形成が行われます。
  ▷ このノードがMaster-eligibleノードであれば他のMaster-eligibleノードと調停を行い、Masterノードを1台選出して、クラスタを形成します。（ただし、過半数のMaster-eligibleノードが集まらないとクラスタ形成できません。）
  ▷ このノードがMaster-eligibleノードでなければ、上記のプロセスによるクラスタ形成を

＊7　設定ファイルelasticsearch.ymlにおけるクラスタ参加に関する設定方法の詳細は「2-4-5 Elasticsearchのインストール（クラスタ環境）」で後述します。

待って、新しいクラスタに参加できます。

もう 1 つのパラメータ cluster.initial_master_nodes は、初回のクラスタ形成に関する設定です。Elasticsearch 7.0 では新しいクラスタを形成する際に、この最初の調停に参加する Master-eligible ノードの初期セットを構成します。このプロセスはクラスタブートストラップと呼ばれています。複数ノードのクラスタを構成する場合にはこの初期セットには 3 ノード以上が必要となりますが、この初期セットを指定するパラメータが cluster.initial_master_nodes です。ただし、クラスタブートストラップで一度初期セットが構成されると、その内容は各 Master-eligible ノードのデータ領域に保存され、以後のノード再起動やクラスタ再起動時には各ノードのデータ領域が参照されるようになります。したがって、クラスタブートストラップが完了した後は cluster.initial_master_nodes の設定は使われなくなります。

複数ノードでのクラスタ設定を行う際には、上記設定のデフォルト値に注意してください。discovery.seed_hosts パラメータのデフォルト値は ["127.0.0.1", "[::1]"]、また cluster.initial_master_nodes パラメータのデフォルト値は [ ] (空リスト) となっており、自ノード以外とのクラスタ参加・クラスタ形成ができないようになっています。これは、不用意に他ノードとクラスタが構成されないようにするためでもあります。したがって、複数ノードでクラスタを構成する場合は、必ずこのパラメータを適切な値に設定変更する必要があります。

最後に、Elasticsearch 7.0 デフォルトの discovery 以外の discovery についても簡単に紹介します。以下のパブリッククラウドでは、各クラウド固有のノード間通信をサポートするために専用の discovery プラグインがそれぞれ提供されており、これらを構成します。

- Azure Classic Discovery プラグイン：Microsoft Azure 上で discovery を行うためのモジュール
- EC2 Discovery プラグイン：AWS EC2 上で discovery を行うためのモジュール
- GCE Discovery プラグイン：Google GCE 上で discovery を行うためのモジュール

Elasticsearch クラスタを上記の各パブリッククラウド上で導入する場合には、これらの各プラグインモジュールのインストールと設定が必要となります。各設定の詳細については紙面の都合上割愛しますが、Elasticsearch リファレンス[8]の情報を参考にしてください。

---

[8]　Elasticsearch Reference – Discovery
https://www.elastic.co/guide/en/elasticsearch/reference/7.6/modules-discovery-hosts-providers.html

2-2-3　シャード分割とレプリカ

　ここまでのクラスタ構成についての説明をふまえて、シャードとレプリカの配置設定について考えてみましょう[9]。

　大量のドキュメントを、複数のノードで保持されているシャードに分散配置することで、検索性能をスケールさせることができる点はすでに説明しました。これにより、ノードの台数を増やすことで拡張性を高めることが可能です。しかし、Elasticsearch では前述したように、プライマリシャード数をインデックス作成時に決定する必要があります。インデックス作成後はプライマリシャードの数を増やすことができないため、シャード数の設定値をあらかじめ検討しておく必要があります。

　同様に、レプリカ数の設定についても、可用性を高める目的と検索性能向上のためには、いくつに設定するのが適切でしょうか。どのような状況でも成り立つ回答というものは残念ながらありませんが、以下に検討すべき観点を示しておきます。

● プライマリシャード数についての検討観点

◇ 拡張可能なノード数に合わせてプライマリシャード数を設定する

　本来のシャードの意義は、インデックスデータやその処理負荷を複数ノードで分散することでした。このため、理想的には各ノードにプライマリシャードが1つずつ配置されているのが望ましいと言えます。ただし、もしも将来的にノードを拡張する計画があるのであれば、将来のノード数の増加を見越したシャード数を設定しておくというのはよいプラクティスと言えます。

　逆に、ノード数に対してプライマリシャード数が少なすぎる場合はどうでしょうか。この場合、ノード数に合わせた数までシャード数を増やしたいところですが、後からプライマリシャードを増やすことはできません。たとえば将来的にノードを拡張した場合であっても新規ノードに後からプライマリシャードを追加割り当てするということができないため、負荷が偏った状態となってしまいます。このように、将来的なノード拡張計画を見越した数でシャード数を設定しておくというのが一つの観点です[10]。

◇ インデックスに格納するデータサイズが十分小さい場合にはシャード数を1に設定する

＊9　シャード数とレプリカ数の設定方法の詳細は「3-2 インデックスとマッピングの管理」で説明します。

＊10　ただし、再インデックス操作により既存のインデックスを作り直す運用対応は可能です。この方法は5章で後述します。

　　シャード数は必ずしもノード数に合わせて決める必要はありません。仮にデータサイズが 1
つのシャードに収まるほど十分小さく、将来的にもデータサイズが増大しないことがわかって
いる場合には、はじめからシャード数を 1 に設定して運用することも十分合理的と言えます。
目安としておおよそ 20GB〜30GB 程度のデータサイズであれば、1 つのプライマリシャード
で格納して運用してもよいでしょう。

◇ 時系列データを扱う場合には時間ベースのインデックスに格納する

　　ログなどのようにタイムスタンプを含む時系列データを扱う場合は、日付名などを付けて
インデックスを構成する（時間ベースのインデックス）ことが推奨されます。たとえば日次
の時間ベースインデックスであれば、アクティブに書き込まれるのは当日のインデックスの
みであるため、過去日付のインデックスについて後から再インデックスや Shrink といった管
理操作が容易になります（インデックスの管理については 4 章で説明します）。

　このように、実際のユースケースに応じていくつかの観点があるため、最適なプライマリシャー
ド数を機械的に求めることは難しいのですが、主には上記にあげたノード数やシャードサイズ、
また、シャードを格納するインデックスの定義方法によって方針を決めることが可能です。以下
の Elastic 社のブログ記事も上記と合わせて参考にしてください[11]。

● レプリカ数についての検討観点

◇ 検索負荷が高い場合にはレプリカ数も増やす

　　レプリカを使うメリットとしては、可用性の向上だけでなく、検索処理の負荷分散という面
もあります。このため、Elasticsearch の用途としてインデックス負荷よりクエリ負荷の方が高
いようなユースケースにおいては、性能チューニングの観点から、レプリカ数を多めに設定
することも有効と言えます。ただし、レプリカシャードが増えると、それを格納する Lucene
インデックスファイルのサイズもレプリカ数の分だけ増えるため、ディスク容量の増加にも
注意するようにしてください。

◇ バルクインデックスなどバッチ処理の際はレプリカ数を一時的に 0 にする

　　バッチ処理などで一度に大量のデータをインデックスに格納する際に、レプリカの複製処
理のオーバーヘッドを回避するために、一時的にレプリカ数の設定を 0 にすることは、運用
の観点から検討に値します。インデックス格納時にレプリカの複製処理が行われないため、

＊ 11　Elasticsearch クラスターのシャード数はいくつに設定すべきか？
　　　 https://www.elastic.co/jp/blog/how-many-shards-should-i-have-in-my-elasticsearch-cluster

短時間で処理が完了します。当然、データ投入時に障害が発生するというリスクもあるため、これらは、処理時間短縮というメリットと、障害発生リスクとのトレードオフになるでしょう。この場合、インデックス格納処理が完了したら、すぐに通常のレプリカ数に設定を戻しておくことを忘れないようにしましょう。

　実際には、レプリカ数は、インデックス作成後いつでも変更できるため、負荷状況を見ながら柔軟に設定変更すればよいと言えます。一方で、プライマリシャード数はインデックス作成時に決めなければならないため、ある程度の方針を決めておく方がよいでしょう。

　もし将来、データサイズもノード数も増える可能性があるのでしたら、ノード数よりもプライマリシャード数の方が大きい設定にしておくのが望ましいと筆者は考えます。この状態では、一部のノードに複数のシャードがあるために、検索クエリの際に重複するシャードの分だけ多少のオーバーヘッドが見込まれますが、それほど大きなオーバーヘッドにはなりません。それよりも、逆にノード数よりもプライマリシャード数が小さい設定にしてしまった場合の方が、データが増えた際にノード拡張による負荷分散が行えないという点で、デメリットが大きいと考えられます。

　いずれにせよ、もしもインデックスにこれ以上格納できなくなるような場合には、新たにインデックスを作りそちらに格納するか、既存のインデックスを作り直す（再インデックス）といった対応をとればよいでしょう。インデックスを作り直す際には今より大きなシャード数を設定しておくことで、ノード数に応じた適切な負荷分散が行えるようになります。

2-3　REST API による操作

　Elasticsearch の特徴として、REST API を使ったアクセスが可能であることは第 1 章でも紹介しました。インデックスの格納、検索から、Elasticsearch クラスタの管理・メンテナンスまで、すべての操作を REST API 経由で行うことができます。

　REST API 操作は Elasticsearch を扱う上で重要なポイントになるので、ここでは Elasticsearch で使われる REST API 操作の基本について、簡単に説明を行います。

　はじめに、クライアントから Elasticsearch へ投げるリクエストの内容について見ていきます。次に、Elasticsearch から返されるレスポンスの内容について説明します。

2-3-1 リクエスト

まず Elasticsearch へ投げるリクエストについて、その中身を見ていきましょう。リクエストを構成する、特に重要な要素が 3 つあります。まず操作対象のリソースを表すための「**API エンドポイント**」、次に操作の種別を表す「**HTTP メソッド**」、そして操作の内容を表す「**リクエストメッセージ（JSON オブジェクト）**」です。以下ではこれらの要素について説明します。

- API エンドポイント

  API エンドポイントとは、Elasticsearch サーバへアクセスする際の URI のことを指します。具体的には"http://< サーバ名 >:< ポート番号 >/< パス文字列 >/"といった文字列が API エンドポイントに該当します。API エンドポイントの文字列のうち < パス文字列 > の部分が、操作対象のリソースや呼び出す機能を表します。Elasticsearch では、Table 2-1 の例のように操作・管理対象ごとに異なる API エンドポイントを使い分けています。

Table 2-1　API エンドポイントの例

操作種別	API エンドポイント
インデックスの管理	http://< サーバ名 >:9200/< インデックス名 >/
ドキュメントの管理	http://< サーバ名 >:9200/< インデックス名 >/_doc/< ドキュメント ID>/
クラスタの管理	http://< サーバ名 >:9200/_cluster
ノードの管理	http://< サーバ名 >:9200/_nodes

- HTTP メソッド

  HTTP メソッドとは、API エンドポイントのアクセス時に同時に指定するもので、GET や POST、PUT などの種別があります。API エンドポイントが「**操作対象**」を表すものとすれば、HTTP メソッドは「**操作種別**」を表すものだと言えます。参照、作成、更新、削除といった種別を指定できます。

  Elasticsearch では Table 2-2 の 5 つの HTTP メソッドが使われます。

Table 2-2　Elasticsearch で使われる HTTP メソッド

HTTP メソッド名	説明
GET	リソースの参照、取得
POST	リソースの作成
PUT	リソースの更新、作成
DELETE	リソースの削除
HEAD	リソースのメタデータの参照、取得

◇ GET メソッド

　GET メソッドは文字通り、リソースの情報を参照、取得するためのメソッドです。クエリを使った検索でも GET メソッドが使われます。また、インデックス定義やクラスタ情報といったシステムに関する情報の参照についてもすべて GET メソッドを用います。

◇ POST メソッド

　POST メソッドは、リソースを新規作成するためのメソッドです。POST とよく似たものとして、既存リソースの更新に使われる PUT メソッドがあります。非常に混同しやすいのですが、原則的には POST メソッドをリソースの新規作成に使うということを知っておいてください。

◇ PUT メソッド

　PUT メソッドは、サーバにある既存のリソースの内容を更新する、もしくは既存リソースがない場合は新規作成するためのメソッドです。POST との違いは前述したとおりですが、特に PUT メソッドでは対象となるリソースを明示的に指定する必要がある点に注意してください。リソースの指定は API エンドポイントを使って表します。

◇ DELETE メソッド

　DELETE メソッドは、サーバにあるリソースを削除するためのメソッドです。PUT と同様、対象リソースを明示的に API エンドポイントで指定します。

◇ HEAD メソッド

　HEAD メソッドは、GET メソッドで返されるレスポンスのうち、ボディ部分を省略してヘッダ部分のみを取得するためのメソッドです。比較的使う場面が少ないメソッドですが、たとえば特定の名前のインデックスが存在するかを調べる目的などで使うことができます。

 Column　ドキュメントの登録は POST ？ PUT ？

　Elasticsearch の API のうち、参照・検索は GET メソッドを使いますが、ドキュメントの登録・インデックスを行う方法としては PUT と POST の 2 種類があります。以下の 2 つのコードはどちらも同じドキュメント登録操作を表しています。

Operation 2-2　PUT メソッドを使ったドキュメント登録

```
$ curl -XPUT 'http://localhost:9200/my_index/_doc/1' \
-H 'Content-Type: application/json' -d '
{
  "user_name" : "Yamada Taro",
  "date" : "2019-09-25T09:01:30",
  "message" : "This is a test tweet."
}'
```

Operation 2-3　POST メソッドを使ったドキュメント登録

```
$ curl -XPOST 'http://localhost:9200/my_index/_doc/' \
-H 'Content-Type: application/json' -d '
{
  "user_name" : "Yamada Taro",
  "date" : "2017-09-25T09:01:30",
  "message" : "This is a test tweet."
}'
```

　2 つの違いがわかりますか？　PUT はリソースを表すドキュメント ID（ここでは"1"）を指定しています。POST ではドキュメント ID を指定していません。ボディメッセージは同一です。

　PUT ではリソース名を指定して操作を行うため、登録しようとするドキュメント ID を指定している点に着目してください。POST の場合にはサーバ側で自動的にドキュメント ID が採番されるため、指定する必要がありません。

　PUT メソッドは新規作成だけではなく既存リソースの更新にも使われます。上記の例で、もし ID が 1 のドキュメントが先に存在していたとすると、これは既存ドキュメントの更新操作になります。仮に上記の PUT メソッドを 100 回実行した場合には、ID が 1 のドキュメントが 1 つだけ作られます（最初の 1 回目が新規作成、残りの 99 回は更新操作となります）。逆に上記の POST メソッドを 100 回実行すると ID の異なる新しいドキュメントが 100 個作られるという違いがあるわけです。

　言い換えると、PUT メソッドは最終的な状態を指定する「べき等性」が考慮されていて、POST メソッドではそうではないと考えると違いがわかりやすいかもしれません。実際に Elasticsearch がそういう仕様であるとドキュメントに明記されてはいませんが、2 つのメソッドの違いを考える上での参考にしていただければと思います。

● リクエストメッセージ（JSON オブジェクト）

　リクエストメッセージとは、リクエストボディ部分に格納する JSON オブジェクトのことです。リクエストメッセージ部分は操作内容に応じてさまざまな記載方法があります。クエリ内容を記述したり、インデックスに格納したいドキュメントを記述したり、クラスタの操作内容を記述し

たりできます。具体的な記載内容については、第 3 章以降で詳しく説明します。

　また、操作内容によって、ボディ部分がないリクエストと、ボディ部分（JSON オブジェクト）があるリクエストがあります。ボディ部分があるリクエストを投げる際には、原則的に「-H」オプションを用いて、リクエストボディの Content-Type を表すヘッダ情報を明示する必要があります。Elasticsearch の場合には、リクエストボディ部分は JSON オブジェクトであるため「-H 'Content-Type: application/json'」というオプションを付けてリクエストを投げます。Elasticsearch 5.x まではこのヘッダは省略できましたが、6.0 以降からは省略するとエラーになるので、注意してください。

　最後に、実際に Elasticsearch に投げるリクエストの例を示します。これは Elasticsearch へドキュメントを PUT メソッドで格納する例です。これまで説明した API エンドポイント、HTTP メソッド、リクエストメッセージがすべて含まれていることを確認してください。

Operation 2-4　Elasticsearch のリクエストの例

```
$ curl -XPUT 'http://192.168.100.50:9200/my_index/_doc/1' \
-H 'Content-Type: application/json' -d '
{
  "user_name": "John Smith",
  "date" : "2019-09-25T09:01:30",
  "message": "Hello Elasticsearch world."
}
'
```

2-3-2　レスポンス

　次に Elasticsearch から返されるレスポンスについて見ていきます。レスポンスを構成する重要な要素として「HTTP ステータスコード」と「レスポンスメッセージ」について簡単に説明します。

● HTTP ステータスコード

　　HTTP ステータスコードとは、HTTP レスポンスヘッダの先頭に含まれる 3 桁のコードです（Table 2-3）。リクエストの結果として、サーバ側で処理がどのように行われたか、処理結果の概要を表したものとなります。クライアントはこの HTTP ステータスコードを見れば、正常処理されたのか、サーバ側で問題が発生したのか、クライアント側に問題があるのかが

わかるようになっています。

Table 2-3　HTTP ステータスコードの大分類

ステータスコード	意味
100 番台	情報を返すときに使われる
200 番台	リクエストが成功した
300 番台	リクエストのリダイレクトが発生した
400 番台	クライアント側の問題でエラーが発生した
500 番台	サーバ側の問題でエラーが発生した

Elasticsearch では主に Table 2-4 のようなステータスコードを目にすることが多いと思います。

Table 2-4　Elasticsearch で使われる主なステータスコード

ステータスコード	事由	意味
200	OK	情報の取得や更新、削除に成功したとき
201	Created	Document の登録に成功したとき
401	Unauthorized	認証エラーが発生したとき
404	Not Found	指定したリソースが存在しないとき
409	Conflict	登録しようとしたリソースがすでに存在していたとき
500	Internal Server Error	サーバ側の処理エラー

このうち、ステータスコード 201 と 409 について、少し補足しておきます。

Elasticsearch では、ドキュメントの登録（インデックス）が成功した際には 201（Created）を返します。これは、リクエストされたドキュメントを正しく Elasticsearch に格納できました、という意味になります。見慣れないコードかもしれませんが、REST API でのリソース新規作成ではよく使われるコードです。なお、201 ステータスコード（Created）のレスポンスでは、作成できたリソースの URI を、Location ヘッダでクライアントにも伝えるのが一般的です。

409（Conflict）は、同じリソースを作成しようとして衝突（conflict）した場合に返されるステータスコードです。衝突（conflict）とは、たとえば同じインデックス、同じタイプ、同じ ID のドキュメントを 2 人のクライアントから登録しようとする状況を表します。この場合、後から登録しようとしたクライアントの処理は失敗して、Elasticsearch は 409（Conflict）を返します。

● レスポンスメッセージ（JSON オブジェクト）

　　レスポンスメッセージとは、レスポンスボディ部分に格納される JSON オブジェクトのこ

とです。レスポンスメッセージ部分は処理結果に応じてさまざまな内容が含まれます。

　例として、検索を行うとその結果として、レスポンスメッセージの中に検索結果が格納されます。それ以外にも、たとえば、インデックスを新規作成した際の成功、失敗といった操作結果や、クラスタ状態の確認操作をした結果として返されるクラスタの管理情報なども、レスポンスメッセージとしてクライアントに返されます。

　実際に Elasticsearch から返されるレスポンスの例を見てみましょう。先ほどの Elasticsearch のリクエストの例のコマンドを実行した際に返されたレスポンスの例です[12]。3 桁の HTTP ステータスコードと、JSON フォーマットのレスポンスメッセージが確認できます（JSON オブジェクト部分は見やすくするため改行しています）。

Operation 2-5　Elasticsearch のレスポンスの例

```
HTTP/1.1 201 Created
Location: /my_index/_doc/1
content-type: application/json; charset=UTF-8
content-length: 144

{
  "_index":"my_index",
  "_type":"tweet",
  "_id":"1",
  "_version":1,
  "result":"created",
  "_shards":
    {
      "total":2,
      "successful":1,
      "failed":0
    },
  "created":true
}
```

＊ 12　Operation 2-4 で用いた curl コマンドに"-v"オプションを追加することでリクエストヘッダ、レスポンスヘッダが表示されます。

2-4　Elasticsearch の導入方法

　用語や概念の確認、システム構成について理解したところで、実際に Elasticsearch をインストールしてみましょう。手順はそれほど難しいものではありませんので、もし手元に触れる環境があればぜひインストールして動作を確認してみてください。

　なお、Elasticsearch はバージョンアップの速度が比較的速いソフトウェアです。インストール前にサイトの情報などを確認し、できるだけ最新の安定したバージョンをインストールしてみることをお勧めします。

　以下では、本書執筆時点（2020 年 5 月）での最新バージョンである Elasticsearch 7.6.2 のインストール手順を説明します。

2-4-1　リソース要件

　基本的には Java VM（以下、JVM）が動作する環境であれば Elasticsearch は動作します。また、Elasticsearch は物理サーバ、仮想サーバのいずれにも導入することができます。また、最近では docker コンテナとして動作する Elasticsearch のイメージも提供されています。

　このため、簡単な動作確認や開発目的ということであれば、1 台のノート PC や仮想マシン 1 台でも動かすことは十分可能です。一方で、格納するドキュメントサイズが大きい場合や、レプリカを利用した可用性の高い構成を組む場合などには、複数ノードでクラスタ構成をとる必要がありますし、各ノードのリソース要件としてもいくつか考慮しておくべき点があります。

　Elasticsearch はさまざまな利用用途に対応できる製品であるため、固定的なリソース要件というものはありません。そのため、ここで紹介する内容は多少一般論的なものになりますが、実際の構成検討の際の 1 つの指針と考えていただければと思います。

- メモリ要件

　　動作確認や開発目的であれば、1GB〜2GB 程度のメモリでも動作は可能ですが、本格的に利用する場合には、メモリは 8GB から 64GB 程度とするのが理想的です。

　　Elasticsearch では、データアクセスの際のキャッシュ用途でメモリを多量に使います。これらの処理は JVM のヒープ領域を使うため、JVM のヒープサイズは十分に確保する必要があります。ヒープサイズは、OS 全体のメモリ量の半分を上限として割り当てます。そして残りの半分は、OS がファイルシステムキャッシュに使うメモリとして残しておきます。OS のファイルシステムキャッシュは、Elasticsearch の内部で動く Lucene がインデックスファイルを読み込む際に、キャッシュ領域として使われます。このため、Lucene の性能への影響も考

慮して OS 側にも十分なサイズを割り当てておく必要があるというわけです。

　なお、Elasticsearch に割り当てる JVM ヒープサイズの上限は、32GB 未満としてください。JVM ヒープサイズが 32GB を超えると性能上の問題が起きると言われています。詳しい背景や理由については、脚注に示した URL のガイドでも解説されているので、ぜひ参考にしてください[13]。

- CPU 要件

　CPU の要件はメモリと比較すると緩やかです。2 コアから 8 コア程度の CPU であれば十分だと言われています。

- ディスク要件

　インデックス、クエリともに高いディスク I/O 性能を必要とします。CPU、メモリのアクセス速度と比較するとディスクアクセスの速度は非常に遅いため、ディスクは性能上のボトルネックになりやすいポイントです。したがって、できる限り高速なディスクを利用することが望まれます。もし HDD でなく SSD を構成できるのであればぜひ SSD を選択してください。NAS のようなネットワーク越しのディスク構成も避けるべきです。

　また、一般には RAID によるディスクの冗長化は行いません。なぜなら Elasticsearch にもレプリカによる複製機能が備わっているためです。Elasticsearch でもレプリカによる複製を行いつつ RAID によるデータの冗長化も行う必要はありません。ただし、RAID 0 のようなストライピングについては、この限りではありません。RAID 0 はデータの複製ではなく、ディスクアクセスを並列で行うため、高速な読み書きを行う上で有効と言えるでしょう。

- ネットワーク要件

　1GbE や 10GbE といった高速なネットワークを構成してください。ネットワーク帯域が特に必要となるのは、シャードの複製やリバランスを行う場面です。たとえば、ノードの追加や削除、故障などが起きた場合に、一時的に大量のデータがノード間を移動することになります。この間にも各ノードと Master ノードとの間では生存確認パケットが行き来しています。もしシャードの複製やリバランスの影響により生存確認パケットに伝送遅延が起きてしまうと、あるノードが誤って障害と判定される可能性があります。そうするとノード障害によりさらなるシャードのリバランスが発生する、といった悪循環が発生する恐れがあります。

　同様の理由により、クラスタを構成するノードを地理的に離れた場所に分散配置すること

＊ 13　Elasticsearch Reference – Setting the heap size
　　　https://www.elastic.co/guide/en/elasticsearch/reference/7.6/heap-size.html

も推奨されていません。

2-4-2　前提・導入準備（OS と JVM のバージョン）

Elasticsearch は主要な Linux OS および Windows OS で動作します。Elasticsearch 7.x でサポートされる主な OS としては、CentOS/RHEL 6.x/7.x、Ubuntu 16.04/18.04、SLES 12、Windows Server 2012R2/2016 などがあります。

Elasticsearch は JVM 上で動作しますので、上記 OS に JDK（Java Development Kit）もしくは JRE（Java Runtime Environment）をインストールしておく必要があります。ただし、Elasticsearch 7.0 からは Elasticsearch のインストールパッケージに OpenJDK が同梱されるようになりましたので、それを使うことも可能です。同梱の OpenJDK ではなく個別にインストールした JVM を使いたい場合は、JAVA_HOME 環境変数を設定して利用したい JVM を指定できます。

本書執筆時点（2020 年 5 月）でサポートされている JVM のバージョンは Oracle/OpenJDK 1.8.0、あるいは Oracle/OpenJDK 11/12/13 となります。なお、Oracle/OpenJDK 11 は長期サポート（LTS：Long Term Support）対象ですが、Oracle/OpenJDK 12/13 は LTS 対象ではないため最新バージョンの Elasticsearch を導入する際にはサポート可否の確認が必要です[*14]。

サポートされる OS と JVM バージョンの情報は、Elastic 社が提供するサポートマトリックスから参照することができますので、常に最新の要件を確認するようにしてください[*15]。

本書では CentOS 7 および Ubuntu 18.04 に Elasticsearch をインストールする手順を紹介していきますが、Elasticsearch に同梱の OpenJDK を利用する前提としますので、個別にインストールした JVM を利用する場合は別途事前にインストールを行ってください。

■ OS 上での事前準備

事前に OS 上で行う導入準備として、Elasticsearch がリスンするポートのアクセス許可設定を行っておきましょう。OS によっては、デフォルトで 9200、9300 番ポートへのアクセスが許可されていない場合があるので、以下の手順で許可設定を行っておきます。

この手順を忘れると、特に複数ノードでクラスタを構成する際などに、お互いに 9300 番ポート

＊ 14　Elasticsearch 7.0-7.3 までは Oracle/OpenJDK12 がサポートされますが、7.4-7.6 では Oracle/OpenJDK13 がサポート対象です。

＊ 15　Support Matrix
　　　https://www.elastic.co/support/matrix

でのノード間疎通が失敗して、クラスタが組めないといった状況が起きるので、忘れずに設定しておいてください。

○ CentOS 7 でのポート許可設定

CentOS 7 では、デフォルトで firewalld が動作しており、以下のコマンドで許可設定を行えます。

Operation 2-6　9200,9300 番ポートの許可設定（CentOS 7）

```
$ sudo firewall-cmd --add-port={9200/tcp,9300/tcp} --permanent
$ sudo firewall-cmd --reload
```

○ Ubuntu 18.04 でのポート許可設定

Ubuntu 18.04 では ufw と呼ばれるファイアウォール設定ツールがあり、以下のコマンドで許可設定を行えます。

Operation 2-7　9200,9300 番ポートの許可設定（Ubuntu 18.04）

```
$ sudo ufw allow 9200
$ sudo ufw allow 9300
```

2-4-3　Elasticsearch のインストール（1 台環境）

JVM の導入が完了したら Elasticsearch をインストールします。ここでは、CentOS 7（64bit）および Ubuntu 18.04LTS（64bit）を想定した手順を紹介します。本書で使用した環境における OS、各種ソフトウェアのバージョンは Table 2-5 のとおりです。

Table 2-5　OS および各種ソフトウェアのバージョン（CentOS7 環境）

ソフトウェア	バージョン
OS	CentOS Linux release 7.6.1810 (Core)
Linux kernel	kernel-3.10.0-957.el7.x86_64
JVM (JDK)	openjdk version "13.0.2" 2020-01-14
Elasticsearch	elasticsearch-7.6.2-1.x86_64

Table 2-6　OS および各種ソフトウェアのバージョン（Ubuntu18.04 環境）

ソフトウェア	バージョン
OS	Ubuntu 18.04.4 LTS
Linux kernel	5.3.0–1020–azure
JVM (JDK)	openjdk version "13.0.2" 2020-01-14
Elasticsearch	elasticsearch-7.6.2

■インストール方法

Elasticsearch をインストールする方法は複数ありますので、状況に応じていずれかを選択してください。

(1) OS ごとのパッケージリポジトリからインストールする手順

(2) tar.gz ファイル（zip ファイル）を用いたインストール手順

(3) Elasticsearch を Docker コンテナとして起動する手順

以下では（1）〜（3）それぞれの手順を解説していきます。なお、（1）の手順は CentOS と Ubuntu とで差異がありますが、（2）および（3）は両方の OS で共通の手順となります。

■ OS ごとのパッケージリポジトリからインストールする手順

OS のパッケージリポジトリから専用のコマンドを使ってインストールを行います。

○ CentOS 7 への Elasticsearch のインストール

CentOS ではパッケージインストールに yum コマンドを用います。RHEL7 も同様の手順でインストールできますが、RHEL の場合には事前に subscription-manager コマンドを使ったサブスクリプションの適用が必要になります。

事前に、**Code 2-8** の内容でリポジトリ定義用のファイルを/etc/yum.repos.d/ディレクトリに作成しておきます。ファイル名は任意でよいのですが、ここでは elasticsearch.repo としておきます。

Code 2-8　/etc/yum.repos.d/elasticsearch.repo

```
[elasticsearch-7.x]
name=Elasticsearch repository for 7.x packages
baseurl=https://artifacts.elastic.co/packages/7.x/yum
gpgcheck=1
gpgkey=https://artifacts.elastic.co/GPG-KEY-elasticsearch
enabled=1
autorefresh=1
type=rpm-md
```

　ファイルを作成したら、yum コマンドでインストールを行います。elasticsearch のパッケージは PGP という仕組みを用いて暗号化がされていることから、事前に PGP 鍵ファイルを import します。その後、elasticsearch パッケージのインストールを行います。インストール後に yum list installed コマンドを実行するとパッケージバージョンが確認できます。

Operation 2-8　yum を使ったインストール手順（CentOS7）

```
$ sudo rpm --import https://artifacts.elastic.co/GPG-KEY-elasticsearch
$ sudo yum install elasticsearch-7.6.2
$ sudo yum list installed | grep elasticsearch
elasticsearch.x86_64            7.6.2-1                    @elasticsearc
h-7.x
```

　インストール後に Elasticsearch の起動テストを行います。また、デフォルトでは OS 起動時に Elasticsearch は自動起動しない設定になっているので、**Operation 2-9** の手順で自動起動を有効化しておきます。

Operation 2-9　systemctl を使った Elasticsearch の起動と自動起動設定（CentOS 7）

```
$ sudo systemctl daemon-reload
$ sudo systemctl enable elasticsearch.service
$ sudo systemctl start elasticsearch.service
$ sudo systemctl status elasticsearch.service
● elasticsearch.service - Elasticsearch
   Loaded: loaded (/usr/lib/systemd/system/elasticsearch.service; enabled; ve...
or preset: disabled)
   Active: active (running) since Mon 2020-05-04 23:02:22 JST; 2min 26s ago
     Docs: http://www.elastic.co
```

```
 Main PID: 10535 (java)
   CGroup: /system.slice/elasticsearch.service
           tq10535 /usr/share/elasticsearch/jdk/bin/java -Des.networkaddress....
           mq10628 /usr/share/elasticsearch/modules/x-pack-ml/platform/linux-...

May 04 23:02:00 es01 systemd[1]: Starting Elasticsearch...
May 04 23:02:00 es01 elasticsearch[10535]: OpenJDK 64-Bit Server VM warning:....
May 04 23:02:22 es01 systemd[1]: Started Elasticsearch.
Hint: Some lines were ellipsized, use -l to show in full.
```

systemctl status コマンドを使うと正常起動しているかどうかを確認できます。正常起動が確認できるまでには少し時間がかかることがあるので、時間を空けてから確認してみてください。

○ Ubuntu 18.04 への Elasticsearch のインストール

Ubuntu では、apt-get コマンドを使ってパッケージインストールを行います。CentOS 7 と同様に事前に PGP 鍵の import を行います。また、Ubuntu の場合には前提パッケージである apt-transport-https を事前にインストールします。elasticsearch パッケージのインストールは apt-get コマンドで行います。

Operation 2-10　apt-get コマンドを使ったインストール手順（Ubuntu 18.04）

```
$ wget -qO - https://artifacts.elastic.co/GPG-KEY-elasticsearch\
 | sudo apt-key add -
$ sudo apt-get update && sudo apt-get install apt-transport-https
$ echo "deb https://artifacts.elastic.co/packages/7.x/apt stable main" \
 | sudo tee -a /etc/apt/sources.list.d/elastic-7.x.list 実際には1行のコマンドです
$ sudo apt-get update && sudo apt-get install elasticsearch=7.6.2
$ sudo dpkg -l | grep elasticsearch
ii  elasticsearch                   7.6.2
    amd64         Distributed RESTful search engine built for the cloud
```

インストール後に Elasticsearch の起動テストを行います。Ubuntu 18.04 ではデフォルトでサービス管理に systemctl が使われているため、CentOS 7 と同様に systemctl コマンドで操作を行います。なお、デフォルトでは OS 起動時に Elasticsearch は自動起動しない設定になっているので、Operation 2-11 の手順で自動起動を有効化しておきます。

Operation 2-11　systemctl を使った Elasticsearch の起動と自動起動設定（Ubuntu 18.04）

```
$ sudo systemctl daemon-reload
$ sudo systemctl enable elasticsearch.service
$ sudo systemctl start elasticsearch.service
$ sudo systemctl status elasticsearch.service
● elasticsearch.service - Elasticsearch
   Loaded: loaded (/usr/lib/systemd/system/elasticsearch.service; enabled; v...
   Active: active (running) since Mon 2020-05-04 13:44:39 UTC; 7s ago
     Docs: http://www.elastic.co
 Main PID: 4532 (java)
    Tasks: 63 (limit: 9479)
   CGroup: /system.slice/elasticsearch.service
           tq4532 /usr/share/elasticsearch/jdk/bin/java -Des.networkaddress....
           mq4645 /usr/share/elasticsearch/modules/x-pack-ml/platform/linux-...

May 04 13:44:17 vm01 systemd[1]: Starting Elasticsearch...
May 04 13:44:17 vm01 elasticsearch[4532]: OpenJDK 64-Bit Server VM warning: ...
May 04 13:44:39 vm01 systemd[1]: Started Elasticsearch.
```

systemctl status コマンドを使うと正常起動しているかどうかを確認できます。正常起動が確認できるまでには少し時間がかかることがあるので、時間を空けてから確認してみてください。

■ tar.gz ファイル（zip ファイル）を用いたインストール手順

tar.gz ファイル（zip ファイル）を用いた手順では、ファイルのダウンロードおよび解凍のみでインストールが完了します。OS 固有の手順というものも特にありません。どこにでも配置できるので便利なのですが、解凍したディレクトリが実質的なインストールディレクトリとなります。このため/tmp ディレクトリのような一時ディレクトリ上には展開しないよう注意してください。

以下に、tar.gz ファイルをダウンロード、解凍して、Elasticsearch を起動する手順をまとめて紹介します。なお、zip ファイルの場合にも解凍に unzip コマンドを使う以外はすべて同じ手順となります。

また、Elasticsearch の起動操作は root アカウントでは許可されていませんので、以下の操作は一般ユーザ権限で実行する必要があります。

Operation 2-12　tar.gz ファイルを使ったインストール手順

```
$ wget \
https://artifacts.elastic.co/downloads/elasticsearch/elasticsearch-7.6.2\
-linux-x86_64.tar.gz
$ tar xzf elasticsearch-7.6.2-linux-x86_64.tar.gz
$ cd elasticsearch-7.6.2
$ ./bin/elasticsearch      ### フォアグラウンドで実行する場合
$ ./bin/elasticsearch -d   ### バックグラウンドで実行する場合
```

■ Elasticsearch を Docker コンテナとして起動する手順

　ソフトウェアとしてインストールする方法の他に、一般に提供されている Docker コンテナを利用して起動する方法もあります。Docker コンテナが起動できる環境があれば、Operation 2-13 のように手軽に起動してみることができます。

Operation 2-13　Elasticsearch の Docker コンテナを起動する手順例

```
$ sudo docker pull docker.elastic.co/elasticsearch/elasticsearch:7.6.2
$ sudo docker run -p 9200:9200 -p 9300:9300 -e "discovery.type=single-node" \
docker.elastic.co/elasticsearch/elasticsearch:7.6.2
```

　ここでは Elastic 社が提供する Elasticsearch 7.6.2 のコンテナをダウンロードして（docker pull）、1 ノード構成で起動する（docker run）手順を示しています。コンテナ上の 9200、9300 ポートをそれぞれホスト側の同ポートにマッピングしています。このようにすることで、ホスト上から curl コマンドなどで、コンテナ上の Elasticsearch へアクセスすることができるようになります。同様に "-e" オプションで環境変数を指定することもできるので、インストールまではしたくないが手軽に試してみたいような場合に、docker コンテナは便利な方法と言えるでしょう。

■動作確認

　Elasticsearch のインストール、起動ができたら、Elasticsearch へアクセスできるかどうかを確認してみましょう。Elasticsearch は REST API を提供しているので、任意の REST API へアクセスができる curl コマンドを用いて確認します。

Operation 2-14　curl コマンドを用いた Elasticsearch への接続確認

```
$ curl -XGET http://localhost:9200/ ↵
{
  "name" : "es01",
  "cluster_name" : "elasticsearch",
  "cluster_uuid" : "s6zTDpqnTQOXt8YvTWpwCQ",
  "version" : {
    "number" : "7.6.2",
    "build_flavor" : "default",
    "build_type" : "rpm",
    "build_hash" : "ef48eb35cf30adf4db14086e8aabd07ef6fb113f",
    "build_date" : "2020-03-26T06:34:37.794943Z",
    "build_snapshot" : false,
    "lucene_version" : "8.4.0",
    "minimum_wire_compatibility_version" : "6.8.0",
    "minimum_index_compatibility_version" : "6.0.0-beta1"
  },
  "tagline" : "You Know, for Search"
}
```

　Operation 2-14 のようなレスポンスが返ってきていれば、Elasticsearch は正常に動作しています。ここで"name"とはノードの名前、"cluster_name"はクラスタ名を表しています。ここではインストールが成功していることを確認するために何も設定を変更せずに Elasticsearch を起動させています。基本的な設定項目については次の節で確認していきます。

2-4-4　基本設定

　Elasticsearch は設定項目が非常に多いソフトウェアです。ただし、デフォルトの設定値がバランスよく適切に設定されているため、明示的な設定変更をあまりしなくてもそれなりに動作するようになっています。

　ここでは、その中でも押さえておくべき基本的な設定項目について簡単に紹介します。

　まず設定ファイルの種類と場所ですが、yum や apt-get などのパッケージマネージャを使ってインストールした場合、デフォルトでは"/etc/elasticsearch/"ディレクトリ以下に Table 2-7 の設定ファイルが配置されます。

Table 2-7　Elasticsearch の設定ファイル

ファイル名	設定ファイルの用途
elasticsearch.yml	Elasticsearch サーバのデフォルト設定を行う
jvm.options	JVM オプションの設定を行う
log4j2.properties	ログ出力に関する設定を行う

■ Elasticsearch クラスタおよび各ノードに関する設定（elasticsearch.yml）

　Elasticsearch を、開発環境ではない正式な環境で運用する場合などには、最低限次の設定項目は必ず確認するようにしましょう（Table 2-8）。

　基本的に、elasticsearch.yml に設定する内容は、動作中に変更できないため、起動前に設定を行う必要があります。

Table 2-8　クラスタに関する設定項目

パラメータ名	デフォルト値	設定内容
cluster.name	elasticsearch	クラスタの名前
node.name	（システムホスト名）	インスタンスの名前
network.host	localhost	クライアントからの REST API およびノード間通信をリスンするアドレス
path.data	/var/lib/elasticsearch/	インデックスデータの格納ディレクトリ
path.logs	/var/log/elasticsearch/	ログファイルの格納ディレクトリ
discovery.seed_hosts	["127.0.0.1", "[::1]"]	クラスタ構成時における Master-eligible ノードの接続先
cluster.initial_master_nodes	[] (空リスト)	初期クラスタ構成を行うノード群の指定

　事前に、elasticsearch.yml ファイルの記載方法について、簡単に説明しておきます。

　設定ファイルのフォーマットは YAML 形式となっており、設定項目によりいくつかの記載方法があります。

　基本的な記載方法は「<設定項目名>:<設定値>」の形式ですが、設定項目名は"cluster.name"のように階層構造をとることができます。この場合は"cluster.name: mycluster"のように1行で書いても、"cluster"と"name"を2行に分けて書いても同じ意味となります。

　また、設定値についても、単一の値をとることや、複数の値を配列で記載する場合があります。事前に設定された環境変数を使う方法も便利なので覚えておくとよいでしょう。

Code 2-9　elasticsearch.yml ファイルの設定記載方法の例

```
cluster.name: mycluster    ### 単一の値
cluster:
  name: mycluster              ### 階層的に記載しても同じ意味になる
discovery.seed_hosts: ["master01","master02"]    ### 複数の値（配列）
node.name: ${HOSTNAME}      ### 環境変数を利用することも可能
```

以下に各項目の設定内容について簡単に説明します。

- cluster.name パラメータ

  cluster.name は、クラスタ名を決めるパラメータです。同じクラスタ名を持つ複数のノードが起動すると、これらはお互いに同じクラスタに属するノードとして認識しようとします。逆にクラスタ名が異なるノードがある場合、これらはお互いに異なるクラスタに属するノードと認識されます。

  注意点として、cluster.name のデフォルト値である"elasticsearch"というクラスタ名は、できる限りそのまま使用しないでください。なぜなら、別の人も同じようにデフォルトのクラスタ名"elasticsearch"で起動した場合に、意図せず2つのクラスタが結合してしまうリスクがあるためです。

- node.name パラメータ

  node.name は、インスタンス名を決めるパラメータです。この値はデフォルトでシステムのホスト名が設定されますが、特定の値を明示的に設定することも可能です。

- path.data/path.logs パラメータ

  それぞれインデックスファイルおよびログファイルの格納先を指定するパラメータです。これらの領域には保護すべき大切なデータが含まれ、かつ、ディスクアクセスが性能にも影響することから、可能であれば OS 領域とは別のディスクに分けることも検討してみてください。

- network.host パラメータ

  network.host は、Elasticsearch が外部との通信を行う際にリクエストをリスンするホスト情報を指定するパラメータです。REST API リクエストを受け付けるための HTTP モジュールと、内部ノード間通信のための Transport モジュールの、2種類の通信用ポートをオープンする必要があり、このパラメータを使ってホスト名（およびオプションでポート番号）を指定

します。

◇ HTTP モジュール（9200-9299/tcp を使用。デフォルト：9200 ポート）
　　クライアントからのリクエストを REST API 経由で受け付ける

◇ Transport モジュール（9300-9399/tcp を使用。デフォルト：9300 ポート）
　　クラスタ内部でノード間の通信を行う

　この network.host パラメータに、IP アドレスやホスト名を指定すると、そのアドレスの 9200 番ポートおよび 9300 番ポートがオープンされて、アクセスできるようになります。ただし、デフォルトでは"localhost"が設定されるため、外部からは REST API リクエストもクラスタ内ノード間通信も受け付けないことに注意してください。外部と通信を行えるようにするためには network.host パラメータの値をそれ以外の値に設定変更する必要があります。Code 2-10 に network.host パラメータとして、記述できる設定値の例を示します。

Code 2-10　network.host パラメータの記載方法の例

```
network.host: 192.168.100.50        ### IP アドレスを直接指定
network.host: 0.0.0.0               ### すべての NIC を指定できるワイルドカード指定
network.host: ["192.168.100.50", "localhost"]   ### 複数の値を配列で指定
network.host: _eth0_                ### NIC 名を指定することも可能
network.host: _local_              ### localhost のエイリアス（別名）指定
network.host: _site_               ### サイトローカル（非グローバル）IP アドレスを指定
network.host: _global_             ### グローバル IP アドレスを指定
```

● bootstrap.memory_lock パラメータ

　JVM で使うヒープメモリがディスクにスワップされることによる、一時的な性能低下を防止するためのパラメータです。true に設定すると、ヒープ領域はスワップされずにメモリ上に固定されます。JVM ヒープサイズの設定値が大きい場合には設定を検討します。

Note　JVM ヒープサイズの設定値

OS 種別やインストール方法によっては、本パラメータを true に設定する操作に加え、メモ

リ固定操作のための権限付与が別途必要となる場合があります。詳細は以下の URL を参照してください。

Elasticsearch Reference - Disable swapping
https://www.elastic.co/guide/en/elasticsearch/reference/7.6/setup-configuration-memory.html

- discovery.seed_hosts パラメータ

Elasticsearch 7.0 からデフォルトのクラスタ検出メカニズムとなった新しい discovery を使う場合の設定パラメータとして、discovery.seed_hosts および cluster.initial_master_nodes は必ず設定するようにしてください[16]。

discovery.seed_hosts はノード起動時にクラスタに接続する際の接続先となる Master-eligible ノードを指定するパラメータです。設定値は、以下のように IP アドレスあるいはホスト名とオプションでポート番号を記載します。ポート番号はデフォルトで 9300 ですが、それ以外のポート番号を利用する場合には明示的に指定できます。

discovery.seed_hosts パラメータのデフォルト値は ["127.0.0.1", "[::1]"] であるため、複数ノードからなるクラスタを構成する場合には必ず設定変更が必要となる点に注意してください。

Code 2-11　discovery.seed_hosts パラメータの記載方法の例

```
discovery.seed_hosts: ["192.168.100.10", "192.168.100.11:9300", "master03"]
```

- cluster.initial_master_nodes パラメータ

cluster.initial_master_nodes は複数ノードからなるクラスタの初期化（クラスタブートストラップ）を実行する Master-eligible ノードを指定するパラメータです。Elasticsearch 7.0 から導入された discovery において新しくクラスタを形成する際にこのパラメータに記載されたノードが初期化を実行します。複数ノードからなるクラスタ構成の場合には 3 ノード以上の指定が必要です。

＊ 16　Elasticsearch Reference - Important discovery and cluster formation settings
　　　https://www.elastic.co/guide/en/elasticsearch/reference/7.6/discovery-settings.html

　なお、一度クラスタ初期化が行われるとその内容は各 Master-eligible ノードのデータ領域に保存されます。以後のノード再起動やクラスタ再起動時にもこのデータ領域が参照されるため、初回のクラスタ初期化以降は cluster.initial_master_nodes の設定は利用されません。

　cluster.initial_master_nodes パラメータの設定で注意が必要な点が 2 つあります。1 つ目はデフォルト値が [ ]（空リスト）であることです。デフォルト設定では自ノード以外とのクラスタ構成ができないようになっていますので、複数ノードでクラスタを構成する場合は、必ずこのパラメータを適切な値に設定変更する必要があります。

　2 つ目は、ここに指定するノード名と各 Master-eligible ノードで指定される node.name パラメータのノード名とは、ドメイン名の有無も含めて同じ値に揃える必要があることです。たとえば node.name にドメイン名付きのホスト名（例：master01.example.org）を指定しつつ、cluster.initial_master_nodes にドメイン名を省略したホスト名（例：master01）が指定されると、これらは別ノードとして認識されてしまうため意図したクラスタ構成となりません。特に Elasticsearch 7.0 からは node.name のデフォルト値がシステムホスト名となり、node.name パラメータを明示的に指定しないケースも考えられますが、この 2 つのパラメータ値がドメイン名の有無も含めて一致しているかどうか注意して確認するようにしてください。

Code 2-12　cluster.initial_master_nodes パラメータの記載方法の例

```
cluster.initial_master_nodes:  ["192.168.100.10", "master02.example.org", "master03"]
```

　なお、Elasticsearch 6.x まで使われていたパラメータである discovery.zen.minimum_master_nodes は、Elasticsearch 7.0 からは使用されなくなりました。これまで discovery.zen.minimum_master_nodes はクラスタ構成時のスプリットブレイン対策の目的で、Master-eligible ノード数の過半数の値を明示的に設定するための重要なパラメータでしたが、新しい discovery のクラスタブートストラップの仕組みではクラスタ内の「過半数」の値は自動的に計算されるようになったため、利用者による設定は不要になりました。

■ JVM ヒープサイズの設定（jvm.options）

　Elasticsearch を起動する JVM に関するオプションを指定します。特に Table 2-9 に示す JVM ヒープサイズの設定値は、必ず確認するようにしてください。前述したように、OS のメモリサイズの半分（ただし 32GB を超えないサイズ）を JVM ヒープサイズに割り当てることが理想です。また最小値と最大値は必ず同じサイズに設定してください。

Table 2-9　JVM に関する設定項目

パラメータ名	デフォルト値	設定内容
-Xms	-Xms1g	ヒープサイズの最小値 (g は GB を表す)
-Xmx	-Xmx1g	ヒープサイズの最大値 (g は GB を表す)

これ以外にも細かいチューニング項目が多数ありますが、まずはこれらの基本設定が行えていることをチェックするようにしてください。

 Column　ブートストラップチェック

　Elasticsearch 5.0 から、インスタンス起動時に「ブートストラップチェック」と呼ばれる設定チェックの仕組みが導入されました。ブートストラップチェックは、意図しない設定ミスを起動時に検出することを目的としています。

　設定パラメータ network.host の値が、デフォルトの localhost のままであれば、開発用途（development mode）とみなされるためチェックが働きません。しかし、network.host の値を localhost 以外にすると、本番用途（production mode）とみなされてブートストラップチェックが有効になります。

　ブートストラップチェックの対象となる設定パラメータは複数あります。たとえば、上記で説明した JVM ヒープサイズの最小値（-Xms）と最大値（-Xmx）の値が同一でない場合は、不正とみなされて、以下のようなログを出力して、Elasticsearch が起動に失敗します。

　このように、ブートストラップチェックに失敗したかどうかはログを見れば判断ができるので、ログメッセージで指摘された設定項目を見直して再度起動してください。これ以外にどのようなブートストラップがあるのかは以下の URL から確認も可能です[17]。

Operation 2-15　ブートストラップチェック失敗時のエラー出力例

```
[2019-09-28T17:55:45,525][INFO ][o.e.b.BootstrapChecks     ] [es01] bound or pub
lishing to a non-loopback address, enforcing bootstrap checks
[2019-09-28T17:55:45,572][ERROR][o.e.b.Bootstrap           ] [es01] node validat
ion exception
[1] bootstrap checks failed
[1]: initial heap size [1073741824] not equal to maximum heap size [2147483648];
this can cause resize pauses and prevents mlockall from locking the entire heap
```

＊ 17　Elasticsearch Reference – Bootstrap Checks
　　 https://www.elastic.co/guide/en/elasticsearch/reference/7.6/bootstrap-checks.html

2-4-5　Elasticsearch のインストール（クラスタ環境）

　ここでは、複数ノードで Elasticsearch クラスタ環境を構成する手順を解説します。と言っても、1 台環境の手順をベースとして、一部の設定をクラスタ環境用に変えるだけでよく、非常に簡単にクラスタ環境を構築することができます。これは Elasticsearch が、最初から簡単にクラスタを構成できるように設計されているおかげでもあります。

　Table 2-10 の項目がクラスタを構成する際に、各ノードで設定すべき主なパラメータとなります。一部は「2-4-4 基本設定」の節ですでに紹介していますが、あらためてクラスタ構成に固有の設定として確認してください。

Table 2-10　クラスタ構成時に確認すべき設定項目

パラメータ名	デフォルト値	設定内容
cluster.name	elasticsearch	クラスタの名前
node.name	（システムホスト名）	インスタンスの名前
network.host	localhost	クライアントからの REST API およびノード間通信をリスンするアドレス
discovery.seed_hosts	["127.0.0.1", "[::1]"]	クラスタ構成時における Master-eligible ノードの接続先
cluster.initial_master_nodes	[] (空リスト)	初期クラスタ構成を行うノード群の指定
node.master	true	Master-eligible ノードの役割を持つ場合に true にする
node.data	true	Data ノードの役割を持つ場合に true にする
node.ingest	true	Ingest ノードの役割を持つ場合に true にする
node.ml	true	機械学習 (Machine Learning) ノードの役割を持つ場合に true にする

　各ノードの設定を終えたら、それぞれのノードで Elasticsearch を起動してみます。無事に正常起動ができたら、Operation 2-16 のコマンド例を参考にクラスタ状態を確認してみます。"status" パラメータの値が"green"となっていれば正常にクラスタが起動できています。以下は 3 ノードでクラスタを構成した際のクラスタ情報の確認結果の例ですが、"number_of_nodes"パラメータの値が 3 となっていることがわかります。

Operation 2-16　クラスタ情報の確認

```
$ curl -XGET http://localhost:9200/_cluster/health?pretty ⏎
```

```
{
  "cluster_name" : "cluster01",
  "status" : "green",
  "timed_out" : false,
  "number_of_nodes" : 3,
  "number_of_data_nodes" : 3,
  "active_primary_shards" : 0,
  "active_shards" : 0,
  "relocating_shards" : 0,
  "initializing_shards" : 0,
  "unassigned_shards" : 0,
  "delayed_unassigned_shards" : 0,
  "number_of_pending_tasks" : 0,
  "number_of_in_flight_fetch" : 0,
  "task_max_waiting_in_queue_millis" : 0,
  "active_shards_percent_as_number" : 100.0
}
```

　クラスタの構成方法もいくつかのケースがあります。比較的ノード数が小さい場合には、デフォルト設定として、各ノードが Master ノード、Data ノード、Ingest ノードの役割を兼ねることも多いのですが、ノード数が増えてくると各ノードを分離してそれぞれの役割を持つ専用ノードとして構成するケースも考えられます。

　Figure 2-8 の図では、参考としていくつかのケースでの構成図とその際の設定パラメータの構成例を示します[18]。

　　　パターン①：　　小規模環境の構成例です。3 台で可用性を持たせつつ、すべて Master/Data/Ingest 兼用ノードとしています。

Figure 2-8（1）　クラスタ環境の構成例①

パターン①
3台構成の例（Master-eligible/Data/Ingest兼用）

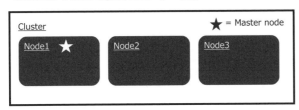

Node1～3:
　node.master: true
　node.data: true
　node.ingest: true

＊18　ここでは機械学習（Machine Learning）ノードの役割は考慮外としています。ただし考え方は Master/Data/Ingest ノードと同じですので、要件に応じて機械学習の専用ノードを構成することも可能です。

パターン②：　　　Node1〜3 は Master-eligible 専用ノードとして構成しています。

Figure 2-8（2）　クラスタ環境の構成例②

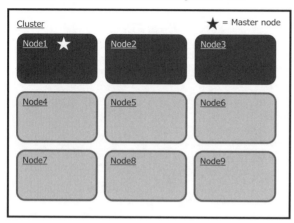

パターン②
9台構成の例（Master-eligible：3台、Data/Ingest兼用：6台）

パターン③：　　　さらに、リクエストを負荷分散、中継処理する専用の Coordinating only ノードとして Node10〜11 を追加で構成しています。このパターンでは、クエリ結果のソートや Aggregation といった負荷の高い処理が多いケースを想定して、このように Coordinating only ノードを構成しています。

Figure 2-8（3）　クラスタ環境の構成例③

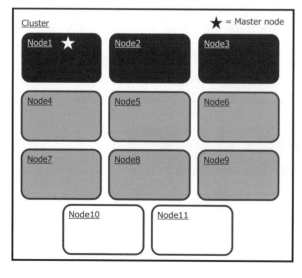

パターン③
11台構成の例（Master-eligible：3台、Data/Ingest兼用：6台、Coordinating only：2台）

2-5　Kibana の導入方法

　本章の最後に、Elasticsearch の導入環境に Kibana を追加でインストールする方法について紹介します。Kibana は、Elasticsearch に格納されたデータをブラウザを用いて可視化、分析するためのツールです。特に Kibana の Console と呼ばれる機能を使うと、Elasticsearch に対するデータの格納・検索操作をブラウザからでも簡単に行えるため、Elasticsearch 導入時にあわせてインストールすることをお勧めします。本書でも、次章からの Elasticsearch のインデックスやドキュメントの操作をこの Kibana の Console 機能で行いますので、以下の手順に従って導入しておいてください。

　なお、Console 機能以外の Kibana の各機能については第 7 章にて紹介します。

2-5-1　Kibana のインストール方法

　ここでは Kibana は Elasticsearch を導入したノードと同じノードにインストールする前提とします。インストールに当たり、基本的には Elasticsearch と Kibana とは同じバージョンを使用する必要があります。ただし、Elasticsearch7.6.2 と Kibana7.6.1 のようにマイナーバージョン（例：7.6.x）まで一致していればサポート対象となります。バージョン互換性に関する詳細については脚注の情報を参照してください[19]。

　Kibana をインストールする方法を以下に 2 つ紹介します。

（1）OS ごとのパッケージリポジトリからインストールする手順
（2）tar.gz ファイル（zip ファイル）を用いたインストール手順

■ OS ごとのパッケージリポジトリからインストールする手順

　OS のパッケージリポジトリから専用のコマンドを使ってインストールを行います。

○ CentOS 7 への Kibana のインストール

　Elasticsearch とまったく同様に、yum を使ったインストールが行えます。yum 用リポジトリ、PGP 鍵ファイルともに、Elasticsearch と共通となっています。すでに前節の手順で yum から Elasticsearch

---

＊ 19　Support Matrix
　　　https://www.elastic.co/jp/support/matrix#matrix_compatibility

をインストール済みであれば、以下の yum コマンドの実行のみでインストールが完了します。
Operation 2-17 は、前節の手順でリポジトリと PGP 鍵の設定が完了している前提での手順です。

Operation 2-17　yum を使ったインストール手順（CentOS7）

```
$ sudo yum install kibana-7.6.2
$ sudo yum list installed | grep kibana
kibana.x86_64                      7.6.2-1                      @elasticsearch-7.x
```

　インストール後に Kibana の起動テストを行います。また、必要に応じて Kibana の自動起動の
設定も行います（Operation 2-18）。

Operation 2-18　systemctl を使った Kibana の起動と自動起動設定（CentOS 7）

```
$ sudo systemctl daemon-reload
$ sudo systemctl enable kibana.service
$ sudo systemctl start kibana.service
$ sudo systemctl status kibana.service
● kibana.service - Kibana
   Loaded: loaded (/etc/systemd/system/kibana.service; enabled; vendor preset:
disabled)
   Active: active (running) since Mon 2020-05-04 23:32:18 JST; 5s ago
 Main PID: 10830 (node)
   CGroup: /system.slice/kibana.service
           mq10830 /usr/share/kibana/bin/../node/bin/node /usr/share/kibana/b...

May 04 23:32:18 es01 systemd[1]: Started Kibana.
...
```

systemctl status コマンドを実行することで、正常起動しているかどうかを確認できます。正常起
動が確認できるまでには少し時間がかかることがあるため、時間を空けてから確認してみてくだ
さい。

○ Ubuntu 18.04 への Kibana のインストール

　Ubuntu でも同様に、Elasticsearch がインストール済みであれば、単に apt-get コマンドの実行の
みでインストールが完了します。Operation 2-19 は、前節の手順でリポジトリと PGP 鍵の設定が
完了している前提での手順です。

Operation 2-19　apt-get コマンドを使ったインストール手順（Ubuntu 18.04）

```
$ sudo apt-get update && sudo apt-get install kibana=7.6.2
$ sudo dpkg -l | grep kibana
ii  kibana                          7.6.2
  amd64          Explore and visualize your Elasticsearch data
```

インストール後に Kibana の起動確認を行います。また、必要に応じて Kibana の自動起動の設定も行います（**Operation 2-20**）。

Operation 2-20　service を使った Kibana の起動と自動起動設定（Ubuntu 18.04）

```
$ sudo systemctl daemon-reload
$ sudo systemctl enable kibana.service
$ sudo systemctl start kibana.service
$ sudo systemctl status kibana.service
● kibana.service - Kibana
  Loaded: loaded (/etc/systemd/system/kibana.service; enabled; vendor preset,,,
  Active: active (running) since Mon 2020-05-04 13:54:24 UTC; 21s ago
 Main PID: 8199 (node)
    Tasks: 11 (limit: 9479)
   CGroup: /system.slice/kibana.service
           mq8199 /usr/share/kibana/bin/../node/bin/node /usr/share/kibana/bin/...

May 04 13:54:24 vm01 systemd[1]: Started Kibana.
...
```

systemctl status コマンドの実行により、正常起動の確認が可能です。正常起動が確認できるまでには少し時間がかかることがあるため、時間を空けてから確認してみてください。

■ tar.gz ファイル（zip ファイル）を用いたインストール手順

tar.gz ファイル（zip ファイル）を用いた手順でも、Elasticsearch と同様に、ファイルのダウンロードおよび解凍のみでインストールが完了します。**Operation 2-21** に、tar.gz ファイルをダウンロード、解凍する手順をまとめて紹介します。ここではバージョン 7.6.2 に対応したファイルをダウンロードしていますが、導入時点の最新バージョンのファイルをダウンロードするようにしてください。なお、起動する際にはパイプライン定義ファイルを引数に指定する必要があります。具体的な起動方法については後述します。

Operation 2-21　tar.gz ファイルを使ったインストール手順

```
$ wget \
https://artifacts.elastic.co/downloads/kibana/kibana-7.6.2-\
linux-x86_64.tar.gz
$ tar xvf kibana-7.6.2-linux-x86_64.tar.gz
$ cd kibana-7.6.2-linux-x86_64.tar.gz
$ ./bin/kibana ### 停止する場合は Ctrl-C を押してください
```

■ポートのアクセス許可設定

　Kibana がインストールできたら、外部からアクセスする場合には、Kibana がリスンするポート
のアクセス許可設定も忘れずに行っておきましょう。第 2 章では Elasticsearch がリスンする 9200、
9300 番ポートへのアクセス許可設定を紹介しましたが、Kibana で標準的にリスンするポートであ
る 5601 番ポートの許可設定は、以下の手順で行います。

○ CentOS 7 でのポート許可設定

　CentOS 7 では、デフォルトで firewalld が動作しており、Operation 2-22 のコマンドで許可設定
を行えます。

Operation 2-22　5601 番ポートの許可設定（CentOS 7）

```
$ sudo firewall-cmd --add-port=5601/tcp --permanent
$ sudo firewall-cmd --reload
```

○ Ubuntu 18.04 でのポート許可設定

　Ubuntu 18.04 では ufw コマンドで許可設定を行えます。

Operation 2-23　5601 番ポートの許可設定（Ubuntu 18.04）

```
$ sudo ufw allow 5601
```

■ Kibana の基本設定

Kibana のデフォルト設定では、localhost の 5601 番ポートをリスンします。また、Kibana から、localhost の 9200 番ポートで起動している Elasticsearch へ接続する動作をします。このデフォルト設定を変更する場合、設定ファイル kibana.yml（デフォルトでは"/etc/kibana/"ディレクトリ以下にあります）を修正して kibana を再起動してください。Table 2-11 に、主な設定項目の一覧を示します。

特にデフォルト設定では、localhost 以外からのリモート接続が許可されていないため注意が必要です。リモートのクライアントから Kibana へアクセスする場合には、"server.host"パラメータの設定変更は必須となります。リモートからアクセス可能なホスト名/IP アドレス、または、"0.0.0.0"のようなワイルドカードアドレスなどを設定しておくのがよいでしょう。

Table 2-11　Kibana の主な設定項目（kibana.yml）

パラメータ名	デフォルト値	設定内容
server.port	5601	Kibana がリスンするポート番号
server.host	localhost	Kibana がリスンするアドレス（ホスト名）
server.name	（システムホスト名）	Kibana インスタンスの名前
elasticsearch.url	http://localhost:9200	接続する Elasticsearch インスタンスの URL
elasticsearch.username	N/A	(オプション機能の Security で認証が必要な場合に与えるユーザ名) ‡
elasticsearch.password	N/A	(オプション機能の Security で認証が必要な場合に与えるパスワード) ‡
kibana.index	.kibana	Kibana が構成情報を Elasticsearch に格納する際のインデックス名

‡　第 6 章で解説します。

■ Kibana へのアクセス方法

Kibana が起動したら、さっそくアクセスしてみましょう。Kibana へアクセスするにはブラウザから以下の URL へアクセスします。

```
http://<KibanaサーバのIPアドレスまたはホスト名>:5601
```

Kibana UI に最初にアクセスした場合、「Welcome to Kibana」画面が表示されます（Figure 2-9 (1)）。画面下部に「Try our sample data」「Explore on my own」という 2 つのボタンがありますので「Explore on my own」ボタンをクリックしてください。

Figure 2-9（1） Kibana の初回アクセス画面

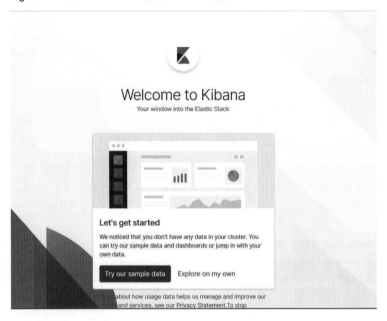

次のホーム画面に遷移すると、画面中央には各種機能の説明が表示され、また、画面左端に小さな機能アイコンが縦 1 列に表示されます（Figure 2-9（2））。

Figure 2-9（2） Kibana のホーム画面

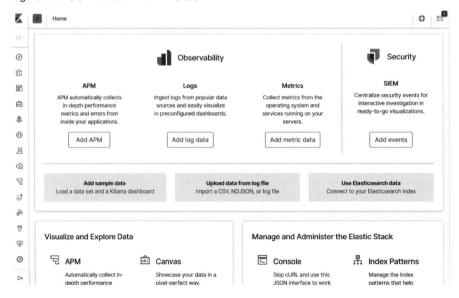

ここで画面左下隅にある"Expand"アイコンをクリックしてみましょう。すると機能名が書かれたメニューバーが右にスライド表示されます（**Figure 2-9（3）**）。これらのメニューをクリックすることで Kibana の各機能へアクセスすることができます。

Figure 2-9（3）　Kibana のホーム画面（メニューバーの表示）

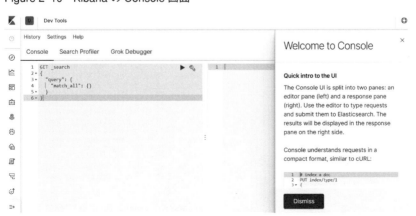

ここでは、次章以降で Elasticsearch を操作する際に用いる"Console"機能を使う準備までを行っておきます。メニューバーの下から 3 番目にある"**Dev Tools**"アイコンをクリックして Dev Tools 画面に遷移してください（**Figure 2-10**）。

Figure 2-10　Kibana の Console 画面

　Dev Tools 画面では、メニュータブに"Console"、"Search Profiler"、"Grok Debbuger"の 3 つの機能のリンクがありそれぞれ切り替えて利用できます。今はデフォルトの"Console"機能が表示された状態のままにしておいてください。"Console"機能の画面に初回アクセスすると、画面右に機能説明が記された**"Welcome to Console"**のメッセージが表示されますので、内容を確認後「Dismiss」ボタンで非表示にしておきます。

　Console 画面は左右 2 段のペインから構成されます。左側の「**エディタペイン**」には Elasticsearch に対する REST API リクエストを記述できます。すでにデフォルト表示として、6 行からなるドキュメント検索リクエストが確認できるかと思いますのでこれを試しに実行してみましょう。リクエストを実行するためには、リクエスト部分の右上に表示されている緑色の三角アイコン（▷）をクリックするか、もしくは、 Ctrl ＋ Enter キーを押してください。リクエストの実行結果は、右側の「レスポンスペイン」に表示されます（Figure 2-11）。

　エディタペインに記載するリクエストの記法にも注目してください。先頭行に GET や PUT などの HTTP メソッドを書き、続けて API エンドポイントの文字列のうち"http://<サーバ名>:<ポート番号>/"の部分は省略して、それ以降のパス文字列を指定します。2 行目以降ではリクエストボディの JSON メッセージを指定しています。これが 1 つのリクエストを表します。エディタペインには、いくつでもリクエストを並べて記載することができ、任意のリクエストを指定して実行することが可能です。

Figure 2-11　Console 画面でのリクエスト実行結果

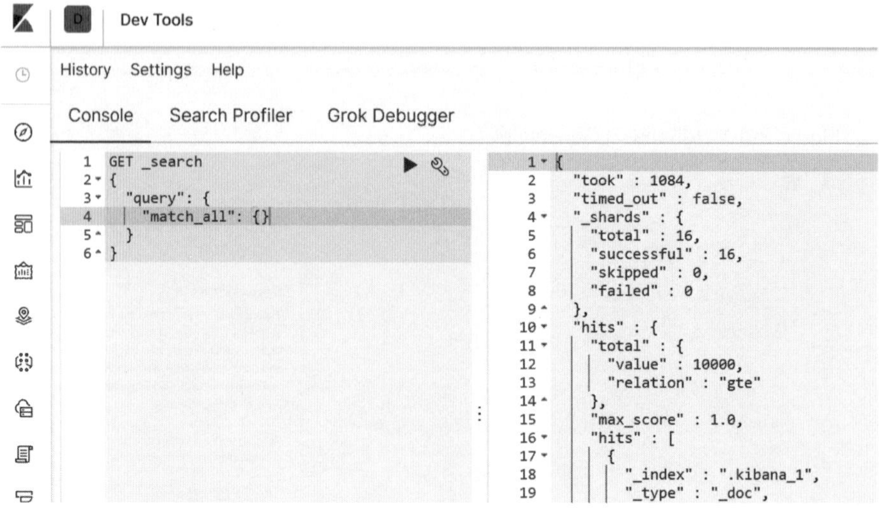

　Kibana の導入、設定、および、Dev Tools/Console 機能の初期セットアップは以上です。次章以

降では実際に Elasticsearch のドキュメントやインデックスの操作をこの Console 機能を使って行います。

 Note　Kibana のバージョンによる画面デザインの違い

　ここで記載している画面デザインは、本書執筆時点（2020 年 5 月）の最新バージョン 7.6.2 に基づいています。Operation 2-17 または Operation 2-19 の手順通りに、kibana をバージョン指定でインストールされた場合は問題ありませんが、バージョン指定せずに最新バージョンをインストールした場合、kibana の画面表示が本書の説明と若干異なる可能性がある点ご了承ください。

2-6　まとめ

　本章では Elasticsearch で使われる用語と概念について説明し、その構成方法と導入手順について解説しました。Elasticsearch を開発目的以外で本格的に使う場合には、可用性や拡張性を考慮してクラスタ構成をとることになるはずです。その際に、特にデフォルト設定から変更しなければならないパラメータについても、構成例を示しながら設定方法を紹介しました。もし手元に触れる環境があるようでしたら、ぜひ本章の内容をもとに、実際に Elasticsearch を動かして理解いただくことをお勧めします。

　次の第 3 章では、Elasticsearch でドキュメントを格納・検索するためのさまざまな方法について説明を行います。

Column　進化を続ける Kibana の画面デザイン

　Elastic Stack はバージョンの更新とともに、非常に多岐にわたる機能を提供するようになりました。そのユーザのほとんどは Kibana を用いており、Kibana ユーザインターフェースの使いやすさは以前にも増して重要になってきています。バージョン 7 になり、Kibana の画面は一新され、より操作性、管理性に優れたデザインになりました。本書でもバージョン 7.6.2 をベースに機能や操作方法を解説しました。

　ただし、Kibana の画面デザインはその後も進化しており、本書出版直前にリリースされたバージョン 7.8.0 ではさらに大きな変更がありました。第 2 章で紹介した Elasticsearch と Kibana のインストール手順の通りに導入した場合は、バージョンが 7.6.2 で固定されているはずですが、もしバージョン指定をせずに最新版をインストールした場合には本書で掲載したキャプチャとは異なる画面がいくつか見つかるはずです。

　大きな変更点としては、Kibana の左列に表示されていたメニューバーの位置や構成がこれまでとは異なるものになっています（Figure 2-12）。特にバージョン 7 以降では、Elastic Stack が単なる検索にとどまらず、セキュリティや監視といった特徴的なアプリケーションが機能拡充されてきたため、各ソリューション単位でメニューも構造化されるようになっています。

　今後も Elastic Stack はユーザのニーズに合わせて機能が拡張され、それに応じて Kibana のインターフェースも少しずつ進化していくでしょう。バージョン 7.8.0 でどのような変更が行われたかについては、以下のリリースノートを一読ください。

- Elastic Stack 7.8.0 リリース

https://www.elastic.co/jp/blog/whats-new-in-elastic-stack-7-8-0-release

Figure 2-12　Kibana 7.8 から変更された画面デザインの例

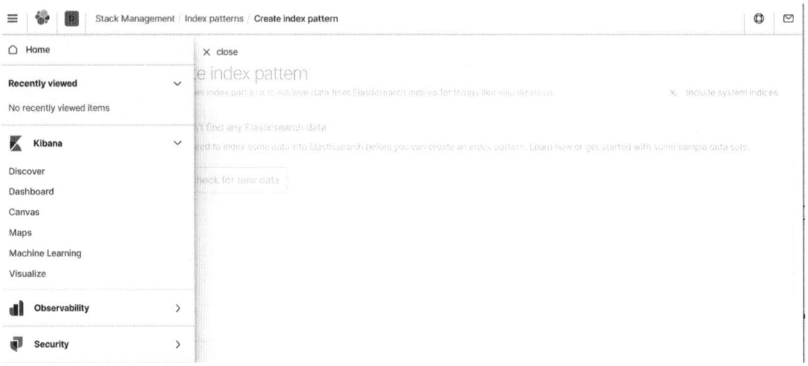

第3章
ドキュメント/インデックス/
クエリの基本操作

　ここまで Elasticsearch の基本的な概念や導入手順について説明を進めてきました。第3章では、Elasticsearch におけるドキュメントやインデックスの基本的な操作方法について、主に3つのことを学んでいきます。

　最初に、ドキュメントをインデックスに登録し、それを取得・検索する方法を確認します。次に、インデックスを管理する方法やそれに付随するマッピングの定義方法についても紹介します。そして最後に、検索を行うためのクエリについても、実践的かつ基本的なクエリの構成方法やクエリに関連するフィルタやソートの概念についても確認します。

　本章でこれらの基礎知識となる操作を学習しておくことで、Elasticsearch を使いこなすための勘所が理解でき、次章以降の応用的なテーマについても容易に習得できるようになるはずです。

3-1　　ドキュメントの基本操作

本章では Elasticsearch の操作の多くを紹介する予定ですが、まずはドキュメントの基礎的な操作方法から確認していきます。

Elasticsearch で格納するドキュメントは、「2-1 用語と概念」の節でも紹介したように、Code 3-1 に示すような JSON フォーマットで表されます。

Code 3-1　Elasticsearch に格納されるドキュメントの例

```
{
  "user_name": "John Smith",
  "date" : "2019-10-06T15:09:45",
  "message": "Hello Elasticsearch world."
}
```

以下では、このドキュメントを例として次の 4 種類の操作方法を見ていきます。この 4 種類の操作はデータのライフサイクルを管理する基本的な操作で、各操作を表す単語 Create、Read、Update、Delete の頭文字をとって一般に「CRUD」とも呼ばれます。Elasticsearch に限らずデータベースなどのデータを管理するシステムではよく用いられる概念です。

- C（reate）：ドキュメントをインデックスに登録する操作
- R（ead）：ドキュメントを取得・検索する操作
- U（pdate）：ドキュメントを更新する操作
- D（elete）：ドキュメントを削除する操作

本節ではこれ以降、実際に操作を行うためのコード例を示します。前提として 1 台もしくは複数台構成の Elasticsearch 環境が動作しており、あわせて Kibana も導入済みであるものとします。Elasticsearch へのリクエストは基本的に、前章で紹介した Kibana の Console 機能を用いて実行します。

Column　curl コマンドを実行したいときは

Kibana の Console 機能で実行するリクエストは、すべて第 2 章で紹介した curl コマンドによる REST API 操作に置き換えることが可能です。Console 機能の実行ボタン（緑色の三角アイコン ▶）の隣にあるスパナアイコン 🔧）をクリックすると"Copy as cURL"というメニューが

あらわれます。これをクリックすると同じ意味を持つ curl コマンド文字列がクリップボード上にコピーされます。この内容を Linux ターミナルに貼り付ければ等価な curl コマンドを実行できます（Figure 3-1）。

Figure 3-1　Kibana の Console 機能から curl 文字列をコピーする

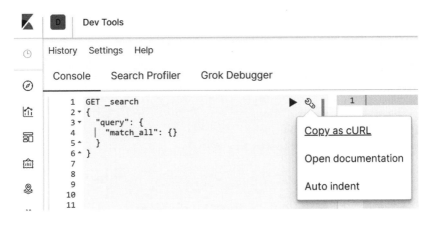

3-1-1　ドキュメントの登録（Create）

まずはドキュメントをインデックスに登録してみましょう。ドキュメントを登録するためには、登録対象となる JSON ドキュメントをリクエストボディ部分に指定して REST API を発行します。

「2-3-1 リクエスト」の Column でも紹介しましたが、インデックスを登録するのに使われる HTTP メソッドは 2 種類あります。1 つは PUT メソッドを使う方法、もう 1 つは POST メソッドを使う方法です。PUT メソッドの場合にはドキュメント ID を指定する必要がありますが、POST メソッドの場合にはドキュメント ID を Elasticsearch が自動生成してくれるため、指定を省略できます。

以下に示す操作は、Code 3-1 のドキュメントを PUT メソッド、POST メソッドを使ってそれぞれ登録する実行例です。

Operation 3-1　ドキュメントの登録の例（PUT メソッドを使う場合）

```
PUT my_index/_doc/1
```

```
{
  "user_name": "John Smith",
  "date" : "2019-10-06T15:09:45",
  "message": "Hello Elasticsearch world."
}
```

Operation 3-2　ドキュメントの登録の例（POST メソッドを使う場合）

```
POST my_index/_doc/
{
  "user_name": "John Smith",
  "date" : "2019-10-06T15:09:45",
  "message": "Hello Elasticsearch world."
}
```

　どちらの場合も、インデックス名（"my_index"）の指定は必須です。事前にインデックスおよびマッピング定義が作成されていなくても、Elasticsearch がドキュメント登録時に自動的に作成してくれます。また、ドキュメントを格納、取得、削除する際にはインデックス名の後ろに"_doc"というエンドポイント名を付加する必要があります。

　ところで、POST メソッドを使った場合に Elasticsearch が自動的に生成したドキュメント ID を、われわれはどうやって知ることができるのでしょうか。実は、インデックスの登録をした際に Elasticsearch から返されるレスポンスボディの中に、その ID が含まれています。Operation 3-2 の POST メソッドを使ってドキュメントを登録した際のレスポンスボディを見てみましょう（Operation 3-3）。

Operation 3-3　ドキュメントの登録に対するレスポンスの例（POST メソッドを使った場合）

```
{
  "_index" : "my_index",
  "_type" : "_doc",
  "_id" : "wdWmpWOBVpKZZB77I1-U",
  "_version" : 1,
  "result" : "created",
  "_shards" : {
    "total" : 2,
```

```
    "successful" : 2,
    "failed" : 0
  },
  "_seq_no" : 1,
  "_primary_term" : 1
}
```

レスポンスボディに含まれる"_id"フィールドの値が "wdWmpWOBVpKZZB77I1-U" となっています。これが実際に Elasticsearch が自動生成したドキュメント ID となります。

3-1-2　ドキュメントの取得・検索（Read）

次に、インデックスに登録されたドキュメントを取得・検索してみましょう。ここでドキュメントの取得と言っているのは、単純に ID を指定してドキュメントを取り出す動作を指しています。またドキュメントの検索と言っているのは、何らかの検索条件を与えて、その条件を満たすドキュメントを探し出す動作を指しています。それぞれ操作方法が異なるため、順番に説明していきます。

■ドキュメントの取得

ドキュメントを取得する場合は、インデックス名の後ろに"_doc"というエンドポイント名を付け、最後にドキュメント ID を指定して GET メソッドを発行します。

Operation 3-4　ドキュメントの取得

```
GET my_index/_doc/1
```

ドキュメントが見つかった場合、以下のようなレスポンスが返されます。

Operation 3-5　ドキュメントの取得に対するレスポンスの例

```
{
  "_index" : "my_index",
  "_type" : "_doc",
  "_id" : "1",
```

```
  "_version" : 1,
  "_seq_no" : 0,
  "_primary_term" : 1,
  "found" : true,
  "_source" : {
    "user_name" : "John Smith",
    "date" : "2019-10-06T15:09:45",
    "message" : "Hello Elasticsearch world."
  }
}
```

　先ほど登録したドキュメントが格納されていることがわかります。また、ユーザが登録した
ドキュメントの情報以外にも、管理上必要になるいろいろな情報が含まれていることにも注意
してください。もしユーザが登録したドキュメントだけを取り出したい場合は"_doc"の代わり
に"_source"というエンドポイント名を用います。

Operation 3-6　ドキュメントの取得の例（登録したドキュメント部分のみを取得）

```
GET my_index/_source/1
```

　"_source"エンドポイントを指定した場合は、Operation 3-7 のようにドキュメント部分だけが
レスポンスとして返されます。

Operation 3-7　ドキュメントの取得に対するレスポンスの例（登録したドキュメント部分のみを取得）

```
{
  "user_name" : "John Smith",
  "date" : "2019-10-06T15:09:45",
  "message" : "Hello Elasticsearch world."
}
```

Tips　curl コマンド使用時に「pretty」を後ろに付けてレスポンスを見やすくする

　Kibana の Console 機能でなく、ターミナル上から curl コマンドでリクエストを実行して
みた方は、レスポンスフォーマットが少し異なることに気付いたかもしれません。もともと

Elasticsearch から返されるレスポンスボディの JSON フォーマットは、改行やインデントなどが行われておらず、人間が読むには少し読みづらい場合があります。curl コマンドを実行する場合には、以下のようにリクエスト API エンドポイントの最後に"?pretty"を付加すると、フォーマットが整形されたレスポンスボディが返されるようになります。「Operation 3-4 ドキュメントの取得」と同じリクエストを例にして、API エンドポイントの後ろに"?pretty"を付加してみましょう。

Operation 3-8　curl コマンドに pretty を付けてレスポンス JSON を見やすくする方法

```
$ curl -XGET 'http://localhost:9200/my_index/_doc/1?pretty' ⏎
{
  "_index" : "my_index",
  "_type" : "_doc",
  "_id" : "1",
  "_version" : 1,
  "_seq_no" : 0,
  "_primary_term" : 1,
  "found" : true,
  "_source" : {
    "user_name" : "John Smith",
    "date" : "2019-10-06T15:09:45",
    "message" : "Hello Elasticsearch world."
  }
}
```

　この方法はフォーマットが見やすくなること以外、動作には影響がありませんので、ターミナル上で curl コマンドを使う際に便利です。なお、Kibana の Console 機能を使う際には暗黙的にこの"pretty"オプションが使われていますので、常に整形されたフォーマットで出力が行われます。

■ドキュメントの検索

　Elasticsearch は検索エンジンの機能を持っているので、当然ながらクエリを使ってドキュメントを検索することもできます。

　ドキュメントを検索する場合は、API エンドポイントの最後に"_search"を指定します。検索条件はリクエストボディに JSON フォーマットで記述します。ここでは 1 つの例として、"message"フィールドの中に"Elasticsearch"という語句が含まれるドキュメントを検索するクエリを実行します。検索条件を表すリクエストボディでは、以下のように"query"で始まる句を使ってさまざまなクエリの内容を記載します。

Operation 3-9　ドキュメントの検索の例

```
GET my_index/_search
{
  "query": {
    "match": {
      "message": "Elasticsearch"
    }
  }
}
```

クエリにヒットしたドキュメントが見つかった場合、以下のようなレスポンスが返されます。

Operation 3-10　ドキュメントの検索に対するレスポンスの例

```
{
  "took" : 0,
  "timed_out" : false,
  "_shards" : {
    "total" : 1,
    "successful" : 1,
    "skipped" : 0,
    "failed" : 0
  },
  "hits" : {
    "total" : {
      "value" : 1,
      "relation" : "eq"
    },
    "max_score" : 0.2876821,
    "hits" : [
      {
        "_index" : "my_index",
        "_type" : "_doc",
        "_id" : "1",
        "_score" : 0.2876821,
        "_source" : {
          "user_name" : "John Smith",
          "date" : "2019-10-06T15:09:45",
          "message" : "Hello Elasticsearch world."
        }
      }
    ]
  }
}
```

```
    }
```

検索の実行結果なので、検索条件にヒットしたドキュメントの情報が含まれています。"hits"、"total"の下にある"value": 1 とあるのが検索条件にヒットしたドキュメントの数を表しています。その下には実際にヒットしたドキュメントが配列で返されています（この例ではヒット数が1のため、ドキュメントは1つだけになっています）。

なお、このときに検索の対象範囲を API エンドポイントで示すことができます。上記の例ではインデックス名を指定しましたが、その他にも検索範囲を自由に指定することができます。

Operation 3-11　ドキュメントの検索範囲の指定方法

```
GET my_index/_search            ### my_index から検索
GET my_index,my_index2/_search  ### my_index と my_index2 から検索
GET my_index*/_search           ### "my_index"で始まるすべてのインデックスから検索
GET /_search                    ### システム上のすべてのインデックスから検索
```

ここでは検索方法の概要を紹介しましたが、実際にはクエリの記法（「**クエリ DSL**」と呼ばれます）はこれ以外にも非常にたくさんの種類があります。クエリの指定方法のさまざまなバリエーションについては、この後「3-3 さまざまなクエリ」で紹介します。

3-1-3　ドキュメントの更新（Update）

Elasticsearch ではドキュメントの更新もサポートしています。ここでの更新の意味は、既存のドキュメント全体を新しいドキュメントで置き換える場合と、既存のドキュメントの一部のフィールドを更新する場合とがあります。それぞれの違いについて確認してみましょう。

■既存のドキュメント全体を置き換える更新操作

既存のドキュメント全体を置き換える場合は、既存のドキュメント ID を指定して PUT メソッドを発行します。置き換え操作を行うと以前のドキュメントは参照できなくなります。

Operation 3-12　ドキュメントの更新の例（既存のドキュメント全体を置き換える）

```
PUT my_index/_doc/1
{
  "user_name": "Mike Stuart",
  "date" : "2019-10-06T16:36:12",
  "message": "This message was updated."
}
```

■既存のドキュメントの一部のフィールドを置き換える更新操作

　ドキュメント全体の置き換えではなく、ドキュメントの一部のフィールドだけを更新したい場合は、以下のように"_update"という更新用の API エンドポイントを指定して POST メソッドを発行します。リクエストボディには"doc"というフィールドを指定して、その中に更新対象のフィールドを記載します。

Operation 3-13　ドキュメントの更新の例（既存ドキュメントの一部のフィールドのみを置き換える）

```
POST my_index/_update/1
{
  "doc" : {
    "message" : "Only message was updated."
  }
}
```

　実際にはどちらの場合にも、既存のドキュメントを一度削除して、新しいバージョンのドキュメントを再インデックスする動作が内部では行われることになります。

3-1-4　ドキュメントの削除（Delete）

　ドキュメントの削除は、DELETE メソッドを用います。"_doc"エンドポイント名に続けて、削除対象のリソースを指定するためにドキュメント ID を指定している点に注意してください。

Operation 3-14　ドキュメントの削除の例

```
DELETE my_index/_doc/1
```

この節ではまずドキュメントの基本操作として、登録、取得・検索、更新、削除の4種類の操作方法について確認しました。続けてドキュメント以外の、インデックスおよびマッピング定義などの管理、操作方法についても確認していきましょう。

3-2　インデックスとマッピング定義の管理

前節で、ドキュメントを登録する際にインデックスやマッピング定義を事前に作成していなくても、エラーにならずに登録できることを説明しました。これは、インデックスやマッピングが存在しない場合には、Elasticsearch が自動的に作成してくれるためです。一方で、ドキュメントの登録前に、明示的にインデックスやマッピング定義を作成しておく方が望ましいケースもあります。

- 明示的にインデックスを作成しておくことが望ましい例
  デフォルト値とは異なるレプリカ数やシャード数を持つインデックスを作成したい場合
- 明示的にマッピング定義を作成しておくことが望ましい例
  登録するドキュメント内のデータ型があらかじめわかっていて、Elasticsearch に型の自動推測をさせることなく明示的にマッピングを指定したい場合

このような場合では、手動でインデックスを作成する、または、マッピング定義を作成することになります。それぞれの手順を確認していきましょう。

3-2-1　インデックスの管理

以下では、インデックスの操作方法として、作成、更新、削除といった操作を示します。

■インデックスの作成

手動でインデックスを作成するためには、次のように API エンドポイントにインデックス名を指定して、PUT メソッドを発行します。リクエストボディ部分に"settings"句を定義して、プライマリシャード数（"number_of_shards"）やレプリカ数（"number_of_replicas"）を指定するこ

とができます。先に同じ名前を持つインデックスが存在しているとエラーになってしまうので、インデックス名の指定には注意してください。

Operation 3-15　インデックスの作成の例

```
PUT my_index
{
  "settings": {
    "number_of_shards": "3",
    "number_of_replicas": "2"
  }
}
```

Operation 3-15 の例では、明示的にプライマリシャード数とレプリカ数を指定していますが、これらの指定を省略しても問題ありません。その場合はデフォルトのプライマリシャード数 (1) およびレプリカ数 (1) を持つインデックスが作られます。

Operation 3-16　インデックスの作成の例（プライマリシャード数、レプリカ数の指定を省略）

```
PUT my_index
```

作成したインデックスの設定情報は"_settings" API エンドポイントを指定して GET メソッドを用いて確認できます。

Operation 3-17　インデックスの設定情報の取得の例

```
GET my_index/_settings
```

■インデックスの更新

インデックスの一部の設定情報については、"_settings" API エンドポイントに PUT メソッドを発行すれば更新できます。たとえば、一度インデックスを作成した後でレプリカ数を 4 に更新する操作は以下のように行います（プライマリシャードの数はインデックス作成後の変更はできないため、この方法では更新できないことに注意してください）。

Operation 3-18　インデックスの設定情報の更新の例

```
PUT my_index/_settings
{
  "index": {
    "number_of_replicas": "4"
  }
}
```

■インデックスの削除

　最後にインデックスを削除する方法を説明します。インデックス名をAPIエンドポイントに指定してDELETEメソッドを発行すれば削除が可能です。特に実行確認などを経ずにコマンドを実行するだけでインデックスが消えてしまうため、注意して実行してください。

Operation 3-19　インデックスの削除の例

```
DELETE my_index
```

 Tips　インデックス削除の誤操作を防止する設定

　インデックスの削除をする際にインデックス名にアスタリスク"*"や"_all"といった指定が可能です。たとえば「logstash-*」のような指定をすることで「logstash-」で始まるすべてのインデックスを一度に削除することや、「_all」と指定することでElasticsearch内のすべてのインデックスを削除することも可能です。

　こういった機能は便利ですが、誤操作によって意図せずにインデックスを失う事故の原因ともなりえます。そのため、設定によりこのような複数インデックスを指定した削除操作を無効化することができます。以下の設定を全ノードのelasticsearch.ymlファイルに記述してElasticsearchを再起動すれば、"*"や"_all"による削除対象の指定が許可されなくなります。

Code 3-2　削除対象のインデックス名に"*"あるいは"_all"を許可しない設定（設定ファイル）
```
action.destructive_requires_name: true
```

　設定ファイルによる方法以外にも、以下のクラスタAPIを発行することでも同じ操作が行え

ます。

Operation 3-20　削除対象のインデックス名に"*"あるいは"_all"を許可しない設定（クラスタ
　　　　　　　　 API）

```
PUT _cluster/settings
{
  "persistent" : {
    "action.destructive_requires_name" : true
  }
}
```

　ここで"persistent"とあるのは設定の有効期限を表しており、ここではクラスタが再起動されても設定が有効となります。有効期限を"transient"とした場合は一時的な変更となり、クラスタが再起動されると元の設定に戻ります。

3-2-2　マッピング定義の管理

　インデックスの管理方法を確認したところで、次にマッピング定義の管理方法を確認しましょう。「2-1 用語と概念」でも説明しましたが、ドキュメント内の各フィールドのデータ構造やデータ型を記述した情報をマッピングと呼ぶことを思い出してください。

　ここでは、あらかじめ格納するドキュメントのデータ構造やデータ型がわかっている場合に、マッピング定義を明示的に作成する方法を説明します。

■マッピング定義の作成

　マッピング定義を作成するには"_mapping" API エンドポイントに PUT メソッドを発行します。マッピングはリクエストボディ部分に"properties"句を書いて定義します。"properties"句の中にはインデックスに含まれる各データ型定義（フィールド名およびデータ型）を指定します。

Operation 3-21　マッピング定義の作成の例

```
PUT my_index/_mapping
{
  "properties": {
    "user_name": { "type": "text" },
    "date": { "type": "date" },
```

```
      "message": { "type": "text" }
  }
}
```

この例ではマッピングとして、"properties"句の中で3つのフィールド"user_name"、"date"、"message"を定義しています。フィールドおよびそこで定義できるデータ型については「2-1 用語と概念」で説明したものが使えます。実際にはこのフィールド定義部分では、データ型定義以外にも、アナライザ定義などいくつか定義できるものがあるのですが、それは第4章で詳しく説明します。ここではシンプルなマッピング定義の例として、フィールド名とデータ型のみを定義しています。

■マッピング定義の確認

作成されたマッピング定義の確認は、以下のように行います。ここでは"my_index"インデックスに定義されたマッピングを確認しています。レスポンスを確認すると、「Operation 3-21　マッピング定義の作成の例」で作成された定義が正しく登録されていることがわかります。

Operation 3-22　マッピング定義の確認の例

```
GET my_index/_mapping
```

Operation 3-23　マッピング定義の確認に対するレスポンスの例

```
{
  "my_index" : {
    "mappings" : {
      "properties" : {
        "date" : {
          "type" : "date"
        },
        "message" : {
          "type" : "text"
        },
        "user_name" : {
          "type" : "text"
        }
```

```
      }
    }
  }
}
```

■マッピングへのフィールドの追加

Elasticsearch では、基本的に一度定義したマッピングを差し替えることはできないので注意してください。差し替えたい場合は、新しいマッピングを定義した新しいインデックスにデータを移し替える操作が必要となります。ただし例外として、既存のマッピングへのフィールド追加のみはサポートされています。フィールドの追加操作には、マッピング作成時と同様に PUT メソッドを使います。Operation 3-24 は、既存のマッピング定義に"additional_comment"というフィールドを追加する操作の例です。

Operation 3-24　マッピング定義の更新の例（フィールドの追加）

```
PUT my_index/_mapping
{
  "properties": {
    "additional_comment": { "type": "text" }
  }
}
```

更新後に「Operation 3-22 マッピング定義の確認の例」のコマンドを実行してマッピング定義を確認すると、フィールドが期待したとおりに追加されていることがわかります。

Operation 3-25　マッピング定義の確認の例（フィールド追加後）

```
GET my_index/_mapping
```

Operation 3-26　マッピング定義の確認に対するレスポンスの例（フィールド追加後）

```
{
  "my_index" : {
```

```
    "mappings" : {
      "properties" : {
        "additional_comment" : {
          "type" : "text"
        },
        "date" : {
          "type" : "date"
        },
        "message" : {
          "type" : "text"
        },
        "user_name" : {
          "type" : "text"
        }
      }
    }
  }
}
```

3-2-3　インデックステンプレートの管理

　ドキュメントの登録前に明示的にインデックスやマッピング定義を作成しておくケースとして、手動でインデックス設定やマッピング定義を行う例をこれまで見てきました。ただし、これらの例ではインデックス名やフィールド名は事前に確定しているものとして設定を行っていました。では、インデックス名やフィールド名が動的に決まるような使い方をしている場合はどうすればよいでしょうか。ここではそのようなケースへの対応方法について考えていきましょう。

　Elasticsearch は、必要に応じて任意の数のインデックスを作ることができます。たとえば第 6 章で紹介する Logstash と組み合わせる場合によく見られる構成、運用方法として、日次（1 日分）のログを日付名の付いたインデックスで管理する、というユースケースがあります。具体的には、2019 年 10 月 6 日のログは"logstash-2019.10.06"というインデックス名で自動生成するという使い方になります。この例に限らず、Elasticsearch では同じデータソースであっても、日付などをもとにして、名前の異なる複数のインデックスを作成して管理することは珍しくありません。これは、Elasticsearch がドキュメント登録時点でインデックスやマッピング定義を動的に自動生成できる、という機能を上手に活用している例とも言えるでしょう。

　それでは、こういったケースでは、インデックス定義やマッピング定義はどのように管理すればよいでしょうか。先ほど指摘したように、手動で定義すること自体は可能ですが、日次で生成

される新しいインデックス名ごとに事前に定義をするのでは手間がかかってしまいます。しかしながら、先ほどの Logstach の例のように共通のデータソースを利用する場合には、日次で作成されるインデックスすべてに共通のマッピングを暗黙的に、かつ、自動で定義できれば非常に便利です。このように特定の条件のインデックスに共通の設定や定義を適用したい場合には、ここで説明するインデックステンプレートを使ってみてください。

■インデックステンプレートの作成

インデックステンプレートとは、作成されるインデックス名の文字列をもとにして、ある条件を満たした場合には事前に準備したマッピング定義を自動的に適用してくれる機能です。テンプレートに指定できるインデックス名の条件には"*"（ワイルドカード）が使用できます。

実際のインデックステンプレートの例を見てみましょう。ここでは"accesslog-"で始まる名前のインデックスが作られる際に適用されるインデックステンプレートを作っています。

インデックステンプレートを作成するためには、API エンドポイントには"_template"というパスを指定して PUT メソッドを発行します。インデックステンプレート自身にも名前を付ける必要があり、ここでは"my_template"という名前を API エンドポイント上で定義しています。

Operation 3-27　インデックステンプレートの作成の例

```
PUT _template/my_template
{
  "index_patterns": "accesslog-*",
  "settings": {
    "number_of_shards": 1
  },
  "mappings": {
    "properties": {
      "host": { "type": "keyword" },
      "uri": { "type": "keyword" },
      "method": { "type": "keyword" },
      "accesstime": { "type": "date" }
    }
  }
}
```

インデックステンプレートは「型紙」（テンプレート）のようなもので、実際にインデックスを作成するタイミングでこの定義が反映されます。ここでは、まだインデックスの「型紙」（テンプ

レート）を作っただけですので、この時点ではまだインデックスは作られていないことに注意してください。この後にドキュメントが登録されると上記のテンプレートが実際に適用されます。

Operation 3-28 ドキュメントの登録の例（インデックステンプレートの適用）

```
POST accesslog-2019.10.06/_doc/
{
  "host": "web01",
  "uri": "/user/25012",
  "method": "PUT",
  "accesstime" : "2019-10-06T15:09:45"
}
```

この例では"accesslog-2019.10.06"という名前のインデックスを指定しており、先ほどのテンプレートで指定した名前"accesslog-*"にマッチしたので、このテンプレートが適用されることになります。このドキュメントが登録された後に、マッピングがテンプレートのとおりに定義されているか、マッピング定義を確認してみましょう。確認するためにはGETメソッドを用います。

Operation 3-29 インデックステンプレートで自動作成されたマッピング定義の確認の例

```
GET accesslog-2019.10.06/_mapping
```

コマンドを実行した結果、インデックステンプレートのとおりにマッピングが定義されていることが確認できました。

Operation 3-30 インデックステンプレートで自動作成されたマッピング定義の確認結果の例

```
{
  "accesslog-2019.10.06" : {
    "mappings" : {
      "properties" : {
        "accesstime" : {
          "type" : "date"
        },
        "host" : {
          "type" : "keyword"
        },
        "method" : {
          "type" : "keyword"
        },
```

```
            "uri" : {
                "type" : "keyword"
            }
        }
    }
}
```

作成したインデックステンプレートの定義を確認するためには GET メソッドを発行します。

Operation 3-31　インデックステンプレート定義の確認の例

```
GET _template/my_template
```

上記コマンドを実行すると、以下のように定義内容が確認できます。

Operation 3-32　インデックステンプレート定義の確認に対するレスポンスの例

```
{
  "my_template" : {
    "order" : 0,
    "index_patterns" : [
      "accesslog-*"
    ],
    "settings" : {
      "index" : {
        "number_of_shards" : "1"
      }
    },
    "mappings" : {
      "properties" : {
        "method" : {
          "type" : "keyword"
        },
        "host" : {
          "type" : "keyword"
        },
        "uri" : {
          "type" : "keyword"
        },
        "accesstime" : {
```

```
            "type" : "date"
        }
      }
    },
    "aliases" : { }
  }
}
```

■テンプレートの複数定義

インデックステンプレートは複数定義しておくことも可能です。複数のテンプレートを定義する場合には、それが適用される順序を示す"order"というパラメータを付加します。このとき、小さい"order"値を持つテンプレートが先に適用され、順次大きな"order"値を持つテンプレートが適用されます。次の例では2つのインデックステンプレートをそれぞれ異なる"order"値で定義しています。

Operation 3-33　複数のインデックステンプレートを定義する例

```
PUT _template/my_default_template
{
  "index_patterns": "*",
  "order": 1,
  "settings": {
    "number_of_shards": 3
  }
}

PUT _template/my_tweet_template
{
  "index_patterns": "my_index-*",
  "order": 10,
  "settings": {
    "number_of_shards": 1
  },
  "mappings": {
    "properties": {
      "user_name": { "type": "text" },
      "date": { "type": "date" },
      "message": { "type": "text" }
    }
```

```
      }
  }
```

Operation 3-33 の例では、order が 1 である"my_default_template"が先にチェックされます。インデックス名が"*"となっているため、すべてのインデックスにこのテンプレートが反映されます。次に order が 10 である"my_tweet_template"がチェックされます。ここでもしインデックス名が"my_index-"で始まる場合には、このテンプレートの内容も反映されます。

このように複数のテンプレートが適用された場合には、後で適用された（order の大きな）テンプレートの内容が有効になります（「上書き」で反映されます）。例として"my_index-1"というインデックスを作った場合、後で適用された"my_tweet_template"の設定が上書きで有効になるため、プライマリシャード数は 3 ではなく 1 になることに注意してください。

■テンプレートの削除

最後にテンプレートの削除方法も示しておきます。"_template" API エンドポイントの後ろに削除したいテンプレート名（以下の例では"my_template"）を指定して、DELETE メソッドを発行してください。

Operation 3-34　インデックステンプレートの削除の例

```
DELETE _template/my_template
```

インデックステンプレートを削除したとしても、すでに作成、定義されたインデックスには影響はありません。

3-2-4　ダイナミックテンプレートの管理

ここまでマッピング定義の管理に関する機能について説明してきましたが、最後に少しだけ複雑な機能を紹介します。

前述したインデックステンプレートは、インデックス名が事前に一意に決まらない場合でも特定の条件にマッチした場合に、指定したインデックス設定やマッピング定義を動的に適用できる機能でした。それでは、インデックス名ではなくフィールド名が事前に決められないようなケースでは、どのようにマッピングを定義すればよいでしょうか。

このようにフィールドの条件に合わせて共通のマッピング定義を適用したい場合には、以下で説明する**ダイナミックテンプレート**を使うと便利です。

■ダイナミックテンプレートの作成

ダイナミックテンプレートとは、インデックス対象のドキュメント内のフィールドに対して、ある条件を満たした場合に事前登録したマッピング定義を適用してくれる機能です。インデックステンプレートではインデックス名を元に適用していましたが、ダイナミックテンプレートはフィールドの条件に基づいて適用するという違いがあります。

ダイナミックテンプレートでは、フィールドに対して以下の3種類の適用条件を任意に組み合わせて指定することができます。

- フィールド名（match, unmatch, match_pattern）
- フィールドパス名（path_match, path_unmatch）
- Elasticsearch が自動推定したフィールド型名（match_mapping_type）

以下ではこのうちよく利用されると思われる"match","unmatch","match_mapping_type"について設定方法を説明します。それ以外の設定方法にも興味がある場合はドキュメントを参照してください[1]。なおダイナミックテンプレートは、マッピング定義の一要素として定義することになります。したがって、エンドポイント API には"_mapping"もしくは"_template"を指定している点に注意してください。ここでは説明をシンプルにするため"_mapping" API を利用した例を示しますが、"_template" API を利用したインデックステンプレート内においてもダイナミックテンプレートは定義できます。

○フィールド名に基づく指定（match, unmatch）

フィールド名が条件に一致（match）、もしくは、不一致（unmatch）の場合に、"mapping"句の中で指定したフィールド型が適用されます。

---

* 1　Elasticsearch Reference – Dynamic templates
　　　https://www.elastic.co/guide/en/elasticsearch/reference/7.6/dynamic-templates.html

Operation 3-35　ダイナミックテンプレートの作成の例（match, unmatch）

```
PUT my_index/_mapping
{
  "properties": {
    "item": { "type": "text" }
  },
  "dynamic_templates": [
    {
      "price_as_float": {
        "match":   "price_*",
        "unmatch": "*_created",
        "mapping": {
          "type": "float"
        }
      }
    }
  ]
}
```

　この例ではマッピング定義の中で"properties"句と"dynamic_templates"句を併記していま
す。"properties"句の中の"item"フィールドでは明示的に text 型と定義し、それ以外のフィー
ルドに対するマッピング定義を"dynamic_templates"句で始まるダイナミックテンプレートで指
定しています。ダイナミックテンプレートは"dynamic_templates"句の下に配列で複数定義する
ことができ、各定義には任意の名前を付与します。上記の例では"price_as_float"という名前の
定義を 1 つだけ指定しています。この中では、"match"句で指定したフィールド名条件（"price_"
で始まる）を満たし、かつ、"unmatch"句で指定したフィールド名条件（"_created"で終わらない）
を満たす場合に、float 型でインデックスに格納されることになります。

　ここで Operation 3-36 のようなドキュメントを格納すると、通常では"price_book"フィールド
は Elasticsearch が long 型と推定するところ、ダイナミックテンプレートが適用された結果として
float 型としてインデックスに格納されます。また、"price_book_created"フィールドは"unmatch"
句で指定した除外条件にマッチするため、ダイナミックテンプレートが適用されずに、自動推定
された date 型として格納されます。

Operation 3-36　ダイナミックテンプレートの作成後にドキュメントを登録する例（match/unmatch）

```
POST my_index/_doc/
{
```

```
  "item": "book",
  "price_book": 500,
  "price_book_created": "2019-10-06"
}
```

Operation 3-37　格納したドキュメントのマッピング定義の確認例（match/unmatch）

```
GET my_index/_mapping
```

Operation 3-38　格納したドキュメントのマッピング定義の確認結果の例（match/unmatch）

```
GET my_index/_mapping

{
  "my_index" : {
    "mappings" : {
      "dynamic_templates" : [
...
      ],
      "properties" : {
        "item" : {
          "type" : "text"
        },
        "price_book" : {
          "type" : "float"
        },
        "price_book_created" : {
          "type" : "date"
        }
      }
    }
  }
}
```

○ Elasticsearch が自動推定したフィールド型名に基づく指定（match_mapping_type）

Elasticsearch では明示的なマッピング定義がない場合、フィールドの型は自動的に推定されますが、その推定された型名が"match_mapping_type"で指定した型と一致する場合には、"mapping"の中でユーザが指定した任意の型に修正することが可能です。

Operation 3-39　ダイナミックテンプレートの作成の例（match_mapping_type）

```
PUT my_index/_mapping
{
  "dynamic_templates": [
    {
      "long_to_integer": {
        "match_mapping_type": "long",
        "mapping": {
          "type": "integer"
        }
      }
    }
  ]
}
```

この例では"long_to_integer"という名前を持つダイナミックテンプレートを 1 つだけ定義しており、Elasticsearch が long 型に自動推定したフィールドを明示的に integer 型に定義し直しています。ここで Operation 3-40 のようなドキュメントを格納した場合、通常では Elasticsearch が long 型に推定するのですが、上記の"long_to_integer"のダイナミックテンプレート定義を有効化した状態においては integer 型としてインデックスに格納されます。

Operation 3-40　ダイナミックテンプレートの作成後にドキュメントを登録する例（match_mapping_type）

```
POST my_index/_doc/
{
  "price": 500
}
```

Operation 3-41　格納したドキュメントのマッピング定義の確認例（match_mapping_type）

```
GET my_index/_mapping
```

Operation 3-42　格納したドキュメントのマッピング定義の確認結果の例（match_mapping_type）

```
GET my_index/_mapping

{
  "my_index" : {
    "mappings" : {
      "dynamic_templates" : [
...
      ],
      "properties" : {
        "price" : {
          "type" : "integer"
        }
      }
    }
  }
}
```

3-3　さまざまなクエリ

　これまでに、Elasticsearch の導入方法、および、インデックスの登録方法について学んできました。ここからは、いよいよ登録されたデータに対して検索を行うための、さまざまなクエリの実行方法について見ていきます。

　Elasticsearch は、クエリ記法が非常に柔軟で、パワフルな検索機能を持つ点が特徴ですが、すべての機能を紹介することは難しいため、この節ではよく使われる基本的なクエリ記法について確認していきます。より複雑なクエリについては次の第4章でも引き続き紹介します。

3-3-1 クエリ操作とクエリ DSL の概要

「3-1-2 ドキュメントの取得・検索」でもクエリ操作の概要を紹介しましたが、あらためてクエリの実行方法について説明します。

なお、これまで Elasticsearch へのリクエストの実行例は Kibana の Console 機能での操作方法を示していましたが、本項と次項ではクエリ操作の仕組みを説明する都合上、一部 curl コマンドによる操作方法についても合わせて例示します。

■クエリの実行

まず、クエリを実行するためには"_search"という API エンドポイントを使用します。URI 全体としては、「http://<サーバ名>:9200/<インデックス名>/_search」のようにクエリの範囲となるインデックス名を指定できます。クエリの範囲は用途に応じてユーザが自由に指定することができます。複数のインデックスを横断して検索することも可能です。たとえば、Logstash と組み合わせた場合などでは"http://<サーバ名>:9200/logstash-*/_search"と範囲を指定すれば、複数の日付をまたいだ検索が可能になります。

Table 3-1 クエリの範囲指定の例

API エンドポイント	クエリの範囲
http://< サーバ名 >:9200/my_index1/_search	<my_index1> インデックスを対象に検索
http://< サーバ名 >:9200/my_index1/my_type1/_search	<my_index1> インデックス内の <my_type1> タイプを対象に検索
http://< サーバ名 >:9200/my_index1,my_index2/_search	<my_index1> および <my_index2> インデックスを対象に検索
http://< サーバ名 >:9200/my_index*/_search	<my_index> で始まるインデックス名すべてを対象に検索
http://< サーバ名 >:9200/_search	クラスタ内のすべてのインデックスを対象に検索

■クエリ DSL

次に、クエリ DSL についても説明します。Elasticsearch では、ドキュメントを登録する際に JSON オブジェクトとして登録しますが、検索を行う際にもクエリを JSON オブジェクトのフォーマットで記述して実行します。このクエリフォーマットのことを「クエリ DSL（Query DSL）」と呼

びます。クエリ DSL は、単純な単語を検索する書き方も、複数の条件を組み合わせた複雑な書き方もできる非常に強力なフォーマットです。

実は Elasticsearch には、クエリ DSL を使わない、URI サーチと呼ばれる簡易なクエリ記法があるにはあるのですが、検索の機能に制限があります。このため、URI サーチはその場で 1 回限りの簡易な検索をする使い方としては便利ですが、通常はクエリ DSL を使った検索方法を覚えておくのがよいでしょう。以降ではクエリ DSL の書き方を紹介していきます。

Operation 3-43　URI サーチを用いた簡易検索の実行方法（curl コマンドによる実行例）

```
$ curl -XGET 'http://localhost:9200/<インデックス名>/_search\
?q=<フィールド名>:<検索キーワード>'
```

Operation 3-44　URI サーチを用いた簡易検索の実行方法（Kibana の Console による実行例）

```
GET <インデックス名>/_search?q=<フィールド名>:<検索キーワード>
```

クエリ DSL は検索条件を表現した JSON オブジェクトです。curl コマンドを使用してクエリ DSL を使った検索を実行するためには、"-d" オプションによりクエリ DSL をリクエストボディに指定しておいて、GET メソッドあるいは POST メソッドを実行します。

Kibana の Console 機能を使用してクエリ DSL を実行する場合は、これまでにも例示したように 2 行目以降に JSON オブジェクトを続けて記載することでこれがリクエストボディとして扱われます。

Note　クエリ DSL を用いた検索

　クエリ DSL を用いた検索を実行する場合、基本的には GET メソッドを使えばよいのですが、POST メソッドでもクエリを受け付けるようになっています。これはおそらく、クライアント側のツールの実装によっては、リクエストボディを付加して GET メソッドを実行できない場合などがあるためだと思われます。どちらのメソッドを使っても実行結果は同じになるため、状況に応じてどちらかを使うようにしてください。なお、本書ではクエリの実行時には GET メソッドを使っています。

Operation 3-45　クエリ DSL を用いた検索の実行方法（curl コマンドによる実行例）

```
$ curl -XGET 'http://localhost:9200/<インデックス名>/_search' -d'<クエリDSL>'
または
$ curl -XPOST 'http://localhost:9200/<インデックス名>/_search' -d'<クエリDSL>'
```

Operation 3-46　クエリ DSL を用いた検索の実行方法（Kibana の Console による実行例）

```
GET <インデックス名>/_search
<クエリDSL>

または
POST <インデックス名>/_search
<クエリDSL>
```

＜クエリ DSL＞には次のように JSON フォーマットで検索したい条件を記載します。

Code 3-3　クエリ DSL シンタックスの例

```
{
  "query": { <クエリ内容> },
  "from": 0,
  "size": 10,
  "sort": [ <検索結果のソート指定> ],
  "_source": [ <検索結果に含めたいフィールド名> ]
}
```

○ query

query 句には、Elasticsearch に渡したいクエリの内容を JSON オブジェクトで記載します。

○ from / size

from / size 句はオプションで、検索結果のページネーションを指定できます。from は検索結果の何件目から表示するかを指定します。from パラメータのデフォルト値は 0 です。size は検索結果に含める件数を指定します。size パラメータのデフォルト値は 10 です。

○ sort

sort 句もオプションで、検索結果のソート方法を指定できます。たとえば、ある検索結果を日付
の新しい順に取得したい、という場合に使うと便利でしょう。昇順や降順、また、複数のフィー
ルドを使ったソートなども可能です。

○ _source

source 句はオプションで、検索結果に含めるフィールドを指定できます。デフォルトでは、格
納されたフィールド値はすべて検索結果にあらわれてしまいますが、検索結果に不要なフィール
ドを含めたくない場合には、_source オプションで必要なフィールドだけを指定します。

3-3-2　クエリレスポンス

クエリを実行すると、検索結果がクエリレスポンスとして返されます。次にこのレスポンスの
内容を見ていきましょう。

例として、事前にドキュメントが格納されているインデックスに、"match"という種類のクエリ
をクエリ DSL を使って実行します。"match"というクエリは、指定されたフィールド内を対象に、
あるキーワードで全文検索をするという基本的なクエリ記法です。ここでは"message"フィールド
内を対象にして"Elasticsearch"というキーワードで全文検索を実行しています。

Operation 3-47　match を使ったクエリ実行の例（curl コマンドによる実行例）

```
$ curl -XGET 'http://localhost:9200/my_index/_search?pretty' \
-H 'Content-Type: application/json' -d'
{
  "query": {
    "match": {
      "message": "Elasticsearch"
    }
  }
}
'
```

Operation 3-48　match を使ったクエリ実行の例（Kibana の Console による実行例）

```
GET my_index/_search
{
  "query": {
    "match": {
      "message": "Elasticsearch"
    }
  }
}
```

その結果、以下のようなレスポンスが返されます。

Operation 3-49　match を使ったクエリ実行のクエリレスポンスの例

```
{
  "took" : 3,
  "timed_out" : false,
  "_shards" : {
    "total" : 3,
    "successful" : 3,
    "skipped" : 0,
    "failed" : 0
  },
  "hits" : {
    "total" : {
      "value" : 2,
      "relation" : "eq"
    },
    "max_score" : 0.2876821,
    "hits" : [
      {
        "_index" : "my_index",
        "_type" : "_doc",
        "_id" : "2",
        "_score" : 0.2876821,
        "_source" : {
          "user_name" : "Taro Tanaka",
          "date" : "2019-10-06T16:45:10",
          "message" : "I like Elasticsearch."
        }
      },
      {
        "_index" : "my_index",
```

```
        "_type" : "_doc",
        "_id" : "1",
        "_score" : 0.2876821,
        "_source" : {
          "user_name" : "John Smith",
          "date" : "2019-10-06T15:09:45",
          "message" : "Hello Elasticsearch world."
        }
      }
    ]
  }
}
```

このクエリレスポンスの内容からはいくつかのことがわかります。

○ hits.total.value

このクエリでヒット件数を表します。上の例では2件ヒットしたことがわかります。

○ hits.hits._score

検索にヒットしたドキュメントが、どの程度クエリ条件に当てはまるかを表す関連度が、スコアという数値で示されます。スコアの計算は複雑ではありますが、平たく言うと、ある単語の出現頻度を表す TF（Term Frequency）という値、ある単語がどの程度特徴的かを表す IDF（Inverse Document Frequency）という値などをもとにして BM25 と呼ばれるアルゴリズムを用いてスコアが計算されています。BM25 アルゴリズムに興味がある方は、これを紹介しているサイトもありますので、参考にしてみてください[2]。

○ hits.hits._index / _id / _source

どのインデックスに格納された、どの id を持つドキュメントが見つかったかを表します。_source フィールドには格納されたフィールドの内容が格納されています。

Elasticsearch から返されるクエリレスポンスもまた、JSON フォーマットとなっています。たとえば、検索アプリケーションを作る場合には、このクエリレスポンスの JSON オブジェクトをパースすることで、特定の情報を抽出してアプリケーション側に渡すといった処理が可能になります。要件によっては、この検索結果をソートしたり、よりさまざまな検索条件でクエリを実行する使

＊2　Wikipedia – Okapi BM25
　　　https://en.wikipedia.org/wiki/Okapi_BM25

い方があるでしょう。次の項では、クエリ DSL でどういった検索条件が記載できるのかを詳しく見ていきます。

3-3-3　クエリ DSL の種類

クエリ DSL では非常に柔軟な検索条件の指定ができます。全体の構造を整理するために、クエリ DSL を大きく次のように分類します。

- 基本クエリ
    - ▷ 全文検索クエリ
    - ▷ Term レベルクエリ
- 複合クエリ
    - ▷ Bool クエリ

基本クエリとは、シンプルな単一の種類のクエリを指します。「基本クエリ」という呼び方は一般的ではないのですが、後で説明する「複合クエリ」と対比させたいため、便宜上このように呼んでいます。基本クエリの種類は大きく分けて「全文検索クエリ」と「Term レベルクエリ」があります。

複合クエリとは複数の種類の基本クエリを組み合わせて検索条件を構成するものです。代表的なものとして「Bool クエリ」があります。「Bool クエリ」では複数の条件を AND、OR、NOT で結合することや、それらの条件をネストすることができます。

以下ではそれぞれのクエリ種別について説明をしていきます。

■基本クエリ- 全文検索クエリ

全文検索クエリは、典型的にはログファイルやブログのメッセージ本文のように、文章が格納されるフィールドを対象に全文検索をする場合に用います。全文検索対象のドキュメントは、格納時に単語に分割されて、転置インデックスが構成されることを第 1 章では紹介しました。全文検索クエリは、この転置インデックスから検索を行う仕組みです。

第 2 章で説明したフィールド型で言うと、文字列を表す text 型のフィールドは、単語に分割されて転置インデックスが構成されることも覚えているでしょうか。text 型のフィールド型を対象に検索する際に、まさにこの全文検索クエリを使います。

以下に、いくつかの全文検索クエリのための、クエリ DSL の使い方を紹介します。

○ match_all クエリ

match_all クエリは特殊なクエリです。全文検索クエリの仲間ではありますが、検索条件を指定しなくても必ず全件を返します。ヒットした関連度を示す_score の値も全件に 1.0 の最大値が付与されます。match_all クエリは主に格納されたドキュメントの確認などに使います。

Code 3-4　match_all クエリ DSL の例

```
{
  "query": {
    "match_all": {}
  }
}
```

○ match クエリ

match クエリは典型的な全文検索の用途で使うクエリです。以下の例のように、match 句の中に、フィールド名 (message) を指定し、さらにその下に query 句と検索キーワード ("Elasticsearch") を記載します。

Code 3-5　match クエリ DSL の例（省略しない記法）

```
{
  "query": {
    "match": {
      "message": {
        "query": "Elasticsearch"
      }
    }
  }
}
```

 Note　match クエリにおける省略記法

実は、「Operation 3-47 match を使ったクエリ実行の例（curl コマンドによる実行例）」「Operation 3-48 match を使ったクエリ実行の例（Kibana の Console による実行例）」でもすでに match クエリの実行例を紹介しましたが、これらの例ではいわゆる省略記法を用いていました。省略記

法とは、match 句の中に単にフィールド名と検索キーワードのみを指定する match クエリの記法です。省略記法はシンプルで覚えやすい一方で、この後紹介する、より細かい検索条件を指定するクエリなどでは省略記法が使えないこともあるため、省略しない記法についてもあわせて理解しておくのがよいでしょう。

ここではさらにもう 3 つほど例を示します。

- 検索キーワードを複数指定する方法

　検索キーワードを空白文字などで区切ることで複数のキーワードを指定できます。以下の例では空白で区切られた複数のキーワード（"Elasticsearch"と"world"）が指定されています。この場合、いずれかの単語が含まれているドキュメントがヒットします。言い換えると、複数キーワードを「OR」条件で検索しているのと同じ意味になります。

Code 3-6　match クエリ DSL の例（検索キーワードを複数指定）

```
{
  "query": {
    "match": {
      "message": {
        "query": "Elasticsearch world"
      }
    }
  }
}
```

たとえば、次の 2 つのドキュメントが格納されているとします。

- ▷ id＝1 のドキュメント

    { "message" : "Hello Elasticsearch world." }

- ▷ id＝2 のドキュメント

    { "message" : "I like Elasticsearch." }

　この場合、"Elasticsearch"と"world"2 つのキーワードの OR 条件での検索を行うと 2 件ともヒットすることになります。

● 検索条件のオペレータ（"and"または"or"）を指定する方法

　検索条件のオペレータは、デフォルトで「OR」条件になるのですが、ここでは明示的に「AND」条件を指定してみます。先ほどの2つのドキュメントが格納されていた場合は、"Elasticsearch"と"world"の両方が含まれているドキュメントが条件となるため、id＝1のドキュメントのみがヒットします。

Code 3-7　match クエリ DSL の例（検索条件のオペレータを明示的に指定）

```
{
  "query": {
    "match": {
      "message": {
        "query": "Elasticsearch world",
        "operator": "and"
      }
    }
  }
}
```

● 細かな検索条件を指定する方法

　最後に、AND でも OR でもない条件指定の方法を紹介します。キーワードが複数指定された場合、AND 条件ではすべてのキーワードが含まれていないとヒットしません。一方 OR 条件の場合は、最低1つでもキーワードが含まれているとヒットしてしまいます。その中間的な条件として「**最低 N 個以上のキーワードが含まれていること**」という指定ができると便利です。次の minimum_should_match プロパティを使うと、まさにこのような条件指定が可能になります。

Code 3-8　match クエリ DSL の例（minimum_should_match プロパティの指定）

```
{
  "query": {
    "match": {
      "kids_plate_menu": {
        "query": "curry spaghetti hamburg omelette",
        "minimum_should_match": 2
      }
    }
  }
}
```

　ここでは minimum_should_match を説明するための便宜上の例として、子供用のセットメ
ニューを表す kids_plate_menu フィールドを Elasticsearch で検索するケースを考えてみます。
上のクエリ DSL では、minimum_should_match の値が 2 となっているため、curry（カレー）、
spaghetti（スパゲッティ）、hamburg（ハンバーグ）、omelette（オムレツ）のうち 2 つ以上の
キーワードが含まれているメニューがヒットすることになります。

 Note　minimum_should_match の指定方法

　指定方法は数値、または、割合（%）のいずれかが可能です。上記の例では"2"の代わりに"50%"
と指定しても同じ結果となります。

○ match_phrase クエリ

　match_phrase クエリでは、複数のキーワードを指定した際に、指定された語順のドキュメント
のみを検索することができます。この例では、アニメの説明を表す"catoon_description"という
フィールドを含むドキュメントに対して検索するケースを考えます。match クエリでは語順はバ
ラバラでも検索にヒットするのですが、以下の match_phrase の例では語順までチェックされるこ
とになります。

Code 3-9　match_phrase クエリ DSL の例

```
{
  "query": {
    "match_phrase": {
      "catoon_description": {
        "query": "Tom chased Jerry"
      }
    }
  }
}
```

　match_phrase クエリを使った場合、ここで指定された 3 つのキーワード"Tom"、"chased"、"Jerry"
はこの順序で並んでいることも条件に含まれます。たとえば「Tom chased Jerry」という文章は
ヒットしますが「Jerry chased Tom」というドキュメントはヒットしません。

○ query_string クエリ

query_string クエリは他のクエリ記法とは少し異なり、検索条件部分に Lucene シンタックスでの検索式を直接記載できます。いわば低レベル検索用のクエリとなります。Lucene シンタックスの詳細は本書では紹介しませんが、以下のようなクエリが記載できます。もし Lucene の細かい検索クエリが必要な場合には query_string クエリを使ってみてください[3]。

Code 3-10　query_string クエリ DSL の例

```
{
  "query": {
    "query_string": {
      "default_field": "message",
      "query": "message:Elasticsearch^2 -user_name:Smith"
    }
  }
}
```

■基本クエリ- Term レベルクエリ

Term レベルクエリは、指定した検索キーワードに完全一致したフィールドを探すときに使うクエリ種別です。第 2 章で説明したフィールド型で言うと、keyword 型のフィールドを検索するために使うクエリが Term レベルクエリです。text 型はドキュメントの格納時にアナライザが単語分割処理を行って転置インデックスを構成しますが、keyword 型はアナライザによる分割処理が行われずに、そのままインデックスに格納されます。このため、Term レベルクエリは格納されたドキュメントと検索キーワードをそのまま比較する、という特徴があります。まずは、この全文検索クエリと Term レベルクエリの概念の違いを理解した上で、Term レベルクエリのいくつかのクエリ DSL を確認していきましょう。

○ Term クエリ

Term クエリは、Term レベルクエリの基本となるクエリです。term 句の中にフィールド名を指定し、さらにその中に value 句と検索キーワードを指定して完全一致検索を行います。あくまで

＊ 3　Elasticsearch Reference - Query string query
https://www.elastic.co/guide/en/elasticsearch/reference/7.6/query-dsl-query-string-query.html#query-string-syntax

完全一致なので、大文字小文字の種別も含めて、格納した語句とまったく同じキーワードを指定しないと検索にヒットしません。例として、**Code 3-11** の Term クエリでは、city という keyword 型のフィールドに都市名が格納されているという前提ですが、検索する際には、格納されている文字列と完全に一致するキーワード"New York"を指定します。

Note　意図しない部分一致を防ぐには

　仮にこの"city"フィールドが text 型で格納されていた場合、どうなるでしょうか。match クエリで"New"というキーワードで検索すると"New York"だけでなく、たとえば"New Jersey"や"New Orleans"など"New"が付く他の都市名もヒットしてしまうことになります。それが意図する使い方であればよいのですが、もし部分一致によるヒットをさせたくないフィールドであるならば、keyword 型で格納しておくのがよいでしょう。

Code 3-11　term クエリ DSL の例

```
{
  "query": {
    "term": {
      "city": {
        "value": "New York"
      }
    }
  }
}
```

　なお、この term クエリにも match クエリ同様に省略記法があります。term 句の中で value 句のみ指定する場合に限り、value 句を省略して「"<フィールド名>":"<キーワード>"」の形式でクエリを記述できます。

Code 3-12　term クエリ DSL の例（省略記法）

```
{
  "query": {
    "term": {
      "city": "New York"
    }
```

```
    }
  }
```

○ Terms クエリ

Terms クエリは、Term クエリと同様に完全一致検索を行うクエリですが、検索キーワードを複数指定できる点が異なります。**Code 3-13** のクエリ例では複数指定したキーワードのうち、どれか1つでも一致すれば検索にヒットします。

Code 3-13　terms クエリ DSL の例

```
{
  "query": {
    "terms": {
      "prefecture": [ "Tokyo", "Kanagawa", "Chiba", "Saitama" ]
    }
  }
}
```

Note　Terms クエリでは value 句は使えない

Term クエリでは value 句を指定する方法と value 句を使わない省略記法があることを説明しましたが、逆に Terms クエリには value 句を指定する方法は使えません。ここだけは Term クエリと Terms クエリが似て非なる点なので注意してください。

○ Range クエリ

Range クエリは、主に数値型や日付型のフィールドを対象として、値の範囲検索を行うためのクエリです。いくつかの例を見てみましょう。

Code 3-14　range クエリ DSL の例（数値型）

```
{
  "query": {
```

```
      "range": {
        "stock_price": {
          "gte": 15.00,
          "lte": 25.00
        }
      }
    }
  }
```

上の例は、数値型の"stock_price"というフィールドを対象に、15.00 以上 25.00 以下の範囲検索を行っています。大小関係のオペレータは Table 3-2 に示した 4 種類が指定できます。

Table 3-2　Range クエリで使える範囲指定のオペレータ

オペレータ名	意味
gte	～以上
lte	～以下
gt	～より大きい
lt	～より小さい

また、日付型のフィールドを対象とした範囲検索の例を示します。日付型での範囲指定についても上記の 4 種類のオペレータを使いますが、値となる日付の指定方法は date 型と同じ記法で行います。たとえば、日付型の"birthday"というフィールドを対象に、ある一定の日付範囲の誕生日の人を検索する場合には、Code 3-15 のようなクエリ DSL になるでしょう。

Code 3-15　range クエリ DSL の例（日付型）

```
  {
    "query": {
      "range": {
        "birthday": {
          "gte": "2010-04-02",
          "lte": "2011-04-01"
        }
      }
    }
  }
```

さらに、日付型のフィールドを対象とした範囲検索では特別な日付計算用の式を使うことがで

きます。次のクエリ DSL は、"manufactured_date"という製造年月日を表す日付型のフィールド を対象に、現在から 1 週間以内に製造された商品を検索する例です。now が現在時刻を、1w が 1 週間を意味する表現を利用しています。これ以外にも利用できる日付に関する表現がいくつかあ るため、合わせて紹介します。

Code 3-16　range クエリ DSL の例（日付計算式の利用例）

```
{
  "query": {
    "range": {
      "manufactured_date": {
        "gte": "now-1w"
      }
    }
  }
}
```

Table 3-3　Range クエリの日付計算式で利用可能な表現

記号	意味
y	年
M	月
w	週
d	日
h または H	時間
m	分
s	秒

■複合クエリ– Bool クエリ

Bool クエリは、これまで紹介してきた基本クエリを複数組み合わせて、複合クエリを構成する ための記法です。Bool クエリの基本的なクエリ DSL のシンタックスは Code 3-17 のようになり ます。

Code 3-17　Bool クエリのクエリ DSL シンタックス

```
{
  "query": {
    "bool": {
      "must": [ <基本クエリ>, <基本クエリ>,,, ],
      "should": [ <基本クエリ>, <基本クエリ>,,, ],
      "must_not": [ <基本クエリ>, <基本クエリ>,,, ],
      "filter": [ <基本クエリ>, <基本クエリ>,,, ]
    }
  }
}
```

　このように 1 つの bool 句の中に、must、should、must_not、filter の 4 種類のクエリを自由に組み合わせて構成することができます。また、4 種類それぞれのクエリの中にさらに複数の基本クエリを指定できます。これらをうまく組み合わせると AND、OR、NOT 条件を細かく表現することができます。

　なお、以下の複合クエリの例では簡便のため基本クエリを省略記法で表記します。

○ must クエリ

　must 句の中には、必ず含まれるべきクエリ条件を記載します。must 句の中に複数の基本クエリを指定した場合は、そのすべての条件が満たされる必要があります。いわゆる AND 条件の指定と同じ意味を持ちます。次の例では、message フィールドに"Elasticsearch"を含み、かつ、user_name フィールドに"Tanaka"を含むドキュメントがヒットします。

Code 3-18　must 条件の指定方法の例

```
{
  "query": {
    "bool": {
      "must": [
        {"match": {"message": "Elasticsearch"}},
        {"match": {"user_name": "Tanaka"}}
      ]
    }
  }
}
```

○ should クエリ

should 句の中に複数の基本クエリを指定した場合、いずれかのクエリ条件を満たせばドキュメントがヒットします。いわゆる OR 条件と同じ意味を持ちます。次の例の場合では 2 つある match クエリのいずれかにヒットすればよいことになります。もちろん 2 つともヒットしたドキュメントは、より高いスコアが付けられることになります。

Code 3-19　should 条件の指定方法の例

```
{
  "query": {
    "bool": {
      "should": [
        {"match": {"message": "Elasticsearch"}},
        {"match": {"user_name": "Tanaka"}}
      ]
    }
  }
}
```

また、match クエリの説明でも触れた minimum_should_match プロパティが、ここでも使えます。match クエリの場合には、AND 条件でも OR 条件でもない中間的な条件を表現するために、このプロパティを使いました。Bool クエリでもまったく同じ用途でこのプロパティを使えます。次のように、should 句に記載した複数の条件のうち、最低 N 個（または%）以上の条件を満たすこと、という指定ができます。

Code 3-20　should 句での minimum_should_match プロパティの指定の例

```
{
  "query": {
    "bool": {
      "should": [
        {"match": {"message": "Elasticsearch"}},
        {"match": {"message": "world"}},
        {"match": {"user_name": "Tanaka"}},
        {"match": {"user_name": "Smith"}}
      ],
      "minimum_should_match": "50%"
    }
  }
}
```

○ must_not クエリ

must_not 句の中に指定した、基本クエリに当てはまるドキュメントは、検索結果から除外されます。いわゆる NOT 条件と同じ意味を持ちます。**Code 3-21** の例では、city フィールドの値が"Seattle"であるドキュメントは検索にヒットしません。なお、must_not クエリでは、条件に当てはまるドキュメントがすべて除外されるため、検索条件の関連度スコアを算出することはできません（スコアはすべて 0.0 となります）。これについては次の filter クエリについても同様です。

Code 3-21　must_not 条件の指定方法の例

```
{
  "query": {
    "bool": {
      "must_not": [
        {"term": {"city": "Seattle"}}
      ]
    }
  }
}
```

○ filter クエリ

filter 句の中に指定した検索条件にマッチするドキュメントの絞り込みを行います。filter クエリは、検索条件の関連度は無視されて検索条件にマッチするかしないかのみが返されるクエリです。したがって、検索にヒットしたドキュメントのスコアはすべて 0.0 となるという特徴があります。

このように、must/should クエリと、must_not/filter クエリとでは性質が異なります。must クエリと should クエリでは検索条件の関連度に応じて、スコアが返されます。一方、must_not クエリと filter クエリでは、検索条件にマッチするかしないか（Yes か No か）のみが返されます。特に Elasticsearch では、これらのふるまいの違いを指して「Query コンテキスト」「Filter コンテキスト」と呼んで区別しています（**Figure 3-2**）。

たとえば、直近 1 週間以内に格納されたドキュメントであり、かつ、メッセージ内容に"Elasticsearch"という語句を含む検索の例を考えてみましょう。次のクエリ DSL では、この条件を must 句と filter 句を使って表しています。このとき、must 句では、指定したクエリに各ドキュメントがどの程度マッチしているかを示す条件を記載して、結果としては関連度を表すスコア（_score）が返されます。一方、filter 句では、条件に指定したクエリに各ドキュメントが当てはまるか、否かが判定され、結果としては当てはまるドキュメントのみが返されます。

Figure 3-2 Query コンテキストと Filter コンテキストの違い

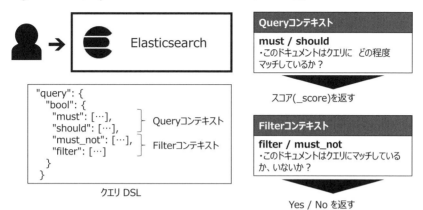

ここで、filter 句で記載した「**直近 1 週間以内**」という条件については、いわば、対象外のドキュメントの「**足切り**」をしているだけであって、検索結果のスコアには影響を与えない点に注意してください。これが Filter コンテキストの大きな特徴です。

Code 3-22 filter 条件の指定方法の例

```
{
  "query": {
    "bool": {
      "must": [
        {"match": {"message": "Elasticsearch"}}
      ],
      "filter": [
        "range": {"date": {"gte": "now-1w"} }
      ]
    }
  }
}
```

最後に、Filter コンテキストで知っておくと便利な機能を紹介しておきます。Filter コンテキストでは、ノードクエリキャッシュと呼ばれるキャッシュ機構があり、単に検索範囲を限定したい、スコアに関連しなくてもよいクエリであれば、一般に filter/must_not クエリを使うことで性能向上が図れます[*4]。

---

* 4 Elasticsearch Reference – Node query cache
https://www.elastic.co/guide/en/elasticsearch/reference/7.6/query-cache.html

filter/must_not クエリは、検索結果をノードクエリキャッシュとして各セグメント単位でメモリ上に保持します。したがって、一度検索されたクエリと同じ filter/must_not クエリを発行した場合は、このノードクエリキャッシュが使われるために、非常に高速に検索ができるのです。

Query コンテキストと Filter コンテキストの詳細は、脚注の URL も参考にしてください[5]。

3-3-4　クエリ結果のソート

クエリ結果は、デフォルトでスコアに基づいてソートされます。スコア以外のソートを行いたいときは、ソート対象のフィールドを指定して、ソートのカスタマイズが行えます。クエリの検索条件を"query"句で指定したように、ソート条件の指定は"sort"句で行います。

○フィールド名を 1 つ指定したソート

まずシンプルなソート指定方法から見ていきましょう。"sort"句の中にソート対象となるフィールド名、および、ソート順序（昇順、降順）を指定します。次の例では"stock_price"という株価を表す float 型のフィールドの値を降順（desc）でソートしています。昇順でソートしたい場合には {"order" : "asc"} と指定します。

Code 3-23　sort 句の指定方法の例（フィールド名が 1 つの場合）

```
{
    "query" : { <クエリの検索条件> },
    "sort" : [
        { "stock_price" : {"order" : "desc"}}
    ]
}
```

○フィールド名を複数指定したソート

"sort"句の中のフィールド指定は、複数記載することもできます。次の例では、2 つのソート条件を指定しています。まず"stock_price"フィールド（株価を表す数値の想定）を降順でソートします。もし、そこで同じ"stock_price"値を持つドキュメントが複数ヒットした場合には、さらに"founded"フィールド（会社設立年を表す date 型の想定）を昇順でソートします。

---

[5]　Elasticsearch Reference – Query and filter context
　　 https://www.elastic.co/guide/en/elasticsearch/reference/7.6/query-filter-context.html

Code 3-24　sort 句の指定方法の例（フィールド名が複数の場合）

```
{
    "query" : { <クエリの検索条件> },
    "sort" : [
        { "stock_price" : {"order" : "desc"}},
        { "founded" : {"order" : "asc"}}
    ]
}
```

○スコアに基づいたソート

　ソート条件の特別な記載方法として、"_score"と記載すると関連度スコアに従ってソートが行えます。もともとデフォルトでもスコアによるソートは行いますが、たとえば、前述した複数条件を指定するような場合に、フィールド値のソートと組み合わせて、明示的に関連度スコアのソートを指定できると便利でしょう。次の例ではまず"stock_price"の降順でソートして、もし同じ"stock_price"を持つドキュメントが複数ヒットした場合には、次にスコアによるソートを行います。

Code 3-25　sort 句の指定方法の例（スコア指定の場合）

```
{
    "query" : { <クエリの検索条件> },
    "sort" : [
        { "stock_price" : {"order" : "desc"}},
        "_score"
    ]
}
```

○配列型データの算術計算結果に基づいたソート

　あるフィールドの値が配列型をとる場合、配列の値の最小、最大、平均といった算術計算結果に基づいたソート条件を記載することもできます。たとえば、"dayoff"という配列型フィールドが、ある従業員の月ごとの休暇日数を表す、長さ 12 の配列型データであると仮定します。次のようなクエリを実行すると、平均日数を計算して、計算された平均日数によるソートを行うことができます。

Code 3-26 sort 句の指定方法の例（配列型データの場合）

```
{
    "query" : { <クエリの検索条件> },
    "sort" : [
        { "dayoff" : {"order" : "desc", "mode" : "avg"}}
    ]
}
```

　例として、ある従業員の"dayoff"フィールドの値が [3,0,1,0,2,1,3,0,0,4,3,1] だとすると平均値は 1.5 となります。この平均値をもとに降順のソートが行われます。"mode"の後ろにそれぞれ計算したい処理を記述します。Table 3-4 は、利用できる算術処理方法の例です。

Table 3-4 配列型データの算術計算式で利用可能な表現

mode の値	意味
avg	値の平均値
min	値の最小値
max	値の最大値
sum	値の合計値
median	値のメジアン

3-4 まとめ

　本章では、Elasticsearch 環境で実際にドキュメントを格納し、それを検索するための基本的な操作方法について解説しました。Elasticsearch では、ドキュメントはリソースとして扱い、REST API を使って管理されます。リソースの作成・取得・更新・削除といったいわゆる CRUD 操作は適切な API エンドポイントや HTTP メソッドを選択して操作することを確認しました。また特に、検索操作についてはクエリ DSL と呼ばれる JSON フォーマットを構成して非常に柔軟に検索できることも多くの例とともに紹介しました。

　本章の内容はあくまで基本的な操作の範囲になりますが、次の第 4 章ではより応用的な操作として、Elasticsearch の内部で行われるアナライズの動作や、Aggregate をはじめとした複雑なクエリの紹介をしていきます。

第4章
Analyzer/Aggregation/スクリプティングによる高度なデータ分析

　第3章では、Elasticsearch の基本的な操作方法として、ドキュメントやインデックスの扱い方を説明しました。第4章では、これまで説明した内容をさらに発展させて、より高度な概念や機能を紹介します。主な解説内容は3つあります。はじめに全文検索で使われる Analyzer の機能と使い方を詳しく説明し、次に複雑なデータの分析を可能にする Aggregation の機能について説明します。そして最後に、データの細かい処理を行うためのスクリプティングの機能についても紹介します。

　第3章までの内容と比較すると難しい内容も含まれますが、この章の内容を理解することで、Elasticsearch の検索精度をさらに向上させることや、Elasticsearchを複雑な分析の用途で活用することができるようになるでしょう。

4-1　　全文検索と Analyzer

「1-1-1 全文検索の仕組み」で紹介したように、Elasticsearch は全文検索を行うために「**索引型検索**」という方式を採用しており、格納したい文章を単語単位に分割して「**転置インデックス**」を構成することで、高速な検索機能を提供しています。

これらの内容をふまえて本節では、Elasticsearch が実際に文章を単語に分割するアナライザの仕組みを詳しく見ていきたいと思います。

第 2 章で、テキスト文字列をフィールドに格納するためのデータ型として text 型と keyword 型の 2 種類があることを説明しましたが、ここでもう一度その違いを思い出してください。text 型ではアナライザによって単語の分割が行われて転置インデックスが形成されます。一方 keyword 型では、アナライザによる単語の分割が行われない、という違いがありました。本節では、Elasticsearch におけるアナライザの機能について説明していきますが、特に、text 型のフィールドを対象として、単語がどのように処理されるかという仕組みについても見ていくことになります。

なお、以降の説明では、「アナライザ」を Elasticsearch で使われる機能名である「**Analyzer**」と表記します。

4-1-1　　Analyzer とは

Elasticsearch では、全文検索を行うために文章を単語の単位に分割する処理機能を、Analyzer と呼びます。Analyzer を使って文章を単語に分割することで、なぜ全文検索が行えるようになるのでしょうか。次のシンプルな例を使って考えてみます。

- インデックスに格納する文章の例
  「マラソンが東京で開催される」

- 上記の文章を全文検索する際のクエリの例
  「東京でマラソン」

クエリの文字列は、格納した文章と完全に一致はしていません。それにもかかわらず、私たちは全文検索によって、このクエリ文を用いた検索で、インデックスに格納している文章がヒットしてほしいと期待します。

これを実現するためには、格納する文章、クエリの文字列ともに、単語の単位で分割するという方策をとります。まず、格納する文章を単語の単位で分割していきます。分割の方法もいろいろ

ありますが、扱う文章が日本語であるため、ここでは kuromoji Analysis Plugin と呼ばれる、日本語形態素解析用のプラグインを使って分割する方法を説明します。Figure 4-1 の図は、Analyzer を使って日本語の文章を分割する様子を示しています。

Figure 4-1　文章を単語に分割して全文検索を行う例

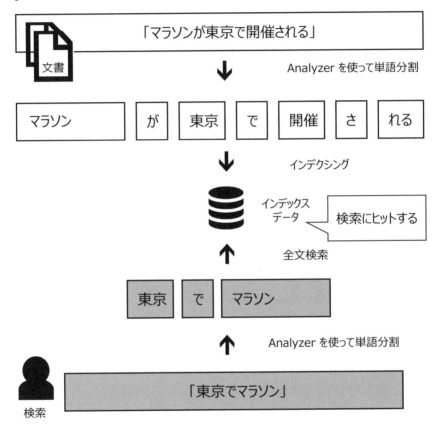

このように、単語ごとに分割されて転置インデックスが構成されていれば、クエリで「東京」や「マラソン」というキーワードを用いて、全文検索することが可能になることがわかります。

さらに図からもわかるように、インデックスに格納した文章だけでなく、クエリ文字列も、Analyzer により単語に分割されます。したがって、単語でなく普通の文章をクエリに使って全文検索をした場合でも、正しく検索できる仕組みになっています。実際の利用に当たっては、日本語の助詞に当たる「が」や「で」といったノイズになる単語は除外するケースが多いのですが、そのような細かい処理に関してもこの後説明します。

では、次のようなクエリを行うケースではどうでしょうか。

- インデックスに格納する文章の例

    「Raising two dogs at once is not easy.」

- 上記の文章を全文検索する際のクエリの例

    「raise dog」

ここでは"raise dog"という 2 つの単語からなるクエリを使って、格納された文章が検索されることを期待しているものとします。この例では、いくつかある Analyzer の処理方式によって検索結果が異なります。次の 2 つの処理方式での違いを確認してみます。

1 つ目の処理方式の例として、Figure 4-2 の図のように単純に空白区切りで単語を分割する Analyzer を使ってみます。

この場合、転置インデックスには"Raising"や"dogs"という単語が格納される一方で、検索クエリには"raise"や"dog"といった単語が使われます。厳密には大文字小文字の違いや活用形の違いがあるため、期待した検索結果が得られません。

英語の文章の場合には、単数形複数形の違い、大文字小文字の違い、時制や活用形など、いわゆる「表記のゆれ」が存在します。日本語の文章の場合も同様で、活用形の変化や、ひらがなとカタカナの表記の違いなどを考慮しなければ、同じ問題が起きてしまいます。

このような問題に対処するため、単語を分割する際に表現を揃えることを目的として、以下のような処理がよく行われます。これらの処理は言語ごとに変換ルールが異なります。

○ステミング

語形の変化を揃えて、同一の表現に変換する処理。ステム（stem）は語幹という意味であり、語形変化の幹となる部分を抽出します（例："making"、"makes"を"make"に変換する、"dogs"を"dog"に変換する、"食べる"、"食べた"を"食べ"に変換する）。

Figure 4-2　空白区切りで分割して全文検索を行う例

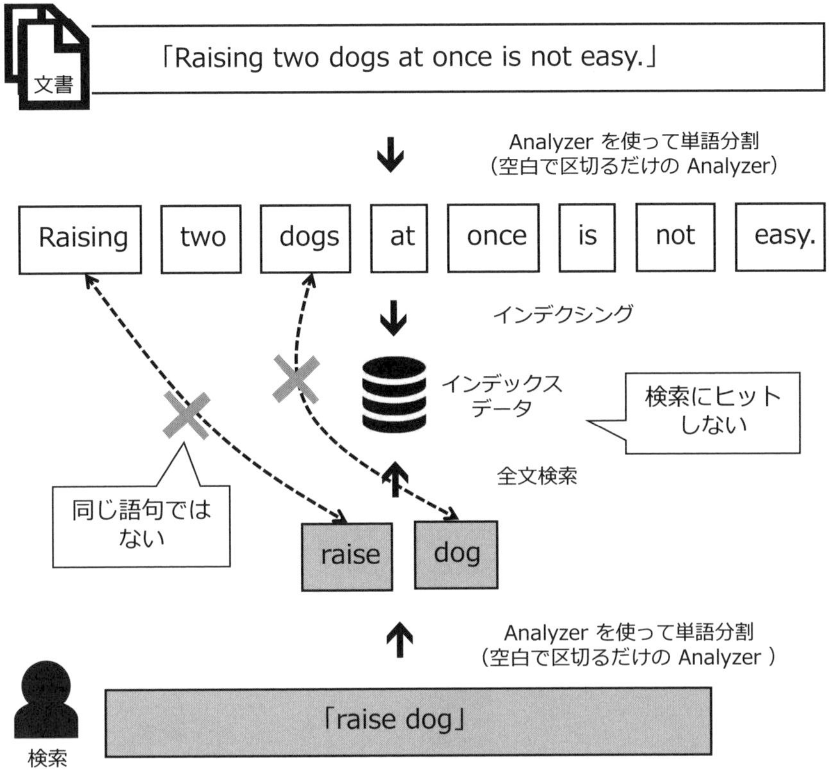

○正規化

　大文字をすべて小文字に揃える、カタカナをひらがなに揃える、全角文字を半角文字に揃える
など、文字単位での表記ゆれを揃えるための変換処理

○ストップワード

　文章には含まれているが、単語自体に意味や情報を持たない語を除外する処理。"The"や"of"な
どの冠詞、前置詞や助詞などを除外することが多い。

　単に空白で単語を区切るのではなく、上記の処理方式の例としては、English Analyzer と呼ば
れる、英語に対応した Analyzer が Elasticsearch でサポートされています。この English Analyzer
を用いて単語に分割した場合の例は、Figure 4-3 のようになります。詳細な説明は割愛します
が、"Raising"や"easy"などの単語がステミング処理されていること、"at" "is" "not"などがストップ
ワードとして除外されていることがわかります。このように表現を揃える処理を行うことで、正

157

しく検索できるようになるわけです。

Note　英単語のステム（語幹）について

英語では単語の語尾が活用により変化するため、ステム（語幹）が元の単語と多少異なる場合
があります。Figure 4-3 の例では「raise → rais」「easy → easi」のようなステムとなります。

Figure 4-3　English Analyzer で単語を分割して全文検索を行う例

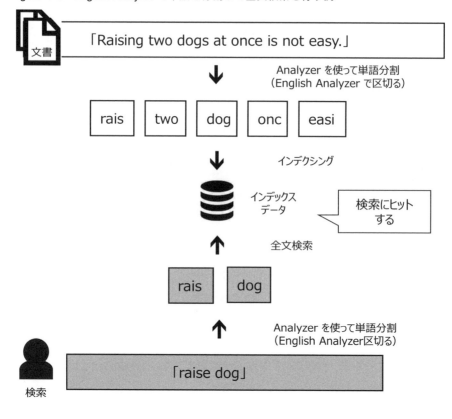

ここまでの議論を以下にまとめます。

- 全文検索では一般的に、インデックスに格納する文章、および、クエリ文字列の文章ともに
単語に分割する処理を行う。これにより柔軟な検索が可能となる。
- 言語固有のさまざまな表現のゆれを揃える処理をしておくことで検索の精度が向上する。

Elasticsearch の Analyzer は、まさにこのような処理を行うことを目的としています。以降では、具体的に Analyzer の構造を詳しく見ていきながら、内部でどのような変換処理が行われているかを確認していきましょう。

Column　形態素解析と N-gram の違い

　英語のように単語を空白で区切って記述する言語では、Analyzer は原則的に空白区切りにより単語の分割を行います。一方、日本語や多くのアジア系の言語では、空白区切りが使われないため、文章を何らかの方法で区切って単語分割を行う必要があります。このように、空白区切りが使われない言語に対してよく用いられる方式として、品詞を推定して品詞単位で単語分割する形態素解析と、文章を機械的に固定長の語に分割する N-gram があります。ここで N は区切る語の長さを表しており、2 文字区切りの場合は 2-gram（bi-gram）、3 文字区切りの場合は 3-gram（tri-gram）と呼びます。これらの分割方式はどのような違いがあるのでしょうか。

　例として、kuromoji を使った形態素解析と 2-gram による分割の違いを見てみます。

● kuromoji による形態素解析の例
　　「東京都の紅葉情報」→「東京都」「の」「紅葉」「情報」

● 2-gram による分割の例
　　「東京都の紅葉情報」→「東京」「京都」「都の」「の紅」「紅葉」「葉情」「情報」

　これらの方式の特徴をあげながら、それぞれのメリット、デメリットを整理します。

・形態素解析の特徴
　あらかじめ用意された辞書に基づいて、品詞の単位で分割されるため、文章に含まれる単語の意味に沿った分割が可能です。逆に言えば、辞書にない単語は認識できないため、新語や人名などを正しく識別しようとする場合には、辞書のメンテナンスが必要になります。また、上記の例で言うと、検索のクエリ文字列として"東京都"ではヒットするが、"東京"ではヒットしないなど、品詞の抽出結果によっては細かい検索漏れが起こる可能性があります。

・N-gram の特徴
　文章の先頭から機械的にインデックスを構成するため、完全一致検索における検索漏れが起きない点が特徴と言えます。一方で、意図しないクエリでヒットしてしまい、検索精度の面で問題になることがあります。上記の例で言うと"京都　紅葉"などの、意図しないクエリでもヒットしてしまうというのが問題になります。また、分割後の語の数が形態素解析よりも多くなり、インデックスデータのサイズが増大する傾向にあります。上記の例では「葉情」などの不要なインデックスも作成されてしまいます。

　このようにそれぞれ一長一短があるものの、kuromoji を使った形態素解析であれば、全文検索の用途では十分実用的です。より検索精度を高めるために、細かいチューニングを行う、複数の方式を組み合わせる、といったアプローチも有効でしょう。その際には、ユーザテストや実際のシステムの検索操作のログをフィードバックとして、利用者が求めている検索結果が返されるように調整を行うことが必要です。

4-1-2　Analyzer の定義方法

　第 3 章でマッピング定義の説明をした際には、マッピングとは、フィールドおよびそのデータ型が定義できる仕組みであると紹介しました。実際には、フィールドとデータ型の定義に加えて、フィールドごとに適用する Analyzer を指定することも可能です。ここでは、**マッピング定義**で Analyzer を指定する方法を説明します。

　マッピング定義で Analyzer を指定するには、"properties"句の中で定義されるフィールド定義部分で、"analyzer"句を記述します。**Operation 4-1** に例として"blog_message"フィールドの Analyzer として、standard Analyzer という名前の Analyzer を指定する方法を示します。

　"blog_message"フィールドはデータ型が text 型で、かつ、standard Analyzer が指定されています。これによって、"blog_message"フィールドに格納されるテキストについては、インデックス格納時およびクエリ実行時に、standard Analyzer による単語分割が行われるようになります。インデックス格納時だけでなく、クエリ実行時にも、ここで指定した Analyzer が使われる点に注意してください。

Operation 4-1　Analyzer の指定を含んだマッピング定義の作成の例

```
PUT my_index
{
  "mappings": {
    "properties": {
      "blog_message": {
        "type": "text",
        "analyzer": "standard"
      }
    }
  }
}
```

4-1-3　Analyzer の構成要素

Analyzer の概要と定義方法を理解したところで、Analyzer の内部構成要素についても確認しましょう。Elasticsearch における Analyzer は、内部では次の 3 つの処理ブロックから構成されています。

- Char filter
- Tokenizer
- Token filter

Elasticsearch に文書が登録される際、または、クエリ文字列が渡された際には、Analyzer の内部では Figure 4-4 のような流れで逐次的に変換処理が実行されます。

Figure 4-4　Analyzer の内部構成図

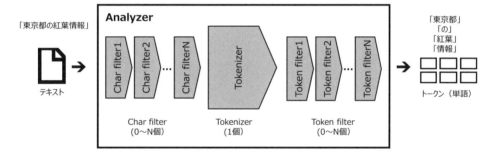

Tokenizer は必須の要素で、1 つだけ必要です。Char filter と Token filter はオプションなので、任意の数構成することができます。

Analyzer を通るテキストは、まず Char filter を通り各 filter による変換処理が行われます。次にテキストが Tokenizer によってトークン（単語）に分割されます。最後に各トークンは Token filter により変換処理が行われます。

Analyzer とは、これらの 3 種類の構成要素の組み合わせを定義したオブジェクトである、と考えると理解しやすいでしょう。Elasticsearch では、あらかじめよく使われる組み合わせで構成されたビルトインの Analyzer が、いくつか提供されています。

- Standard Analyzer
- Simple Analyzer
- Whitespace Analyzer

- Stop Analyzer
- Keyword Analyzer
- Pattern Analyzer
- Language Analyzers
- Fingerprint Analyzer

たとえば Standard Analyzer では、次のような構成要素が、定義されています。

◇ Standard Analyzer の内部構成要素
・Char filter：なし
・Tokenizer：Standard Tokenizer
・Token filter：Lower Case Token Filter、Stop Token Filter

これらの Analyzer をビルトイン構成のままで利用することもできます。あるいは任意の filter を追加するなどのカスタマイズをすることも可能です。Standard Analyzer 以外のビルトイン Analyzer の詳細については脚注に示した URL を参照してください[*1]。

Char filter、Tokenizer、Token filter についても同様にビルトインのオブジェクトが数多く提供されています。それぞれについてどのような filter、tokenzier が提供されているのか、簡単に紹介します。

■ Char filter

Char filter は、入力されたテキストを前処理するためのフィルタ機能です。次工程の Tokenizer で単語分割を行う前に、Char filter で文字単位での変換処理を行います。次の 3 種類のビルトイン Char filter が提供されています。

○ HTML Strip Character Filter

HTML フォーマットのテキストに含まれるタグを除去するフィルタです。

（例："\<br\>"→除去）

＊ 1　Elasticsearch Reference – Build-in analyzer reference
　　　https://www.elastic.co/guide/en/elasticsearch/reference/7.6/analysis-analyzers.html

○ Mapping Character Filter

入力文字に含まれる特定の文字に対してマッピングルールを定義しておき、ルールに基づいた変換処理を行うフィルタです。

（例：":)"→"_happy_"）

○ Pattern Replace Character Filter

定義された正規表現ルールに基づいて入力文字の変換処理を行うフィルタです。

（例："123-456-789"→"123_456_789"）

■ Tokenizer

Tokenizer は、Char filter の出力テキスト（Char filter が未定義の場合は入力テキスト）を入力として、テキストの分割処理を行い、トークン（単語）の列を生成します。多くのビルトイン Tokenizer が提供されているため、個々の Tokenizer の説明は省略しますが、Tokenizer は大きく分けて 3 種類の機能群に分類できます。

○単語分割用の Tokenizer

空白など単語の境界を識別して、トークン（単語）に分割するタイプの Tokenizer です。Standard Tokenizer、Whitespace Tokenizer、Letter Tokenizer、Lowercase Tokenizer、UAX URL Email Tokenizer、Classic Tokenizer、Thai Tokenizer が提供されています。

○ N-gram 分割用の Tokenizer

N-gram 分割を行うための Tokenizer です。N-gram Tokenizer と Edge N-gram Tokenizer が提供されています。

○構造化テキスト分割用の Tokenizer

メールアドレス、URL、ハイフン区切りの文字列、ファイルパス文字列などの構造化テキストを分割するために用いられる Tokenizer です。Keyword Tokenizer、Pattern Tokenizer、Simple Pattern Tokenizer、Simple Pattern Split Tokenizer、Path Tokenizer、Char Group Tokenizer が提供されています。

■ Token filter

Token filter は、Tokenizer が分割したトークン（単語）に対して、トークン単位での変換処理を行うためのフィルタ機能です。デフォルトで提供されるビルトイン Token filter は 40 個以上もあるため、個々の説明は省略しますが、ここでは利用頻度の多い Token filter を 4 つ紹介します。

○ Lower case Token filter

トークンの文字をすべて小文字に変換するフィルタです。

○ Stop Token filter

ストップワードの除去を行うフィルタです。言語ごとにデフォルトのストップワードリストが定義されています。ストップワードリストのカスタマイズも可能です。

○ Stemmer Token filter

言語ごとに定義されたステミング（語幹）処理を行うフィルタです。

○ Synonym Token filter

類義語（シノニム）を正規化して 1 つの単語に変換するためのフィルタです。たとえば"jump"、"leap"など、同じ「飛ぶ」という意味を持つ単語を、すべて"jump"に変換して揃える、といった処理が可能になります。類義語の定義ファイルを指定して、独自の変換ルールをカスタマイズすることが可能です。

 Note　複数語のシノニムの扱い

Synonym Token filter には、複数語の扱いにおける制限があります。たとえば、"United Kingdom"という 2 語を"UK"という 1 語に変換する使い方はできません。このように複数語のシノニムを扱いたい場合は、以下の Synonym graph Token filter の利用を検討してください。

- Elasticsearch Reference – Synonym graph token filter

https://www.elastic.co/guide/en/elasticsearch/reference/7.6/analysis-synonym-graph-tokenfilter.html

---

ここにあげたものはすべて、Elasticsearch がデフォルトで提供するビルトインの filter および

tokenizer ですが、カスタムの filter、tokenizer を Java 言語で実装することも可能です。

4-1-4　Analyzer のカスタム定義

　ここでは Analyzer、Char filter、Tokenizer、Token filter をそれぞれカスタム定義する方法について確認していきます。

■ Analyzer 構成のカスタム定義

　まず、ビルトインの Analyzer を使わずに、Analyzer の構成をカスタム定義する方法を説明します。カスタム Analyzer を利用するためには、以下のようにインデックス定義の"settings"句の中に"analysis"句を記述して、その中で Analyzer の構成を定義します。

Operation 4-2　カスタム Analyzer の定義の例

```
PUT my_index
{
  "settings": {
    "analysis": {
      "analyzer": {
        "my_analyzer": {
          "type": "custom",
          "char_filter": [ "html_strip" ],
          "tokenizer": "standard",
          "filter": [ "lowercase", "stop" ]
        }
      }
    }
  }
}
```

　"analysis"句の下は、"analyzer"、"char_filter"、"tokenizer"、"filter"のいずれかを指定可能です。カスタム Analyzer を定義する場合は"analyzer"を指定して、その下に Analyzer の名前（この例では"my_analyzer"）を定義します。また、Analyzer の構成をカスタマイズするという意味で type を"custom"に指定します。最後に char_filter、tokenizer、filter についてそれぞれ定義を記述します。char_filter および filter（Token filter のこと）は複数定義できるため配列指定となりますが、配列に指定したフィルタが左から順番に適用されるというふるまいとなるので、定義する順

165

序にも注意してください。

■ Char filter/Tokenizer/Token filter の設定カスタマイズ

次に、Char filter、Tokenizer、Token filter のカスタム定義の方法についても確認しましょう。Analyzer のときと同様に、"analysis"句の下に"char_filter"、"tokenizer"、"filter"を指定することで、それぞれの動作設定をカスタマイズすることができます。

例として、"filter"句を使って、ビルトインの stop Token filter の設定をカスタマイズしてみましょう。ここでは、ユーザ独自のストップワードの語を 4 つだけ定義してみます。

Operation 4-3　stop Token filter のカスタム定義（ストップワードの指定）の例

```
PUT my_index
{
  "settings": {
    "analysis": {
      "filter": {
        "my_stop": {
          "type": "stop",
          "stopwords": [ "the", "a", "not", "is" ]
        }
      }
    }
  }
}
```

カスタマイズを行うため filter の名前（この例では"my_stop"）を定義します。"type"句の指定は、ビルトインの stop Token filter を表す"stop"を指定します。この filter では"stopwords"句を指定することで、任意のストップワードを配列で定義することが可能なので、4 つの語を指定しています。

同様にして、Tokenizer や Char filter も動作設定をカスタマイズすることが可能です。設定項目は多岐にわたるため、以下に示す各ドキュメントを参照していただくのがよいでしょう。

- Char filter

https://www.elastic.co/guide/en/elasticsearch/reference/7.6/
　analysis-charfilters.html

- Tokenizer

```
https://www.elastic.co/guide/en/elasticsearch/reference/7.6/
  analysis-tokenizers.html
```

● Token filter
```
https://www.elastic.co/guide/en/elasticsearch/reference/7.6/
  analysis-tokenfilters.html
```

これまでの説明では、Analyzer のカスタム定義、および、Char filter、Tokenizer、Token filter の
カスタム定義を別々に指定しましたが、これらは 1 つにまとめて定義することができます。上記
の 2 つの定義を 1 つにまとめると以下のようになります。

Operation 4-4　カスタム Token filter とカスタム Analyzer をまとめて定義する例

```
PUT my_index
{
  "settings": {
    "analysis": {
      "analyzer": {
        "my_analyzer": {
          "type": "custom",
          "char_filter": [ "html_strip" ],
          "tokenizer": "standard",
          "filter": [ "lowercase", "my_stop" ]
        }
      },
      "filter": {
        "my_stop": {
          "type": "stop",
          "stopwords": [ "the", "a", "not", "is" ]
        }
      }
    }
  }
}
```

"analysis"句の下に、"analyzer"句と"filter"句を並べて定義している点に着目してください。
ここでは"filter"句で定義した my_stop Token filter を、"analyzer"句の構成定義で指定していま
す。同じような手順で、char_filter、tokenizer についても、カスタマイズして Analyzer の構成に組
み込むことができますので、興味があればいろいろな構成を試してみてください。

Tips　Analyzer の動作を確認する

　Analyzer がどのようにテキストを処理するかについては、試行錯誤が必要なケースがよくあります。その際に、都度ドキュメントを格納することなく、Analyzer 単体での動作確認ができると非常に便利です。"_analyze"というエンドポイント URI を POST メソッドで呼び出すことで、Analyzer による変換処理の単体動作を確認することができます。

Operation 4-5　Analyzer の動作確認の例

```
POST /_analyze
{
  "analyzer": "standard",
  "text": "Hello Elasticsearch"
}
```

　Operation 4-5 のコマンド実行結果として、次のように、分割されたトークンの情報が確認できます。指定した standard Analyzer の働きによって、空白区切りおよび小文字変換処理が行われていることが確認できます。自分でカスタマイズをする際にはぜひこの方法を活用してください。

Operation 4-6　Analyzer の動作確認結果出力の例

```
{
  "tokens" : [
    {
      "token" : "hello",
      "start_offset" : 0,
      "end_offset" : 5,
      "type" : "<ALPHANUM>",
      "position" : 0
    },
    {
      "token" : "elasticsearch",
      "start_offset" : 6,
      "end_offset" : 19,
      "type" : "<ALPHANUM>",
      "position" : 1
    }
  ]
}
```

4-1-5　日本語を扱う Analyzer の導入と設定

Analyzer に関する最後のトピックとして、日本語を扱う Analyzer について紹介します。Elastic search では、デフォルトでは日本語を扱う Analyzer は提供されていません。しかしながら、プラグインを追加インストールすることで、簡単に日本語を扱う Analyzer を構成することができます。

現在 Elasticsearch で日本語を扱えるプラグインとして、ICU Analysis Plugin と kuromoji Analysis Plugin の 2 種類が提供されています。ICU Analysis Plugin は、日本語以外にも中国語、韓国語、タイ語など複数のアジア系言語を 1 つの Analyzer で統一的に解析するプラグインであり、kuromoji Analysis Plugin は、オープンソースの日本語形態素解析エンジンである kuromoji を Elasticsearch に統合したプラグインです。

ここでは、日本語を扱う Analyzer としてよく利用されている kuromoji Analysis Plugin について、その導入手順と構成方法について説明していきます。ICU Analysis Plugin についてもほぼ同様の手順が適用できます。詳細については Elasticsearch の公式ドキュメントの記述を参照してください。

■ kuromoji Analysis Plugin の導入方法

最初に、kuromoji Analysis Plugin を各ノードにインストールしてください。インストールを行うプラグイン名は"analysis-kuromoji"です。プラグインのインストール完了後、サービスの再起動が必要です。以下では CentOS7 での実行例を示していますが、Ubuntu 18.04 でも同じコマンドで実行できます。

Operation 4-7　kuromoji Analysis Plugin のインストール手順

```
$ cd /usr/share/elasticsearch     ### CentOS7 で rpm install を行った場合の Elasticsearch の HOME ディレクトリ
$ sudo bin/elasticsearch-plugin install analysis-kuromoji
-> Downloading analysis-kuromoji from elastic
[=============================================] 100%??
-> Installed analysis-kuromoji

$ sudo systemctl restart elasticsearch
```

プロキシを介して外部にアクセスする環境では Operation 4-8 のように環境変数にプロキシ情報を指定してください。

Operation 4-8　kuromoji Analysis Plugin のインストール手順（プロキシ環境下の場合）

```
$ cd /usr/share/elasticsearch
$ sudo ES_JAVA_OPTS="-Dhttp.proxyHost=<proxyHost> \
-Dhttp.proxyPort=<proxyPort> \
-Dhttps.proxyHost=<proxyHost> \
-Dhttps.proxyPort=<proxyPort>" \
bin/elasticsearch-plugin install analysis-kuromoji
-> Downloading analysis-kuromoji from elastic
[=================================================] 100%
-> Installed analysis-kuromoji

$ sudo systemctl restart elasticsearch
```

Note　HOME ディレクトリの場所

　Elasticsearch の HOME ディレクトリの場所は、yum や apt-get でパッケージインストールを行った場合は、デフォルトで"/usr/share/elasticsearch"となります。もしくは、このディレクトリは、Elasticsearch の起動時に JVM オプション"-Des.path.home"で指定されることから、以下のように ps コマンドを用いても確認することが可能です。

Operation 4-9　Elasticsearch の HOME ディレクトリ確認方法

```
$ ps -ef | grep "es.path.home"
elastic+  8453    1  5 00:41 ?      00:02:09 /bin/java -Xms2g -Xmx2g -XX:
+UseConcMarkSweepGC ... -Des.path.home=/usr/share/elasticsearch ...
```

■ kuromoji Analysis Plugin の設定方法

　特定のフィールドに kuromoji プラグインの使用を定義するためには、Operation 4-10 で示した方法でマッピング定義を行います。

Operation 4-10　kuromoji Analyzer の指定を含んだマッピング定義の作成の例

```
PUT my_index
{
```

```
"mappings": {
  "properties": {
    "user_name": {
      "type": "text",
      "analyzer": "kuromoji"
    }
  }
}
}
```

　また、Analyzer だけでなく、Char filter、Tokenizer、Token filter についても kuromoji に対応した
ビルトイン機能がいくつか提供されています。それぞれ以下のような機能があり、どれも日本語
を扱う上では非常に有用です。

○ Char filter

◇ kuromoji_iteration_mark

　日本語の踊り字（々、ゞなど）を正規化するフィルタです。

　（例："常々"→"常常"）

○ Tokenizer

◇ kuromoji_tokenizer

　kuromoji を用いた日本語形態素解析を行う Tokenizer です。この Tokenizer は、動作をコント
ロールするための設定がいくつかあります。デフォルト設定のまま使用しても問題ありません。
もし設定を変更する場合は以下を参照してください。

▷ mode

　形態素解析のモードを次の 3 つから選択できます。デフォルトは"search"モードです。

　・"normal"：単語が分割されないモードです（例："関西国際空港"→"関西国際空港"）

　・"search"：最小単位に分割した単語とともに、長い単語もあわせて含むモードです（例："関
西国際空港"→"関西" "国際" "空港" "関西国際空港"）

　・"extended"：未知の単語は 1-gram として 1 文字単位に分割するモードです。（例："ぐぐ
る"→"ぐ" "ぐ" "る"）

▷ discard_punctuation

　"true"と指定した場合は句読点を除外します。デフォルトは"true"です。

　　▷ user_dictionary

　　ユーザ辞書ファイルを使う場合にそのファイルパスを指定します。

○ **Token filter**

　◇ kuromoji_baseform

　　動詞や形容詞などの活用で語尾が変わっている単語をすべて基本形に揃えるフィルタです。

　　（例："大きく"→"大きい"）

　◇ kuromoji_part_of_speech

　　助詞などの不要な品詞を指定に基づいて削除するフィルタです。

　　（例："東京の紅葉情報"→助詞の"の"を削除）

　◇ kuromoji_readingform

　　漢字をその読み仮名に変換するフィルタです。読み仮名は設定によりカタカナかローマ字を選択できます。

　　（例："寿司"→"スシ"もしくは"sushi"）

　◇ kuromoji_stemmer

　　語尾の長音を削除するフィルタです。

　　（例："コンピューター"→"コンピュータ"）

　◇ ja_stop

　　日本語用のストップワード除去フィルタです。デフォルトのままでも"あれ""それ"などを除去してくれます。

　　（例："これ欲しい"→"欲しい"）

　◇ kuromoji_number

　　漢数字を数字に変換するフィルタです。

　　（例："五〇〇〇"→"5000"）

■ kuromoji Analysis Plugin を用いたインデックスの例

最後に、kuromoji Analysis Plugin を有効にしたインデックスに対して、ドキュメントの登録とクエリを実行して、全文検索が正しく行えることを確認してみましょう。text 型のフィールド user_name と message に対して、kuromoji Analyzer をデフォルト設定のまま利用します。

Operation 4-11　kuromoji Analyzer を用いたインデックス登録の例

```
PUT my_index
{
  "mappings": {
    "properties": {
      "user_name": {
        "type": "text",
        "analyzer": "kuromoji"
      },
      "date": {
        "type": "date"
      },
      "message": {
        "type": "text",
        "analyzer": "kuromoji"
      }
    }
  }
}
```

インデックスが作成できたら、日本語を含むドキュメントを 2 件ほど格納してみましょう。

Operation 4-12　日本語を含むドキュメントの登録の例

```
POST my_index/_doc/
{
  "user_name": "山本 太郎",
  "date" : "2019-10-27T11:52:10",
  "message": "秋は京都で紅葉狩りをします。"
}

POST my_index/_doc/
{
  "user_name": "佐藤 洋子",
  "date" : "2019-10-27T11:53:46",
```

```
  "message": "冬 は 北 海 道 で スキー を します 。"
}
```

「Tips　Analyzer の動作を確認する」で紹介したように、指定した Analyzer でどのようにトークン分割が行われるのか、確認しておくのも、検索精度を向上するためのよいプラクティスと言えるでしょう。ここでは試しに、message フィールドへ格納した文章がどのように分割されるかを確認します。

Operation 4-13　Analyzer の動作確認の例

```
POST my_index/_analyze
{
  "analyzer": "kuromoji",
  "text": "秋 は 京 都 で 紅 葉 狩り を します 。"
}
```

その結果、期待通りに日本語による形態素解析が行われていることが確認できました。

Operation 4-14　Analyzer の動作確認結果の例

```
{
  "tokens" : [
    {
      "token" : "秋",
      "start_offset" : 0,
      "end_offset" : 1,
      "type" : "word",
      "position" : 0
    },
    {
      "token" : "京都",
      "start_offset" : 2,
      "end_offset" : 4,
      "type" : "word",
      "position" : 2
    },
    {
      "token" : "紅葉狩り",
      "start_offset" : 5,
      "end_offset" : 9,
```

```
      "type" : "word",
      "position" : 4
    }
  ]
}
```

　最後に、格納したドキュメントに対して全文検索でクエリ実行してみます。message フィールドを対象として、クエリにも日本語の文章を使ってみます。前述したように、クエリの文章についても、message フィールドで指定した kuromoji Analyzer が適用されて、トークンに分割されるため、正しく検索が行えました。

Operation 4-15　日本語文章による全文検索の例

```
GET my_index/_search/
{
  "query": {
    "match": {
      "message": "秋 は 京 都 で 紅 葉"
    }
  }
}
```

Operation 4-16　日本語文章による全文検索結果の例

```
{
  "took" : 23,
  "timed_out" : false,
  "_shards" : {
    "total" : 3,
    "successful" : 3,
    "skipped" : 0,
    "failed" : 0
  },
  "hits" : {
    "total" : {
      "value" : 1,
      "relation" : "eq"
    },
    "max_score" : 0.5753642,
```

```
    "hits" : [
      {
        "_index" : "my_index",
        "_type" : "_doc",
        "_id" : "Wv4hC24BOFYVu5G24zWo",
        "_score" : 0.5753642,
        "_source" : {
          "user_name" : "山本 太郎",
          "date" : "2019-10-27T11:52:10",
          "message" : "秋 は 京都 で 紅葉 狩り を します 。"
        }
      }
    ]
  }
}
```

　本節では、全文検索を行う際にテキストの分割処理を行う Analyzer の機能を紹介しました。検索システムの精度を向上しようとする際には、ここで紹介した Analyzer の仕組みと設定方法がきっと役に立つはずです。もしクエリの結果が期待したとおりでなかった場合には、Analyzer がどのようにテキストを処理しているのかを、一度確認することをお勧めします。

4-2 Aggregation

　ユーザが扱うデータの量は年々増加しています。また、管理・分析するデータの種類も増加しており、ログファイルをはじめ、センサやモバイルなどのデバイスから時々刻々と収集されるストリーミングデータ、膨大な統計データなど多岐にわたります。

　Elasticsearch で行えるのは全文検索だけではありません。より複雑なデータの分析を簡単に行う機能を、Elasticsearch は提供しています。ここでは一歩進んだクエリの機能として、Elasticsearch で利用可能な Aggregation と呼ばれる分析機能について紹介します。

4-2-1 Aggregation とは

　Aggregation とは、検索結果の集合に対して、分類や集計を行うことができる機能です。通常の検索は、ユーザが指定したクエリ条件に基づいて、ヒットした文書を検索結果として返します。一方、Aggregation では、ドキュメントを特定のグループに分類することができ、さらにそのグループごとの件数、最大値、平均値といった統計量の値を返すことができます（Figure 4-5）。

Elasticsearch では、通常の検索を行いながら、同時に Aggregation による統計値を求めることも可能です。つまり、任意のクエリ・フィルタでドキュメントを検索・絞り込みながら、同時に Aggregation を実行する操作が、1 回のクエリ操作で行えます。実際に、**Figure 4-5** の Aggregation の例でも、書籍の販売時期を絞り込んだ上でジャンル別の統計値を求めていることがわかります。このように Elasticsearch では、検索と Aggregation をシームレスに統合できる点が非常に特徴的であると言えます。

Figure 4-5　通常の検索と Aggregation の違い

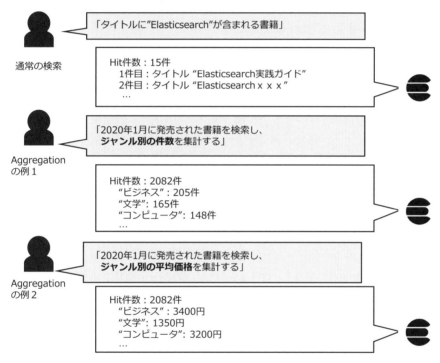

Note　Kibana における検索と Aggregation の統合

　この特徴は後ほど紹介する Kibana を使った際のユーザインターフェースでも活用されています。Kibana では、検索クエリ、Aggregation を活用した分類・集計・ドリルダウンといった操作が UI でシームレスに統合されているため、非常に直観的にデータ分析を行うことが可能です。

4-2-2　Aggregation の構成

Aggregation では、分類や集計を行うための多くのタイプがあります。それらのタイプをカテゴリ分けすると次の 4 つに分類されます。

○ Metrics

Metrics は、分類された各グループに対して、最小、最大、平均などの統計値を計算します。書籍のジャンル別に件数をカウントする、平均価格を集計する、などは Metrics の機能です。Elasticsearch で利用可能な Metrics 機能はこの後紹介します。

○ Buckets

Buckets は、ドキュメントをそのフィールド値に基づいてグループ化するための分類方法を表します。書籍のジャンルを表すフィールドを使ってジャンル名ごとのグループに分類する、といった使い方ができます。また、書籍の価格を表すフィールドを使えば、価格帯ごとにグループ分けする（1000 円未満、1000〜2000 円、2000〜3000 円、3000 円以上など)、といった分類もできるでしょう。Buckets で利用できる分類機能についてもこの後紹介します。

○ Pipeline

Pipeline は、Buckets などの他の Aggregation の結果を用いてさらに集計をする機能です。たとえば、月別の平均株価を分類・集計し、さらに前月からの差分を計算する場合などに Pipeline を使うことができます。

○ Matrix

Matrix は、複数のフィールドの値を対象に相関や共分散などの統計値を計算することができる機能です。

 Note　Matrix 機能

Matrix は現在実験的な機能とされており、将来のリリースでは利用できなくなる可能性があります。

基本的なカテゴリは Buckets と Metrics です。文書全体を Buckets でグループに分割し、グルー

プごとの統計値を Metrics で求めるというのが典型的なユースケースです。Buckets のみを使う（この場合、統計値は利用できませんが、ドキュメント数だけは取得できます）ことや、Metrics のみを使うことも可能です。また、Buckets を複数構成して、グループとそのサブグループといった階層構造をとることもできます（Figure 4-6）。

Figure 4-6　Buckets と Metrics を用いた分類と集計の例

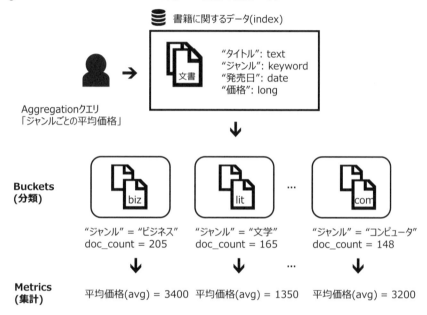

このように Aggregation は個々のタイプをうまく組み合わせることで非常に柔軟な分析が行える点が大きな特徴であるとも言えます。

　Column　　Aggregation と SQL における集約機能とを対比して理解する

Aggregation について考える際には、SQL が持つ類似の機能と対比させると理解しやすいでしょう。

SQL における集約機能では、GROUP BY 句と、COUNT、SUM、MAX などの集約関数が使われます。GROUP BY 句は、あるフィールドを指定して、同じ値を持つレコード群をグループ化する機能です。COUNT などの集約関数を GROUP BY 句と合わせて用いると、各グループに対する統計値を求めることができます。

Code 4-1　グループ化と集約を行う SQL 文の例

```
SQL> SELECT genre, COUNT(*) FROM books GROUP BY genre;

genre     | count
----------+-------
politics  | 2650
science   | 2145
computer  | 1921
```

　この SQL の例は、書籍テーブル（books）に格納されたレコードを対象にして、ジャンル（genre）列の値ごとにグループ化（GROUP BY）して冊数を合計（COUNT）するクエリの例です。Elasticsearch の Aggregation の場合、GROUP BY 句が Buckets に該当して、COUNT 関数が Metrics に該当することが理解いただけるかと思います。

　以降では、Aggregation を使う上で重要となる、Metrics と Buckets の 2 つの基本機能に着目して説明を行います。

■ Aggregation のクエリ記法について

　はじめに Aggregation を用いたクエリ記法について確認しておきましょう。以下は Aggregation の基本的な記法です。

　ここではクエリ全体のうち、Aggregation 部分のみを抜粋して記載している点に注意してください。実際には"_search"エンドポイントに対して、以下の aggregation 句を含んだ JSON フォーマットでクエリを投げる点は通常の検索と同じです。

Code 4-2　Aggregation の基本的なクエリ記法 (aggregation 句のみ記載)

```
"aggregations": {
  "<aggregation_name>": {
    "<aggregation_type>": {
      <aggregation_body>
    }
  }
}
```

　"aggregations"句は Aggregation 定義の先頭に必ず記載します。スペルが長いため"aggs"と省略することも可能です。"<aggregation_name>"の部分には任意の名前を定義します。"<aggregation

_type>"は Metrics、Buckets、Pipeline、Matrix のいずれかに属する、各 Aggregation 機能タイプの名前を定義します。たとえば、Metrics のタイプでは合計値を求める sum、平均値を求める avg を指定できます。また、Buckets のタイプではフィールド値の範囲ごとに分類する range などのタイプ名を指定できます。

<aggregation_body> には各タイプに固有の aggregation の内容を定義します。たとえば、avg タイプを指定する場合には、平均値を求める対象のフィールド名を定義することになります。

上記は基本的な記法ですが、"aggregations"句は複数指定することや、"aggregations"句の中に入れ子でさらに"aggregations"句を定義することも可能です。

以降の節では、Metrics と Buckets のさまざまな機能タイプについて、クエリの定義方法や使用方法を説明していきます。

4-2-3　Metrics の定義方法

Metrics は、指定したデータセットにおける、最小、最大、平均などの統計値を計算する aggregation です。ここで、データセットを指定する方法がいくつかありますので確認しておきます。

1 つが query 句を使う方法です。query 句で検索条件を指定することで、まずデータセットが絞り込まれます。絞り込んだデータセットに対して、Metrics の集計を行います。

2 つ目が、本節で紹介する Buckets を使う方法です。Buckets を使ってドキュメントをグループ化して、グループ化されたデータセットに対して、それぞれ Metrics の集計を行います。

query 句も Buckets も使わないことも可能ですが、その場合、絞り込みもグループ化も行われないため、インデックスに格納されているドキュメント全体の統計値を計算することになります。

以下では、利用頻度の多い Metrics の機能について紹介します。

○ avg

avg は、数値型データのフィールドにおける平均値を計算します。Operation 4-17 の例では query 句を使う方法として、まず"office"フィールドが"Otemachi"であるエントリを絞り込みます。絞り込んだデータセットを対象として、"salary"フィールド（数値型）の平均値を求めています。各 Aggregation には、必ず名前を定義する必要があることに注意してください。ここでは"avg_salary"という名前を付けています。

Operation 4-17　avg Metrics のクエリ記法の例

```
GET employee/_search
{
  "size": 0,
  "query" : {
    "match": {
      "office": "Otemachi"
    }
  },
  "aggs": {
    "avg_salary": {
      "avg": {
        "field": "salary"
      }
    }
  }
}
```

　このクエリを実行すると、**Operation 4-18** のようなレスポンスが返されます。クエリの結果として、30 件がヒットしてその平均値が 420000 であることがわかりました[*2]。

Operation 4-18　avg Metics のクエリレスポンスの例

```
{
  "took": 6,
  "timed_out": false,
  "_shards": {
    "total": 30,
    "successful": 30,
    "skipped": 0,
    "failed": 0
  },
  "hits" : {
    "total" : {
      "value" : 30,
      "relation" : "eq"
    },
    "max_score" : null,
```

＊2　ここではレスポンス全体を記載していますが、これ以降は紙面の都合上、"aggregations"句部分のみを抜粋
　　して示します。

```
    "hits" : [ ]
  },
  "aggregations": {
    "avg_salary": {
      "value": 420000.0
    }
  }
}
```

Tips   "size": 0 を指定して Aggregation の統計値のみを取り出す

　「Operation 4-17 avg Metics のクエリ記法の例」のクエリでは、"size"句に 0 を指定してい
ます。このように、Aggregation のクエリで"size"句に 0 を指定した場合、"query"句で検索し
たドキュメントの内容はレスポンスに含まれずに、Aggregation で計算した統計量の数値だ
けがクライアントに返されるようになります。ドキュメントの検索結果が特に必要ではなく、
Aggregation の計算結果のみを知りたい場合には、"size"句に 0 を指定するとクエリレスポンス
が簡素化されるのでよいでしょう。

○ max/min

　max/min は、avg 同様に数値型データのフィールドにおける最大値、最小値を計算します。Op
eration 4-19 に min と max をそれぞれ求めるクエリの例を示します。このクエリでは、"group"
フィールドの値が"HR section"であるエントリをまず検索し、その中で"salary"フィールド（数
値型）の最小値と最大値がそれぞれ計算されて返されます。

Operation 4-19　min および max Metics のクエリ記法の例

```
GET employee/_search
{
  "size": 0,
  "query" : {
    "match": {
      "group": "HR section"
    }
  },
  "aggs": {
```

```
    "min_salary": {
      "min": {
        "field": "salary"
      }
    },
    "max_salary": {
      "max": {
        "field": "salary"
      }
    }
  }
}
```

Operation 4-20 min および max Metics のクエリレスポンスの例

```
"aggregations": {
  "max_salary": {
    "value": 400000
  },
  "min_salary": {
    "value": 350000
  }
}
```

○ sum

sum は、数値型データのフィールドにおける合計値を計算します。クエリとレスポンスの例は avg や min、max と同様なため省略します。

○ cardinality

cardinality は、あるフィールドにおける**カージナリティ**、つまり、フィールドに格納されている値の種類の数を概算値で計算します。フィールドに格納する値の種類によって、カージナリティは異なります。たとえば、カレンダーの月を表すフィールドを指定した場合、カージナリティの値は 12 になるでしょうし、都道府県を表すフィールドのカージナリティの値は 47 になるでしょう。

カージナリティの値は、もっとずっと大きくなるケースもあります。例として Web サイトへアクセスしたユーザ名を表すフィールドを用いて、ユニークユーザ数を求める場合などが考えられ

ます。この場合、完全に正確な値を求めようとするとメモリリソースなどを大量に必要とするため、Elasticsearch では HyperLogLog++ と呼ばれるハッシュ値を用いたアルゴリズムを使って、概算値が計算されるようになっています。

Operation 4-21　cardinality Metics のクエリ記法の例

```
GET access_log/_search
{
  "size": 0,
  "aggs": {
    "unique_user": {
      "cardinality": {
        "field": "user_name.keyword"
      }
    }
  }
}
```

Operation 4-22　cardinality Metics のクエリレスポンスの例

```
"aggregations": {
  "unique_user": {
    "value": 724
  }
}
```

○ stats

stats は少し特殊な Metrics です。これまでの他の Metrics は単一の値を返しましたが、stats は 1 回のクエリで、複数の統計値をまとめて返します。Operation 4-23、Operation 4-24 が stats の利用例ですが、count、min、max、avg、sum の統計値がまとめて返されることがわかります。

Operation 4-23　stats Metics のクエリ記法の例

```
GET employee/_search
{
  "size": 0,
```

```
    "aggs": {
      "my_stats_exmample": {
        "stats": {
          "field": "salary"
        }
      }
    }
}
```

Operation 4-24　stats Metics のクエリレスポンスの例

```
"aggregations": {
  "my_stats_example": {
    "count": 45,
    "min": 245000,
    "max": 864000,
    "avg": 458911.242685811004,
    "sum": 20651000
  }
}
```

4-2-4　Buckets の定義方法

　Buckets は、あるフィールドの値に基づいて、ドキュメント群をグループに分類する方法を定義します。ここでは、よく使われる分類方法について具体的な定義方法を説明します。

　なお、以下の Buckets のクエリの例では、Buckets の機能をまず理解することを優先するために、Metrics と組み合わせることはせずに、Buckets のみを定義することとします。Buckets のみを定義した場合でも、doc_count の値は取得できます。

○ terms

　terms は、Buckets タイプの中でも最もよく使われるタイプの 1 つです。指定したフィールドが持つ一意な値ごとに、Buckets が作られてドキュメントが分類されます。たとえば、書籍のジャンルを表す"genre"フィールドの値に対応した Buckets を定義する Aggregation は、**Operation 4-25** のようなクエリで構成できます。

Operation 4-25　terms Buckets のクエリ記法の例

```
GET books/_search
{
  "size": 0,
  "aggs": {
    "my_genre_buckets": {
      "terms": {
        "field": "genre.keyword",
        "size": 3
      }
    }
  }
}
```

　このクエリの実行結果として、分類された Buckets ごとに、フィールド値を表す"key"と、ヒットした
ドキュメント数を表す"doc_count"が、上位"size"件まで出力されます。この例の場合、"politics"
つまり政治ジャンルの書籍が 2650 冊で最も多いことがわかります。レスポンスで返される Buckets
数の上限は"size"パラメータで指定ができ、この例では 3 を指定しているので、冊数の多い上位
3 ジャンルまでが出力されています。デフォルト値は 10 となります。

Operation 4-26　terms Buckets のクエリレスポンスの例

```
"aggregations": {
  "my_genre_buckets": {
  "doc_count_error_upper_bound": 0,
  "sum_other_doc_count": 0,
  "buckets": [
    {
      "key": "politics",
      "doc_count": 2650
    },
    {
      "key": "science",
      "doc_count": 2145
    },
    {
      "key": "computer",
      "doc_count": 1921
    }
  ]
  }
```

```
  }
```

Column　テキストフィールドを Aggregation したいとき

　テキスト文字列をフィールドに格納するためのデータ型として text 型と keyword 型の 2 種類がありますが、Aggregation に使えるのは原則的に keyword 型のみとなります。その理由は、text 型は Analyzer で単語に分割されてしまい、元の語句が保持されないためです。たとえば、米国の州名を格納する"state"というフィールドを text 型で定義したとします。このとき、"New York"や"New Jersey"などの空白を含む州名は Analyzer によって"new"と"york"のように分割（および小文字変換）が行われます。Buckets を構成する際にも"new"の Buckets や"york"の Buckets が作られてしまいますが、これでは正しい分類ができないことがおわかりかと思います。

○ range

　range は、数値型のフィールドに対して、値の範囲で Buckets を分類する機能です。指定したフィールド値の範囲にしたがって Buckets にドキュメントが分類されます。例として、書籍の値段を表す"price"フィールドの値の範囲に対応した Buckets を構成する Aggregation の定義方法を示します。なお、range を指定する場合は、"field"句とともに"ranges"句を指定して値の範囲を指定してください[*3]。

Operation 4-27　range Buckets のクエリ記法の例

```
GET books/_search
{
  "size": 0,
  "aggs": {
    "my_price_buckets": {
      "range": {
        "field": "price",
        "ranges": [
```

＊3　range Buckets の範囲指定では"from"句は「以上」、"to"句は「未満」という扱いとなります。ここでは 2000 円の書籍は「"from":2000, "to":3000」の Buckets にカウントされます。

```
                    {
                        "to": 1000
                    },
                    {
                        "from": 1000,
                        "to": 2000
                    },
                    {
                        "from": 2000,
                        "to": 3000
                    },
                    {
                        "from" : 3000
                    }
                ]
            }
        }
    }
}
```

　このクエリの実行結果として、指定した値の範囲に対応する Buckets ごとに"doc_count"が出力
されます。このクエリの結果として、2000 円から 3000 円の価格帯の書籍数が 3810 冊と最も多い
ことがわかりました。

Operation 4-28　range Buckets のクエリレスポンスの例

```
"aggregations": {
  "my_price_buckets": {
    "buckets": [
      {
        "key": "*-1000.0",
        "to": 1000,
        "doc_count": 681
      },
      {
        "key": "1000.0-2000.0",
        "from": 1000,
        "to": 2000,
        "doc_count": 2145
      },
      {
        "key": "2000.0-3000.0",
        "from": 2000,
```

```
      "to": 3000,
      "doc_count": 3810
    },
    {
      "key": "3000.0-*",
      "from": 3000,
      "doc_count": 1280
    }
  ]
 }
}
```

○ date_range

range とよく似た Buckets として date_range というものもあります。違いは、range が数値型を扱うのに対して、date_range は日付型のフィールドをもとに分類する点です。例として、書籍の発売日を表す"published"フィールドの値の範囲に対応した Buckets を構成する Aggregation の定義方法を示します。date_range の"from"句、"to"句には時刻を表す特殊表現を使うことができます。これは「3-3-3 クエリ DSL の種類」の Range クエリで紹介したものと同じものですが、あらためて表で示します。

Table 4-1　date range Buckets の日付計算式で利用可能な表現

記号	意味
Now	現在時刻
y	年
M	月
w	週
d	日
h または H	時間
m	分
s	秒

Operation 4-29　date_range Buckets のクエリ記法の例

```
GET books/_search
```

```
{
  "size": 0,
  "aggs": {
    "my_published_buckets": {
      "date_range": {
        "field": "published",
        "ranges": [
          {
            "from": "Now-1y",
            "to": "Now-1M"
          },
          {
            "from": "Now-1M",
            "to": "Now"
          }
        ]
      }
    }
  }
}
```

○ histogram

histogram は、range と同様に、数値型のフィールドに対して値の範囲で Buckets を分類しますが、範囲を直接指定するのではなく、増分値（interval）を指定します。先ほどと同じ書籍の値段による分類の例を、histogram を使って Aggregation クエリを構成してみます。

Operation 4-30　histogram Buckets のクエリ記法の例

```
GET books/_search
{
  "size": 0,
  "aggs": {
    "my_price_histogram_buckets": {
      "histogram": {
        "field": "price",
        "interval": 1000
      }
    }
  }
}
```

これに対してクエリレスポンスでは、指定した増分値ごとの doc_count が返されます。

Operation 4-31　histogram Buckets のクエリレスポンスの例

```
"aggregations": {
  "my_price_histogram_buckets": {
  "buckets": [
    {
      "key": "0",
      "doc_count": 681
    },
    {
      "key": "1000",
      "doc_count": 2145
    },
    {
      "key": "2000",
      "doc_count": 3810
    },
    {
      "key": "3000",
      "doc_count": 1280
    },
    ...
  ]
  }
}
```

 Column　転置インデックスと doc values

　Elasticsearch の内部的な実装として、keyword 型や他の数値型をインデックスに格納する際には、これまで説明してきた転置インデックスとは別に、「doc values」と呼ばれるデータ構造にフィールド単位で格納、管理されます。Aggregation やソートを実行する際は、転置インデックスではなく、この doc values を参照することで高速な処理が実現できるようになっています。
　なお、doc values のように、フィールド・列単位でデータを格納することで圧縮率や検索効率を向上する仕組みやデータストアを指して、一般に「列指向ストレージ」と呼ぶことがあります。

4-2-5　Metrics と Buckets の組み合わせ

これまでの例では、Metrics、Buckets それぞれを単独で使ってきましたが、これらを組み合わせることでより柔軟な使い方が可能となります。Figure 4-6 の例でも書籍のジャンルごとに分類（Buckets）をして、そのグループごとの平均価格を計算（Metrics）していました。これを実現するためには、次のように、まずジャンルごとに terms Buckets を構成して、その Bucket ごとに avg Metrics を定義します。Operation 4-32 を見ると、terms Buckets（"my_genre_buckets"）の一段下の階層に avg Metrics（"my_price_avg"）が構成されている様子がわかります。

Operation 4-32　terms Buckets と avg Metrics を組み合わせたクエリ記法の例

```
GET books/_search
{
  "size": 0,
  "aggs": {
    "my_genre_buckets": {
      "terms": { "field": "genre.keyword" },
      "aggs": {
        "my_price_avg": {
          "avg": { "field": "price" }
        }
      }
    }
  }
}
```

このクエリを実行した結果、Operation 4-33 のように、ジャンルごとの Buckets がまず作られ、Buckets ごとに平均価格が計算されます。

Operation 4-33　terms Buckets と avg Metrics を組み合わせたクエリのレスポンスの例

```
"aggregations": {
  "my_genre_buckets": {
    "doc_count_error_upper_bound": 0,
    "sum_other_doc_count": 0,
    "buckets": [
      {
        "key": "business",
        "doc_count": 205,
```

```
        "my_price_avg": {
          "value": 3400.0
        }
      },
      {
        "key": "computer",
        "doc_count": 148,
        "my_price_avg": {
          "value": 3200.0
        }
      },
      ...
    ]
  }
}
```

4-2-6　複数の Buckets の組み合わせ

　Buckets を複数構成すれば、ネスト構造をとることも可能です。この場合、上位の Buckets に対して、さらに別のタイプの Buckets でサブグループを構成します（Figure 4-7）。

Figure 4-7　複数の Buckets の構成

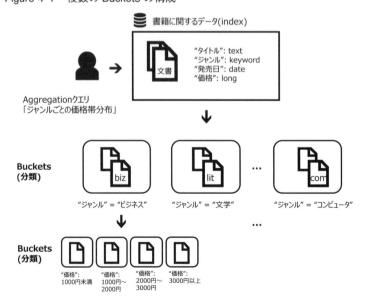

Operation 4-34 のクエリの例では、まずジャンルごとの Buckets を構成して、その中でさらに価格帯ごとのサブ Buckets を構成しています。

Operation 4-34　terms Buckets の中に range Buckets を構成してネスト構造を定義するクエリ記法の例

```
GET books/_search
{
  "size": 0,
  "aggs": {
    "my_genre_buckets": {
      "terms": { "field": "genre.keyword" },
      "aggs": {
        "my_price_buckets": {
          "range": {
            "field": "price",
            "ranges": [
              { "to": 1000 },
              { "from": 1000, "to": 2000 },
              { "from": 2000, "to": 3000 },
              { "from" : 3000 }
            ]
          }
        }
      }
    }
  }
}
```

4-2-7　significant terms

最後に少し特殊な Aggregation として、significant terms という機能を紹介します。

significant terms はある語句（term）の傾向として、全体的に見ると目立たないけれど、特定の範囲の中で見ると突出して目立つ、といった興味深い特徴を探すことができる aggregation のタイプです。

例として、日本の都道府県別の自動車の新車販売台数を、メーカー別に記録しているデータがあるとしましょう（架空のデータです）。メーカー別のシェアをクエリで確認した結果、トヨタが45%、ホンダが 14%、日産が 12%、マツダが 5%ということがわかったとします。次に、都道府県別のメーカー別シェアを調べた結果、広島県でのマツダのシェアは 11%であり、全体シェアの

5%と比較して突出して大きい数字であることがわかったとします。

　こういった気付きを得るために、significant terms クエリが役に立ちます。

 Note　新車販売台数のデータ

　全体の新車販売台数は 2017 年の統計データを参考にしています。しかし、都道府県別の統計データが入手できなかったため、広島県のシェアが 11%かどうかは確認できておりません。わかりやすさを優先するための若干恣意的な仮定をしている点はご了承ください。

Operation 4-35　significant terms クエリ記法の例

```
GET cars/_search
{
  "size":0,
    "aggs" : {
      "prefecture_terms":{
        "terms": {
          "field": "prefecture"
        },
        "aggs":{
          "market_share_of_cars_manufacturers" : {
            "significant_terms" : {
              "field" : "manufacturers"
            }
          }
        }
      }
    }
}
```

　ここでは、ドキュメントとして 1 台の新車販売登録データに対して、販売された都道府県（"prefecture"）および製造メーカー（"manufacturer"）のデータが与えられているとします。そこで significant terms クエリとして都道府県別にメーカーシェアを見てみたところ、広島県のデータに興味深い結果が確認できる、という例を示しています。

　Operation 4-36 の結果は広島県の情報だけを抽出していますが各都道府県別にこのようなデータが取得されます。"buckets"の配列の中に"score"という値がある点に注意してください。"score"はこの Bucket（広島県）の中においてどれくらい突出しているかを表す数字となり、マツダが最

も高いスコアとなっています。トヨタの方が販売台数は多いにかかわらずマツダのスコアが高いということは、全国平均と比較して広島県でのシェアが目立って高いということを表しています。significant terms クエリを使うことで、このような分析も可能となります。

Operation 4-36　significant terms クエリレスポンスの例

```
...
"key": "Hiroshima",
"doc_count": 77988,
"market_share_of_cars_manufacturers": {
  "doc_count": 77988,
  "bg_count": 3390824,
  "buckets": [
  {
    "key": "Mazda",
    "doc_count": 6356,
    "score": 2.4349635796045783,
    "bg_count": 170907
  },
  {
    "key": "Toyota",
    "doc_count": 22810,
    "score": 1.616970870612663,
    "bg_count": 1584849
  },
  {
    "key": "Honda",
    "doc_count": 6412,
    "score": 1.424570126334247,
    "bg_count": 378848
  },
  ...
}
...
```

　他に応用できそうな例をいくつかあげますと、EC サイトである品物を買った人に限って別の品物をよく買うという行動（よくある「ビールを買った人がオムツも買う」という気付き）をクエリで見つける、または、アクセスログから特定のユーザがある URL に突出して頻繁にアクセスすることを見つける、いわゆる不正アクセスを検知をクエリで実装する、などというような使い方が考えられます。

　significant terms の詳しい仕組みについては Elastic 社のサイトでも紹介されており参考になりま

すので、興味があればぜひ一読してみてください[4]。

　本節では、分類と集計を行う Aggregation の機能を紹介しました。Aggregation は単なるドキュメントの全文検索とは違い、格納されたデータから統計量を分析するためのクエリです。さらに、Elasticsearch では、通常の全文検索と分析を行う Aggregation を 1 つのクエリでまとめて実行することができる点が大きな特徴です。

　非常に高いスケーラビリティを持つ Elasticsearch だからこそ、増え続けるデータからいかに価値のある分析を行うかという点も非常に重要であると言えるでしょう。Aggregation を上手に活用して、膨大なデータから新しい気付きを得られるような分析を行ってみましょう。

4-3 　スクリプティング

　Elasticsearch の柔軟で強力な機能の一つに、**スクリプティング**があります。スクリプティングを使ってユーザ独自のロジックを実装することで、スコアの計算、データのフィルタや分析、ドキュメントの部分的な更新を実行することができます。スクリプティングの実行処理は、通常のインデックス格納や検索と比較して重い処理となるため、スクリプティングの使用が常に最適というわけではありませんが、非常に便利なユースケースもあるため、使い方を知っておくと役に立つでしょう。

　Elasticsearch ではいくつかのスクリプティング言語がサポートされていますが、Elasticsearch 5.0 からは、デフォルトのスクリプティング言語として **Painless** が使われるようになりました。Painless は、Elasticsearch で使われるためにまったく新しく設計された言語で、高い安全性と Groovy に似た理解しやすい言語記述を特徴としています。本節では、デフォルトで使われる Painless 言語について、スクリプトを記載する方法や活用例を紹介します。

4-3-1 　スクリプティングの記載方法

　Painless に限らず他の言語でも共通ですが、Elasticsearch でスクリプティングを定義する場合は、次のようなコードブロックを記載します。

＊ 4　Elasticsearch Reference – Significant Terms Aggregation
https://www.elastic.co/guide/en/elasticsearch/reference/7.6/search-aggregations-bucket
-significantterms-aggregation.html

Code 4-3　スクリプティングの定義方法

```
"script": {
  "lang": "...",
  "source | id": "...",
  "params": { ... }
}
```

　"lang"にはスクリプティング言語を指定します。デフォルト値は"painless"です。"source"あるいは"id"に実際の処理を行うコードを記述します。"source"の場合は直接コードを記述しますが、"id"は事前にコードを登録しておいてそのコードの id を指定するために指定できます。"params"はコードで使う変数をコードとは別に定義するために利用します。

4-3-2　Painless スクリプティングの活用例

　スクリプティングが利用できるユースケースは、非常に多岐にわたります。ここでは代表的な利用方法を、Painless スクリプティングを使った例として紹介します。

　本書では、スクリプティングや Painless 言語の厳密な仕様、機能をすべて紹介することはできませんが、スクリプティングを使うとどのようなことができるのか、という点を知っていただければと思います。

- フィールドの上書き更新を行う
- 条件を満たすドキュメントの特定フィールドのみを一度に上書き更新する
- 古いインデックスに含まれるフィールドをすべて更新して新しいインデックスを再作成する

■フィールドの上書き更新

　まずはフィールドの上書き更新を行う例です。ここでは、ID が 1 のドキュメントに対して price フィールドの値を 150 で登録した後、200 に上書き更新してみます。

　"source"句の"ctx._source.price"という書き方は、元のドキュメントの"price"フィールドの内容を取得するシンタックスとなっており、これを"params"句で定義した"new_price"変数の値 200 で代入するという処理が実行されます。

Operation 4-37　特定のフィールドを上書き更新する例

```
PUT painless_test/_doc/1
{
    "item": "apple",
    "type": "fruit",
    "price": 150
}

POST painless_test/_update/1
{
  "script": {
    "lang": "painless",
    "source": "ctx._source.price = params.new_price",
    "params": {
      "new_price": 200
    }
  }
}
```

■特定のフィールドのみを一度に上書き更新する例

　次に、クエリ条件にヒットするドキュメントに対して、特定のフィールドのみを一度に上書き更新する例を示します。ここでは Term クエリを実行することで、クエリにヒットする複数のドキュメントのすべてが更新対象となります。そしてクエリにヒットしたドキュメントの特定のフィールドをまとめて上書き更新するスクリプティングを実行しています。

　以下のコードを実行すると、"type"が"fruit"のドキュメントすべてを対象として、"price"が100 だけ増分した値が上書き更新されます。

　なお、ヒット件数が数百万件など膨大になる場合は処理完了まで多くの時間がかかるため、事前に件数の目安については確認しておくのがよいでしょう。

Operation 4-38　クエリ条件にヒットするフィールドを一度に上書き更新する例

```
POST painless_test2/_doc/
{
    "item": "apple",
    "type": "fruit",
    "price": 150
```

```
}

POST painless_test2/_doc/
{
    "item": "orange",
    "type": "fruit",
    "price": 200
}

POST painless_test2/_doc/
{
    "item": "milk",
    "type": "drink",
    "price": 250
}

POST painless_test2/_update_by_query/
{
  "query": {
    "term": {
      "type.keyword": {
        "value": "fruit"
      }
    }
  },
  "script": {
    "lang": "painless",
    "source": "ctx._source.price += params.price_raise",
    "params": {
      "price_raise": 100
    }
  }
}
```

■インデックスに含まれるフィールドをすべて更新する操作

　最後に、インデックスに含まれるフィールドをすべて更新する操作を reindex と呼ばれるインデックス再作成操作と合わせて行う方法を紹介します。reindex は、この後の第 5 章で詳しく紹介しますが、インデックスのマッピングや設定が変更された場合に、既存のインデックスに含まれるデータをコピーして、新規にインデックスを作り直す際に用いられる機能です。ここではその reindex 操作の際に、特定のフィールド更新もあわせて行おう、という例となります。painless_test_old イ

ンデックスのドキュメントに含まれる price フィールドの値にすべて 100 を加えるという操作を行って painless_test_new インデックスを作っています。

Operation 4-39　インデックス再作成と合わせてフィールドの更新を行う例

```
POST _reindex
{
  "source": {
    "index": "painless_test_old"
  },
  "dest": {
    "index": "painless_test_new"
  },
  "script": {
    "lang": "painless",
    "source": "ctx._source.price += params.price_raise",
    "params": {
      "price_raise": 100
    }
  }
}
```

　ここではスクリプティングのユースケースの一例として、ドキュメントのフィールド更新を中心に紹介しました。それ以外のユースケースとして、検索結果のスコアをスクリプティングで記述したロジックによって独自にカスタマイズさせることや、データのフィルタリング処理など、便利な利用方法は数多くあります。また、Painless 言語は if-else 条件文、for/while ループ制御文などを用いてより複雑なロジックを記述することもできます。

4-4　まとめ

　本章では、Elasticsearch の応用的な機能として、Analyzer と Aggregation、スクリプティングの概要・仕組みを解説しました。Analyzer をうまく活用することで全文検索の精度を高めることが可能ですし、Aggregation の機能を使うことで Elasticsearch を単なる検索システムとしてだけではなく、データから気付きを得るための分析システムとしても使えることがわかっていただけたかと思います。また、スクリプティングの機能はスコアの計算、データのフィルタ、ドキュメントの部分的な更新など、Elasticsearch をより柔軟で強力に使いこなすためには非常に有用なので、ぜひ使い方をマスターしておくとよいでしょう。

これらの機能は幅広い使い方が可能であり、より詳しい情報が必要な場合は、Elasticsearch のドキュメントサイトから有用な情報が得られます。本章ではこれらの機能の概要を紹介したにすぎませんが、これらの機能がなぜ必要なのか、これらの機能を使ってどのようなことができるようになるか、という点を理解していただくことに焦点を当てて解説を行いました。

次の第 5 章ではいよいよ Elasticsearch を現場で導入、運用するために知っておくべき確認項目、Tips を紹介していきます。

Column　クラウド上で Elasticsearch をすぐに運用できる ElasticCloud

　本書では主に、お手元の環境で Elasticsearch を導入して、運用管理するための内容を扱っていますが、パブリッククラウド上にマネージドサービスとして Elasticsearch クラスタをデプロイ・管理してくれるサービスもあります。

　その 1 つに Elastic 社が提供する ElasticCloud があります。これは、AWS、GCP、Azure の任意のパブリッククラウド上でホスティングされるサービスで、ユーザはブラウザ上から、クラウドの種類、リージョン、クラスタの構成（AZ の可用性、メモリサイズ等）、Elasticsearch のバージョンや追加プラグインの選択をするだけで、すぐにクラスタ環境が準備されて利用することができます。

　クラスタには、Elasticsearch、Kibana、および Elastic 社が開発するオプション機能があらかじめ構成されています。クラスタ管理やアップグレード操作もすべてブラウザから行える点、バックアップなどの運用管理も自動で行ってくれる点、Elastic 社によるサポートが受けられる点が大きな特徴と言えます。トライアルで 14 日間は無料で試すこともできますので、ぜひ一度触ってみてはいかがでしょうか。

- ElasticCloud

https://www.elastic.co/jp/cloud

Figure 4-8　ElasticCloud のクラスタ作成画面の例

第5章
システム運用とクラスタの管理

　第4章まで、Elasticsearchの概要や導入方法、さまざまな利用方法、操作について基本的な説明をしてきました。第5章ではさらに実践的な内容として、Elasticsearchを運用する際に押さえておくべき内容をまとめて紹介します。

　Elasticsearchを本格的に活用する際には、検索や分析といった機能要件だけにとどまらず、運用管理の観点で考慮しておくべき点がいくつかあります。本章の内容を参考にしてぜひ運用面でも安心してElasticsearchが使いこなせるようになっていただけたらと思います。

5-1　　運用監視と設定変更

　Elasticsearch を通常の業務で利用する場合、稼働中の状態を常に正しく把握しておくことは重要な運用タスクです。稼働状態を確認した結果として、問題への対処あるいは改善という形で何らかの対応が必要になることもあります。

　本節では、Elasticsearch を日常的に運用する際に確認、監視しておくべき主要な項目について紹介します。また、適宜設定を変更する際の方法についても説明します。

5-1-1　　動作状況の確認

　まずは、Elasticsearch の現在の稼働状況を確認する方法についてみていきましょう。動作状況を確認する方法は、以下のようにいくつか提供されています。管理者はこの中から適切な方法を選択して、クラスタ全体、ノード、もしくはインデックスやシャードなどの状態を把握し、問題がある際には迅速に対応をとることが重要です。

- _cat API を利用した動作確認
- クラスタ API を利用した動作確認
- オプション機能の Monitoring を利用した動作確認
- Elasticsearch の出力するログの確認

以降では、それぞれの方法について、使い方および確認できる項目について説明します。

■_cat API を利用した動作確認

　Elasticsearch は、インデックス登録もクエリも、基本的に JSON フォーマットで記述するという特徴があることは、これまでに説明してきたとおりです。稼働状況の確認についても、基本的には JSON フォーマットで出力されますが、人間が容易にコマンドラインからでも確認しやすいように、JSON 以外のフォーマットで出力する機能も備えています。この出力インターフェースを「_cat API」と呼びます。_cat API を使うと、UNIX/Linux コマンド出力のようなフォーマットで出力させることが可能です。

　_cat API へのアクセスを行うためには、API エンドポイントに"_cat/< 確認項目名 >"を指定して GET メソッドを実行します。なお、以降でも特に言及しない限りは、リクエストは Kibana の Console 機能を用いて実行します。

Operation 5-1　_cat API による状態確認および出力結果の例

```
GET _cat/health?v ⏎
epoch       timestamp cluster      status node.total node.data shards pri relo
init unassign pending_tasks max_task_wait_time active_shards_percent
1574230240 06:10:40  elasticsearch yellow          1         1      4   4   0
      0        1             0                  -                80.0%
```

　上記の例では"_cat/health"というエンドポイントにアクセスして、クラスタ稼働状況を確認しました。この出力結果より"elasticsearch"という名前のクラスタが"yellow"ステータスとなっており、1台のノード、4つのシャードを保持していることなどがわかります。_cat API の出力は、人間が確認するにも見やすく、出力をパイプで別のコマンドへ入力する、もしくは、監視サーバへ連携することなども容易となります。

　なお、上記の環境でクラスタの status が yellow になっている点について補足しておきます。ここでは簡易的な環境として1ノード構成のクラスタを動かしています。その上で、1つだけインデックスを作成した直後の状態を、_cat API で確認しました。

　この際に第2章で見たように、1つのインデックスに対してデフォルトで1つのプライマリシャードと1つのレプリカシャードが作成されます。しかし、この環境は1ノードクラスタであるため、レプリカをホストできるノードが他にありませんでした。このため、プライマリシャードのみ配置され、レプリカシャードが（まだ）配置されていないという状態となっています。出力欄の"unassign"の値が1になっていますが、ここが未配置のレプリカシャードの数を表しています。

　Elasticsearch では未配置のレプリカシャードがある状態を"yellow"と判定します。状態の定義は以下のとおり"green"と"yellow"と"red"の3種類があります。

- green：インデックスのすべてのプライマリシャード、レプリカシャードが配置されている状態
- yellow：プライマリシャードはすべて配置されているが、配置できていないレプリカシャードがある状態
- red：配置できていないプライマリシャードがある状態[1]

　この状態は、インデックスごとに定義されます。もしも、あるクラスタにおけるすべてのインデックス状態が green であればそのクラスタ状態も green と判定されます。

＊1　ステータスが red であってもクラスタは部分的に機能します。このときは、利用可能なシャードに対しての み検索が可能です。とはいえ、一部のデータは利用不可の状態ですので、迅速な復旧が必要です。

Tips　_cat API の出力をカスタマイズする

　_cat API の出力は、基本的には取得した値のみを表示するのですが、ヘッダ情報がないと出力された値がどのカラムなのかがわからないこともあるかと思います。その際に"?v"というオプションを付加することで、カラムヘッダも含めて表示できます。

Operation 5-2　_cat API における"?v"オプションの有無の違い

```
GET _cat/health ↵
1574230517 06:15:17 elasticsearch yellow 1 1 4 4 0 0 1 0 - 80.0%

GET _cat/health?v ↵
epoch       timestamp cluster       status node.total node.data shards pri relo
init unassign pending_tasks max_task_wait_time active_shards_percent
1574230552 06:15:52  elasticsearch yellow         1         1      4   4    0
    0        1             0                 -                 80.0%
```

　他にも便利なオプションがいくつかあります。よく利用されるものを 3 つ紹介します。

- h=< カラム名 1>,< カラム名 2>,,,
  指定したカラムのみを出力します。

- bytes=<b|kb|mb|gb|tb|pb>
  出力に含まれるサイズ表記を上記で指定した単位（Byte、KB、MB、GB、TB、PB）に揃えます。

- s=< カラム名 >[:desc]
  指定したカラム名でソートを行います。":desc"を付加すると降順でのソートとなります。

　_cat API の例としてもう 1 つ、インデックスの状態を確認する"_cat/indices"を紹介します。

Operation 5-3　インデックス状態を確認する_cat API の実行例

```
GET _cat/indices?v&bytes=mb ↵
health status index                    uuid                    pri rep docs.co
unt docs.deleted store.size pri.store.size
green  open   .kibana_task_manager_1   bIox_cSKTkG5B3uPVAcQGw   1   0
    2        0          0              0
yellow open   my_index                 g3Dc1dJ4S9mabvbDNCu3Pw   1   1
    2        0          0              0
```

```
green   open    .apm-agent-configuration   40gp9TTkS5Cx4L4lI448zw   1   0
    0               0           0             0
green   open    .kibana_1                  _4tjMrjeTsK53ZE7vavbaA   1   0
    73              1           0             0
green   open    kibana_sample_data_flights 4cvRazJvRNOcbOz3FND9-g   1   0   13
    059             0           6             6
```

　出力結果からは、インデックス名、health 状態、ステータス、シャード数、ドキュメント数やサイズの情報が確認できます。特に health 状態やドキュメント数を知りたい場合によく利用される便利なコマンドです。

　他にも_cat API で確認できる項目について、**Table 5-1** にまとめておきます。ぜひお手元の環境でも実行し、出力結果を確認していただければと思います。公式ドキュメントにも各 API の説明があるので参考にしてください[2] 。

Table 5-1　_cat API の一覧

名前	API エンドポイント	出力内容
Aliases	_cat/aliases	インデックスエイリアスの状態
Allocation	_cat/allocation	シャードの割り当て状況
Count	_cat/count	クラスタ全体あるいは特定のインデックスでのドキュメント数
Fielddata	_cat/fielddata	fielddata 用に使用されているヒープメモリ量
Health	_cat/health	クラスタの health 状態 (_cluster/health と同内容)
Indices	_cat/indices	インデックスの状態
Master	_cat/master	マスタノードの ID および IP アドレス
Nodes	_cat/nodes	ノードの状態（IP、ID、役割、リソース状態）
NodeAttr	_cat/nodeattr	ノード属性（オプションで付与できる）の表示
Pending Tasks	_cat/pending_tasks	未処理のタスク情報
Recovery	_cat/recovery	シャードリカバリの実行状況
Repositories	_cat/repositries	スナップショットリポジトリの配置先
Thread Pool	_cat/thread_pool	スレッドプールの動作統計情報
Shards	_cat/shards	シャードの状態、格納ノード/インデックス名、統計情報
Segments	_cat/segments	Lucene セグメントレベルでの統計情報
Snapshots	_cat/snapshots	スナップショットの状態
Templates	_cat/templates	テンプレートの状態

＊ 2　Elasticsearch Reference – cat APIs
　　https://www.elastic.co/guide/en/elasticsearch/reference/7.6/cat.html

■クラスタ API を利用した動作確認

　_cat API は比較的簡易な状態確認の目的で使われることが多いのですが、クラスタ API はより詳細な状態を取得するために使うことができます。クラスタ API は JSON フォーマットで出力され、出力項目も_cat API より詳細で数が多くなっています。クラスタ API の種類も多いため、参考としてよく利用される API 4 つを実行例とあわせて説明し、残りの API については一覧表（Table 5-2）にまとめて紹介します。

○クラスタ状態（サマリ）:"_cluster/health"

　"_cluster/health"エンドポイントは、クラスタ状態のサマリを出力します。Elasticsearch を運用する上では非常によく使うクラスタ API の一つです。

Operation 5-4　"_cluster/health"の実行コマンドおよび出力例

```
GET _cluster/health ⏎
{
  "cluster_name" : "elasticsearch",
  "status" : "yellow",
  "timed_out" : false,
  "number_of_nodes" : 1,
  "number_of_data_nodes" : 1,
  "active_primary_shards" : 4,
  "active_shards" : 4,
  "relocating_shards" : 0,
  "initializing_shards" : 0,
  "unassigned_shards" : 1,
  "delayed_unassigned_shards" : 0,
  "number_of_pending_tasks" : 0,
  "number_of_in_flight_fetch" : 0,
  "task_max_waiting_in_queue_millis" : 0,
  "active_shards_percent_as_number" : 80.0
}
```

○クラスタ状態（詳細）:"_cluster/state"

　こちらは詳細なクラスタ状態を表示する API です。クラスタ全体の完全な情報が出力されます。

Operation 5-5 "_cluster/state"の実行コマンドおよび出力例

```
GET _cluster/state ⏎
{
  "cluster_name" : "elasticsearch",
  "cluster_uuid" : "KQP7SpSSTEiPxBX0RHt1jA",
  "version" : 43,
  "state_uuid" : "0E6MUun3Rr-d-rPfk4kkDg",
  "master_node" : "xHjiwThTR1CoDYYgSrOu2Q",
  "blocks" : { },
  "nodes" : {
    "xHjiwThTR1CoDYYgSrOu2Q" : {
      "name" : "testvm1",
      "ephemeral_id" : "_knZSQPpSLOhtlob3ryLGQ",
      "transport_address" : "10.1.13.237:9300",
      "attributes" : {
        "ml.machine_memory" : "8201789440",
        "xpack.installed" : "true",
        "ml.max_open_jobs" : "20"
      }
    }
  },
...
```

○ノード状態："_nodes"

各ノードの状態を表示するAPIです。デフォルトでは全ノードの情報が出力されますが、"_nodes/<ノード名>"のようにノード名を付加すると特定のノード情報を確認できます。

Operation 5-6 "_nodes"の実行コマンドおよび出力例

```
GET _nodes ⏎
{
  "_nodes" : {
    "total" : 1,
    "successful" : 1,
    "failed" : 0
  },
  "cluster_name" : "elasticsearch",
  "nodes" : {
    "xHjiwThTR1CoDYYgSrOu2Q" : {
      "name" : "testvm1",
```

```
    "transport_address" : "10.1.13.237:9300",
    "host" : "10.1.13.237",
    "ip" : "10.1.13.237",
    "version" : "7.4.2",
    "build_flavor" : "default",
    "build_type" : "rpm",
    "build_hash" : "2f90bbf7b93631e52bafb59b3b049cb44ec25e96",
    "total_indexing_buffer" : 105630924,
    "roles" : [
      "ingest",
      "master",
      "data",
      "ml"
    ],
...
```

○ノードの統計情報："_nodes/stats"

　各ノードの詳細な統計情報を表示する API です。こちらもデフォルトで全ノードの情報が出力され、"_nodes/<ノード名>/stats"のようにノード名を付加すると特定のノード情報を確認できます。

　こちらの情報では、OS レベルで CPU/memory の利用量、JVM ヒープ情報や GC 統計情報、ファイルディスクリプタの数、スレッドプールの状態、ファイルシステムの利用状況などの細かい情報がすべて取得できます。このため、運用監視で利用するために非常に有用な API と言えるでしょう。

Operation 5-7　"_nodes/stats"の実行コマンドおよび出力例

```
GET _nodes/stats ⏎
{
  "_nodes" : {
    "total" : 1,
    "successful" : 1,
    "failed" : 0
  },
  "cluster_name" : "elasticsearch",
  "nodes" : {
    "xHjiwThTR1CoDYYgSrOu2Q" : {
      "name" : "testvm1",
...
```

```
    "jvm" : {
      "pid" : 6868,
      "version" : "13.0.1",
      "vm_name" : "OpenJDK 64-Bit Server VM",
      "vm_version" : "13.0.1+9",
      "vm_vendor" : "AdoptOpenJDK",
      "bundled_jdk" : true,
      "using_bundled_jdk" : true,
      "start_time_in_millis" : 1574229805048,
      "mem" : {
        "heap_init_in_bytes" : 1073741824,
        "heap_max_in_bytes" : 1056309248,
        "non_heap_init_in_bytes" : 7667712,
        "non_heap_max_in_bytes" : 0,
        "direct_max_in_bytes" : 0
      },
...
```

クラスタ API で確認できる項目一覧について、Table 5-2 にまとめておきます。注意点として、クラスタ API のうち、Cluster Reroute と Cluster Update Setting の 2 つについてはクラスタ状態を変更する、いわゆる更新系 API になります。_cat API はすべて参照系 API でしたが、この点だけ留意してください。クラスタ API についても公式ドキュメントサイトにて詳細な説明が行われていますので適宜参考にしてください[3]。

Table 5-2　クラスタ API の一覧

名前	API エンドポイント	出力内容
Cluster Health	_cluster/health	簡易なクラスタ状態の確認
Cluster State	_cluster/state	詳細なクラスタ状態の確認
Cluster Stats	_cluster/stats	クラスタの詳細な利用統計情報
Pending Cluster Tasks	_cluster/pending_tasks	インデックス作成などのクラスタ状態変更タスクの実行待ち状態
Cluster Reroute	_cluster/reroute	シャード割り当ての変更 (POST メソッドで変更を受け付ける)
Cluster Update Settings	_cluster/settings	クラスタ設定変更 (PUT メソッドで変更を受け付ける)
Node Stats	_nodes/stats	ノードの統計情報の確認
Node Info	_nodes	ノード情報の確認

＊ 3　Elasticsearch Reference – cluster APIs
　　　https://www.elastic.co/guide/en/elasticsearch/reference/7.6/cluster.html

Node Usage	_nodes/usage	REST コマンドの実行回数などの情報の確認
Remote Cluster Info	_remote/info	リモートクラスタの情報
Node hot_threads	_nodes/hot_threads	Hot スレッド情報の確認
Cluster Allocation Explain	_cluster/allocation/explain	シャード割り当て先の決定に関する情報の確認

■オプション機能の Monitoring を利用した動作確認

　オプション機能の 1 つである Monitoring を使うと、Elasticsearch 自身の監視・状態確認を Kibana ダッシュボードから行うことができます。この Monitoring 機能は、以前 Marvel と呼ばれていた追加機能が X-pack（現オプション機能）に正式機能として取り込まれたものです。また、Monitoring 機能はオプション機能の Basic ライセンス（無料）でも利用することができます（ただし、Basic では一部機能制限あり）。

　Monitoring 機能は、クラスタの状態やノードの状態、またインデックスの登録・クエリに関する統計情報などをブラウザから可視化して把握できる機能を持ちます。

　Monitoring 機能の説明は、次の第 6 章でオプション機能の説明と合わせて行いますので、ここでは詳細な説明は割愛します。

■ Elasticsearch の出力するログの確認

　最後にログファイルによる確認方法についても説明しておきます。Elasticsearch が出力するログファイル（/var/log/elasticsearch/<クラスタ名>.log）には、さまざまなログイベントが出力され、運用管理上重要な情報源となります。エラーが発生した際には、まずログファイルを確認することで問題への対処が効率的に行えます。

　通常のログファイル以外にも、運用上有益なログファイルを 2 つ紹介します。ログ出力先は通常のログファイルと同じです。

○ deprecation ログ（< クラスタ名 >_deprecation.log）

　deprecation ログには、以前は使えていたが、バージョンアップにより非推奨になった機能についての警告が出力されます。

　たとえば、バージョン 7.0 以上の Elasticsearch で、バージョン 6.x 以前の機能を使った際には、次のような警告が deprecation ログに出力されます。

Operation 5-8 deprecation ログの出力例

```
[2019-11-04T10:33:56,689][WARN ][o.e.d.c.s.Settings      ] [es01] [discovery.z
en.ping.unicast.hosts] setting was deprecated in Elasticsearch and will be remo
ved in a future release! See the breaking changes documentation for the next ma
jor version.
```

このログでは、Elasticsearch 6.x まで使われていた Zen Discovery 用の設定パラメータ"discovery.
zen.ping.unicast.hosts"に関する警告が出力されている例です。このように新しいバージョン
では非推奨になったり利用できなくなる機能についての警告をログから確認することができます。

○スローログ（< クラスタ名 >_index_indexing_slowlog.log および < クラスタ名 >_index_search_slowlog.log）

RDBMS ではよく見られる機能ですが、Elasticsearch にもスローログを記録する機能があります。
これはインデックス登録、もしくはクエリ時に一定以上の時間が経過した場合に、ログに記録す
るという機能です。デフォルトではしきい値は設定されていませんが、必要に応じてログ出力の
設定をするとよいでしょう。詳細は Elasticsearch リファレンスの説明を参考にしてください[4]。

5-1-2　設定変更操作

前節ではクラスタの動作状況をさまざまなコマンドやツール、ログから確認する方法を紹介し
ました。確認した結果、設定の変更をする必要がある場合、どのような操作をすればよいでしょ
うか。Elasticsearch の設定変更には以下の 2 種類のタイプがあります。

- 静的な設定変更

  ノード単位で行う設定変更です。第 2 章でも紹介した elasticsearch.yml ファイルに定義する
  か、同じ定義を環境変数に設定するか、あるいは起動時のコマンドラインオプションで指定
  するか、いずれかの方法でノードの起動時に設定が反映されます。設定変更が必要なすべて
  のノードで実施する必要があるので、ノード数が多い環境では、設定忘れがないように注意
  しなくてはいけません。

＊ 4　Elasticsearch Reference – Slow Log
　　　https://www.elastic.co/guide/en/elasticsearch/reference/7.6/index-modules-slowlog.html

● 動的な設定変更

　稼働中のクラスタに対して、クラスタ設定変更用 API（_cluster/settings）で変更を行います。こちらはクラスタ内で設定情報が一元管理されるので、各ノードに設定を行う必要はありません。設定項目によっては、動的な設定変更ができないものもあるため注意してください。その場合には、ノードを停止して静的な設定変更を行う必要があります。

動的な設定変更では、変更期間の長さを指定するために、以下の 2 種類が選択できます。

◇一時的なクラスタ設定変更（"transient"）

　クラスタが再起動するまでの期間で有効となる設定変更です。クラスタが停止した時点で設定は失われます。

◇恒久的なクラスタ設定変更（"persistent"）

　明示的に削除もしくは上書きされるまで恒久的に残る設定変更です。クラスタが再起動しても設定が失われません。また、これらの設定変更が適用される優先順位は Figure 5-1 のようになっています。

Figure 5-1　設定変更の優先順位

　これらの点から考えると、静的な設定変更と動的な設定変更の使い分けは次のようにするのが望ましいと言えます。

　まず、ノード単位のローカルな設定変更のみ、静的な設定変更を使い、それ以外のクラスタ関連の設定変更については、動的な設定変更を行うようにします。このあたりは、運用に慣れてくると自然に使い分けができると思いますが、優先順位などの違いについては理解しておくとよいでしょう。

5-2　クラスタの管理

　本節では、クラスタの管理について説明します。先に「2-2 システム構成」でもクラスタ構成について説明しましたが、ここで簡単におさらいしておきましょう。

　Elasticsearch におけるクラスタ構成のポイントとしては、以下のような点があげられます。

- Elasticsearch では、同じクラスタ名を持つ複数の Elasticsearch インスタンスが協調してクラスタを形成する。
- クラスタは、必ず 1 台の Master ノードを持ち、各種クラスタ管理タスクを行う。
- Master ノードの障害に備えるためには、Master-eligible ノードと呼ばれる候補ノードを構成する。その中から 1 つのノードが Master として選出される。
- 複数ノードが協調してクラスタを形成するための discovery と呼ばれるメカニズムがある。これは各ノードのクラスタ参加や Master ノード選定といった機能を担う。

　クラスタ構成に関する詳細や設定方法などは、第 2 章の内容を適宜確認してください。ここでは Elasticsearch クラスタをどのように管理するかについて説明していきます。

5-2-1　クラスタの起動、停止、再起動

　本節では、計画停止などでクラスタのメンテナンスを行うようなケースを想定して、Elasticsearch クラスタ全体を停止、起動する際の注意点や手順を説明します。なお、Elasticsearch クラスタの全体を一度に起動、停止するためのコマンドや API は提供されていません。このため、1 ノードずつ操作していきます。

　ノードの停止方法について、最もシンプルな停止方法は systemctl stop コマンドを使って 1 ノードずつ停止するという手順です。端末上から直接 Elasticsearch を起動している場合は、Ctrl-C あるいは SIGTERM を送信することで停止できます。起動方法についても同様に、systemctl start コマンドあるいは端末から直接起動する方法があります。

　しかしながら、クラスタ内では常にシャードのレプリケーションやバッファリング、ディスク遅延書き込みなどの仕組みが動作しています。たとえば、Elasticsearch ノード起動時には常にシャードのリバランシングが行われます。このため、不用意にノードを停止したり起動したりすれば、リバランシングが起動してしまい不要なデータの移動をともないます。結果的にクラスタ状態が安定するまでに時間を要します。

　このような動作を正しく理解して、制御しながら停止、起動する方法が、より望ましいと言え

ます。以下ではその手順について説明していきます。

■停止前の準備

　何も対処を行わずにノードを停止すると、デフォルトでは 60 秒後にシャードの再配置が開始します。これを回避するため、あらかじめシャードの再配置を無効化する設定を行うことで、再配置にともなう不要なデータ移動を回避することができます（Operation 5-9）。

Operation 5-9　レプリカシャード再配置の無効化操作

```
PUT _cluster/settings
{
  "persistent": {
    "cluster.routing.allocation.enable": "primaries"
  }
}
```

　次に、ノード再起動時のリカバリ動作を高速化するための synced flush 操作を実行します。synced flush 操作とは、プライマリシャードとレプリカシャードの内容が同じであることを識別するための sync_id という ID をデフォルトで 5 分間隔で自動的に書き込む機能です。ここでは、以下のコマンドにより手動で明示的に synced flush 操作を実行します。

Note　synced flush 操作

　この synced flush 操作は次のバージョン 8 からは同様の効果を持つ flush 操作に置き換わることが予定されています。flush 操作については「5-5 refresh と flush」の節でも詳しく説明します。

Operation 5-10　手動 synced flush 操作

```
POST _flush/synced
```

　synced flush 操作が成功するとステータスコード 200 とともに、以下のようなレスポンスが返されます。failed となった操作がないことを確認します。もし failed があった場合には再度 synced flush 操作を実行してみてください。

Operation 5-11　手動 synced flush 操作の出力結果例

```
{
  "_shards" : {
    "total" : 6,
    "successful" : 5,
    "failed" : 0
  },
  "myindex" : {
    "total" : 2,
    "successful" : 1,
    "failed" : 0
  },
  ...
}
```

■停止・起動

　ここまでの準備が完了したら、各ノードを systemctl stop コマンドで停止します。その後、ノードメンテナンスなどの必要な対応を行った後、systemctl start コマンドで起動してください。

　もし Master ノードも含めてクラスタ全体を起動（再起動）する場合には、まず Master（Master-eligible）ノードから起動して、先にクラスタ形成を完了させるようにします。Master ノードがすべて起動した後に、Data ノードを起動しましょう。各 Data ノードは Master ノードにクラスタ参加を要請し、クラスタに組み込まれます。

　各ノードが起動したことの確認として、前節でも紹介した"_cat/nodes" API などを利用するのがよいでしょう。

■起動確認・事後対応

　この時点でクラスタ状態を確認します（Operation 5-12）。

Operation 5-12　クラスタ状態の確認操作

```
GET _cat/health
```

219

　クラスタ内のすべてのプライマリシャードの適切な配置が確認されるまでの間は、ステータスは red となっています。すべてのプライマリシャードが復帰するとステータスが yellow に変わります。まだこの時点ではステータスは green に戻らないことに注意してください。これは停止前の事前準備として、シャード再配置の無効化操作を実行しているためです。

　クラスタにすべてのノードが参加していることを確認した上で、シャード再配置を有効化します（Operation 5-13）。設定値が"null"となっていますが、これは Operation 5-9 にて設定した再配置の無効化設定を取り消し（デフォルト設定の"all"に戻す）している点に注意してください。

Operation 5-13　シャード再配置の有効化操作

```
PUT _cluster/settings
{
  "persistent": {
    "cluster.routing.allocation.enable": null
  }
}
```

　上記操作後、しばらく待つとステータスは green に戻ります。この時点で、レプリカシャードも含め、すべて正常に配置されていることになります。

5-2-2　ノード単位の Rolling Restart

　前項では、クラスタ全体を停止、再起動する手順を説明しました。一方、クラスタ全体を停止せずに、1 ノードずつ停止、再起動操作を行うことも可能です。この操作を Rolling Restart と呼びます。Rolling Restart は、主に以下のような目的で利用されます。

- サーバにパッチを適用したい
- サーバのハードウェアメンテナンスを行いたい
- Elasticsearch を update/upgrade したい

　Rolling Restart を行うには、前項で説明した「停止前の準備」「停止・起動」「起動確認・事後対応」を 1 ノードずつ実行してください。それにより、クラスタは稼働したまま、ノードを再起動することができます。

　特に Elasticsearch 5.6 からは Rolling Upgrade も新たにサポートされました。バージョン 7.5 から 7.6 のようなマイナーバージョンアップグレード、もしくはバージョン 5.6 から 6.8、あるいは

バージョン 6.8 から 7.6.2（最新バージョン）に限りメジャーバージョンアップグレードが実行可能です。この場合の操作手順も基本的には上記と同じです。興味のある方は Elasticsearch の公式ドキュメントにも記載されているので、参考にしてください[*5]。

5-2-3　ノード拡張・縮退

Elasticsearch クラスタを運用中に格納するインデックスのデータ量が増えていくと、ノード拡張を計画することもあるかと思います。また、逆にデータ量が減りノードを縮退するケースも考えられます。

Elasticsearch は、はじめからクラスタ構成を考慮したアーキテクチャとなっており、ノードを拡張するだけで、格納ドキュメント数の増加にも容易に対応が可能です。このとき、クラスタ名を正しく設定しておけば、各ノードは起動時に自動でクラスタに参加することから、ノード拡張作業が非常に簡単に行えるという特徴があります。ここでは、具体的にノード拡張・縮退する際に実施する手順について説明します。

■ノード拡張

まず、シャードの再配置を無効化します。手順は「5-2-1 クラスタの起動、停止、再起動」で紹介した手順と同じです。

次に、新規追加するノードの設定を確認します。特に「2-4-4 基本設定」で説明した以下の設定項目はノードごとに異なる可能性があるため、よく注意して設定してください。

- cluster.name
- node.name
- path.data/path.logs
- network.host
- bootstrap.memory_lock
- discovery.seed_hosts
- cluster.initial_master_nodes

Elasticsearch 6.x まで使われていたパラメータである discovery.zen.minimum_master_nodes は、バー

＊ 5　Elasticsearch Reference – Rolling upgrades
https://www.elastic.co/guide/en/elasticsearch/reference/7.6/rolling-upgrades.html

ジョン 7.0 以降の新しい discovery では不要となりました。過去 6.x までの Zen discovery では、マスターノード数を拡張、縮退する際にはクラスタ構成時のスプリットブレイン対策の目的で、Master-eligible ノード数の過半数の値を明示的に設定するための重要なパラメータでしたが、バージョン 7.0 以降ではこの「過半数」の値は自動的に計算されるようになったため、利用者による設定は不要になりました。

　バージョン 7.0 以降では代わりに discovery.seed_hosts および cluster.initial_master_nodes パラメータが使われるようになり、特にノード起動時にクラスタに接続する際の接続先を指定する discovery.seed_hosts パラメータは既存クラスタにノードを追加する際に必須のパラメータとなるため、設定漏れがないよう注意しましょう（Figure 5-2）。

Figure 5-2　Master-eligible ノードの追加例

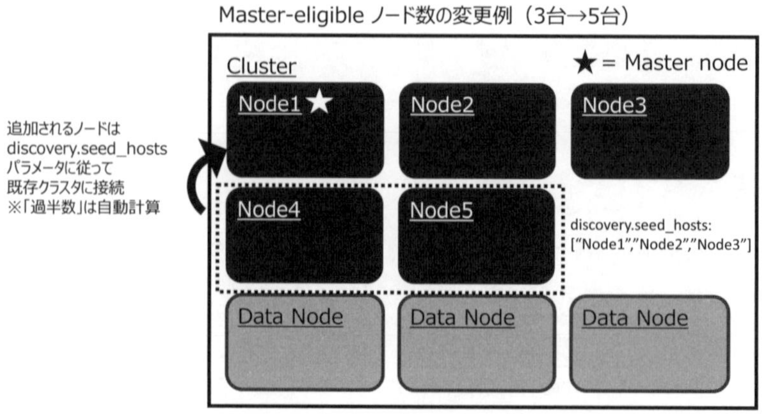

設定を確認できたら、ノードを起動します。前述のとおり、ノードが起動すると自動的にクラスタに参加できるので"_cat/nodes"や"_cat/health"などの _cat API を利用して状態を確認します。

　最後にシャードの再配置を有効化状態に戻します。この手順も**「5-2-1 クラスタの起動、停止、再起動」**と同じです。

　シャード再配置の有効化により、追加したノードにシャードが移動してきます。デフォルトでは、一度に移動できるシャードの数は 1 インデックスにつき 2 シャードずつとなっています。以下のコマンドにより、この数を変更することもできるので、ネットワーク負荷を見ながら調整してみるとよいでしょう。

Operation 5-14　シャード再配置の並行処理数の変更

```
PUT _cluster/settings
{
  "transient" :{
    "cluster.routing.allocation.cluster_concurrent_rebalance" : 2
  }
}
```

■ノード縮退

　次にノード縮退の手順を紹介します。縮退の際に注意すべきポイントとしては、縮退するノードが保持しているシャードの扱いです。もしすべてのシャードに対して適切にレプリカが複製されていればシャードを失うことはありません。しかしながら、レプリカを持たないシャードを保持したままそのノードを縮退してしまうと、シャードが失われてしまうため、そうならないようにシャードの状態には十分注意が必要です。

　もしシャードの複製が他のノードにも必ず配置されている状態であれば、単にノード停止することで、適切にレプリカが再構成されます。ただし、安全のために Operation 5-15 のような手順で、事前にシャードを別ノードへ退避する対処をとることが望ましいでしょう。

　縮退対象のノードが保持しているシャードを、他のノードに退避するためには、以下のコマンドを実行します。"exclude"の次の"_ip"は、縮退するノードの IP アドレスを指定する際の設定です。IP 以外の指定方法として"_node"（ノード名）、"_host"（ホスト名）の指定も可能です。

Operation 5-15　ノード縮退時のシャード退避の実行例

```
PUT _cluster/settings
{
  "transient" :{
    "cluster.routing.allocation.exclude._ip" : "x.x.x.x"
  }
}
```

　この操作は「シャード割り当てフィルタリング」と呼ばれています。もともとはクラスタ内のシャード割り当てを制御するために使われる機能ですが、ノード縮退時のシャード退避にも利用

が可能です[*6]。

　シャード退避後に、シャード再配置の無効化を実行します。これはノード拡張時と同じ手順です。その上で、ノードを systemctl stop で停止します。ノードの停止後にシャードの再配置を有効化状態に戻しておきます。以上の手順で、ノード縮退が安全に完了します。

5-3　　スナップショットとリストア

　本節では、Elasticsearch で格納したインデックスデータをバックアップする手順について説明します。

　Elasticsearch では、標準でスナップショットの仕組みを提供しており、バックアップ取得はこのスナップショット機能を利用して行います。スナップショット取得は任意のタイミングで、かつ、インクリメンタルに取得することが可能です。定期的にスナップショットを取得しておくようにすることで、不測の事態によりデータが失われた場合でも安全にデータを復元することができるため、ぜひ日常運用にスナップショット取得の仕組みを取り込んでいただきたいと思います。

　以降では、スナップショットとリストアに関する以下の内容について紹介します。

- スナップショットの構成を設定する方法
- スナップショットの取得方法
- 特定のスナップショットからリストアをする方法

5-3-1　スナップショットの構成設定

　スナップショットを取得するために最初に行うことは、スナップショットを格納するためのリポジトリを設定することです。Elasticsearch では、次の場所をリポジトリに設定することがサポートされています。

- 共有ファイルシステム
- 分散ファイルシステム（S3、Azure Storage、Google Cloud Storage、HDFS）

＊6　Elasticsearch Reference - Index-level shard allocation filtering
https://www.elastic.co/guide/en/elasticsearch/reference/7.6/shard-allocation-filtering.
html

- URL（読み込み専用）

　これらのリポジトリはすべて共有のファイルストレージである点に注意してください。Elastic search は分散システムであり、各ノードがインデックスデータを保持しているため、全ノードからアクセスできる共有ストレージが必須となっています[*7]。

　ここでは例として、CentOS 7 で構成した NFS サーバを共有ファイルシステムとしてリポジトリに構成する方法を紹介します。もし環境の都合などで Elasticsearch クラスタのサーバとは別に NFS サーバが用意できない場合は、便宜上 Master ノードなどに NFS サーバを構成して、兼用構成としてもよいでしょう。

■ NFS の設定

　まず、共有ファイルシステムをリポジトリに利用するためには、elasticsearch.yml ファイルに次の設定が必要です。この設定は、すべての Master ノード、Data ノードで行い、各ノードで Elasticsearch を再起動して設定を反映させてください。

Code 5-1　共有ファイルシステムのリポジトリ設定の例（elasticsearch.yml）

```
path.repo: ["/mount/repository"]
```

　CentOS 7 で NFS サービスを構成する簡単な手順例を Operation 5-16 に示すので参考にしてください。
　まず、CentOS 7 サーバに NFS サービスをインストールし、次にクライアントに export するディレクトリを設定します。ここでは、共有ファイルシステムのリポジトリとして"/var/elasticsearch/repository"ディレクトリを export しています。後に、NFS クライアント（Elasticsearch 各ノード）からは、このリポジトリを"/mount/repository"ディレクトリとしてマウントする予定です。

Operation 5-16　NFS サービスのインストール（NFS サーバでの作業）

```
$ sudo yum install -y nfs-utils
```

[*7]　テスト用などで 1 ノードの Elasticsearch クラスタを運用している場合にはローカルファイルシステム上にも格納できます。

```
$ sudo mkdir -p /var/elasticsearch/repository
$ sudo chown -R elasticsearch:elasticsearch /var/elasticsearch/repository
$ sudo systemctl enable nfs-server
$ sudo systemctl start nfs-server
$ sudo systemctl status nfs-server
```

NFS サーバから export するディレクトリの設定は、**Operation 5-17** のコマンドで実施します。

Operation 5-17　NFS サービスの export 設定（NFS サーバでの作業）

```
$ sudo vi /etc/exports
/var/elasticsearch/repository *(rw,async,no_root_squash)

$ sudo systemctl reload nfs-server
$ sudo exportfs -av
exporting *:/var/elasticsearch/repository
```

最後に firewalld の設定を変更して NFS サービスの通信が許可されるようにします。

Operation 5-18　NFS サービスの firewalld 設定（NFS サーバでの作業）

```
$ sudo firewall-cmd --permanent --zone=public --add-service=nfs
success
$ sudo firewall-cmd --reload
success
```

　次に、NFS クライアントとなる Elasticsearch の各ノードで、インストールと NFS クライアントの設定を行います。先ほど elasticsearch.yml の設定"path.repo"を設定変更を実施したすべてのノードで、以下を実行してください。なお、**Operation 5-19** の手順例では mount コマンドで NFS マウントを実行していますが、恒久的なマウント設定を行う場合には、別途/etc/fstab ファイルにも設定が必要です。

Operation 5-19　NFS サービスのインストール（NFS クライアントでの作業）

```
$ sudo yum install -y nfs-utils
$ sudo mkdir -p /mount/repository
$ sudo chown -R elasticsearch:elasticsearch /mount/repository
```

```
$ sudo systemctl enable rpcbind
$ sudo systemctl start rpcbind
$ sudo mount \
-t nfs <NFSサーバホスト名>:/var/elasticsearch/repository/ /mount/repository/
$ sudo systemctl restart elasticsearch
```

■リポジトリの登録

NFS サーバへのマウントまでが準備できたところで、いよいよ Elasticsearch のスナップショット用リポジトリの登録設定を行います（**Operation 5-20**）。

Operation 5-20　スナップショット用リポジトリの登録の例

```
PUT _snapshot/repository1
{
  "type": "fs",
  "settings": {
    "location": "/mount/repository/repository1",
    "compress": true
  }
}
```

■スナップショット用リポジトリの登録の例

ここで、API エンドポイントで指定した"_snapshot/repository1"のうち、"_snapshot"はスナップショットの操作であることを表し、"repository1"は今回登録するリポジトリの名前を示しています。リポジトリ名は任意の名前を指定できます。

リクエストボディの JSON オブジェクトの中では、リポジトリに関する各種設定を記載します。"type"句が"fs"となっているのはリポジトリに共有ファイルシステムを用いる際の指定です。"settings"句の内部の"location"はリポジトリのファイルシステムパスをフルパス、あるいは、path.repo で示したディレクトリからの相対パスのいずれかで指定します。"compress"を true に指定するとインデックスマッピングや設定情報を圧縮して保存します（デフォルト:true）。

上記コマンド実行後に、正しくリポジトリが登録できたかを GET メソッドで確認することもできます（**Operation 5-21**）。

Operation 5-21　スナップショット用リポジトリの確認の例

```
GET _snapshot/repository1 ⏎
{
  "repository1" : {
    "type" : "fs",
    "settings" : {
      "compress" : true,
      "location" : "/mount/repository/repository1"
    }
  }
}
```

5-3-2　スナップショットの取得

リポジトリが作成できたら、実際にスナップショットを作成してみましょう（Operation 5-22）。

Operation 5-22　スナップショット取得コマンドの実行例

```
PUT _snapshot/repository1/snapshot1?wait_for_completion=true
{
  "indices": "my_index"
}
```

APIエンドポイントがやや複雑なので注意してください。"/_snapshot/repository1/snapshot1"のうち、"_snapshot"はスナップショットの操作を表し、"repository1"は先ほど登録したリポジトリの名前を示し、"snapshot1"が今回取得するスナップショットの名前を指定しています。ここでも、スナップショット名は任意の名前を指定可能です。またクエリストリングとして"wait_for_completion=true"を指定すると、スナップショット取得完了まで待つようになります。

スナップショットはインクリメンタルに取得できるため、前回取得したスナップショットからの差分ファイルのみがコピーされます。

"indices"句には、上記実行例では"my_index"という単一のインデックス名を指定していますが、"my_index,my_index2"のようにカンマで記述したり、"my_index_*"のようにアスタリスクを使って複数のインデックスを指定することも可能です。

■スナップショットの確認

スナップショットの実行結果を後から確認することもできます。Operation 5-23 の実行例では"state"句に"SUCCESS"とあるので、スナップショット取得が成功していることが判断できます。

Operation 5-23 スナップショット取得コマンドの実行結果の確認例

```
GET _snapshot/repository1/snapshot1 ↵
{
  "snapshots" : [
    {
      "snapshot" : "snapshot1",
      "uuid" : "Dk-gTmpzT9qNHXxpqnmaPA",
      "version_id" : 7040299,
      "version" : "7.4.2",
      "indices" : [
        "my_index"
      ],
      "include_global_state" : true,
      "state" : "SUCCESS",
      "start_time" : "2019-11-20T07:48:18.976Z",
      "start_time_in_millis" : 1574236098976,
      "end_time" : "2019-11-20T07:48:19.181Z",
      "end_time_in_millis" : 1574236099181,
      "duration_in_millis" : 205,
      "failures" : [ ],
      "shards" : {
        "total" : 1,
        "failed" : 0,
        "successful" : 1
      }
    }
  ]
}
```

もし取得済みのスナップショットを削除したい場合は、DELETE メソッドを使うことで削除できます。スナップショットが削除される際、関連するファイル、および、他のスナップショットから参照されていないファイルはすべてリポジトリから削除されます。

Operation 5-24　スナップショット削除コマンドの実行例

```
DELETE _snapshot/repository1/snapshot1
```

5-3-3　リストア操作

　取得済みのスナップショットをもとに、インデックスをリストアする手順を紹介します。リストアを行うためには"_restore"API エンドポイントを指定します。以下にいくつかのリストア方法を指定する例を示します。

■スナップショットのリストア

　まずは、事前にスナップショットを取得した"my_index"インデックスをリストアする手順を説明します。デフォルトでは、スナップショットを取得した際と同じインデックス名でリストアしようとします。つまり、もしすでに同名のインデックスがある状態で、そのままリストアしようとするとエラーになってしまいます。このため、同名のインデックスが存在しないことを確認する、あるいは、あらかじめ同名のインデックスは削除をした上でリストアを実行する必要がある点に注意してください。

Operation 5-25　リストアコマンドの実行例（リストア先インデックスが存在しない場合）

```
POST _snapshot/repository1/snapshot1/_restore
{
  "indices": "my_index"
}
```

■スナップショットのリストア（インデックス名の変更）

　もし既存のインデックスは残したまま、スナップショットを取得したインデックス名とは異なるインデックス名でリストアしたい場合には、"rename_pattern"句と"rename_replacement"句をそれぞれ指定することで、"indices"句で指定したインデックス名を、（正規表現を用いて）別インデックス名に置き換えてリストアすることができます。

次に紹介する Operation 5-26 の例では、先に"index_1"と"index_2"というインデックスを"snap shot2"という名前のスナップショットで取得してある前提として、これをリストアするのですが、既存のインデックスは削除せず残しておきたいものとします。このとき、"index_1"のリストアは"restored_index_1"に、"index_2"は"restored_index_2"にそれぞれ名前を変えた別インデックスとしてリストアすることができます。

多少わかりにくい設定表記ではありますが、"rename_pattern"句と"rename_replacement"句を指定して、"index_（連番）"というパターンのインデックスを、すべて"restored_index_（連番）"というインデックス名に置換してリストアするという設定となっています。Logstash のインデックスなどでは、このような接尾句を持つインデックスが多いため、この指定方法は非常に有用です。

Operation 5-26　リストアコマンドの実行例（リストア先インデックスを別名に置換する方法）

```
POST _snapshot/repository1/snapshot2/_restore
{
    "indices": "index_1,index_2",
    "rename_pattern": "index_(.+)",
    "rename_replacement": "restored_index_$1"
}
```

■スナップショットのリストア（インデックス設定の適用）

最後に、リストア時に固有のインデックス設定を適用する例を紹介します。JSON オブジェクト内にて、"index_settings"句を指定することで、リストア時に作成されるインデックスに対して、明示的に設定を適用することができます。Operation 5-27 の例では、リストア時に作成されるインデックスには、レプリカを作成しないように指定を行っています。同様に、"ignore_index_settings"句を指定すると、スナップショットを取得したインデックスで定義されていた設定は無視され、代わりにデフォルトのインデックス設定が適用されます。ここでは、"refresh_interval"値をデフォルトに設定した状態でリストアを行う、という設定を行っています。

Operation 5-27　リストアコマンドの実行例（リストア先インデックスに設定を適用する方法）

```
POST _snapshot/repository1/snapshot3/_restore
{
  "indices": "my_index",
  "index_settings": {
```

```
    "index.number_of_replicas": 0
  },
  "ignore_index_settings": [
    "index.refresh_interval"
  ]
}
```

5-4 インデックスの管理とメンテナンス

　Elasticsearch を利用したサービスを長く運用していると、機能仕様の変更や負荷増大にともなう対応などに直面することは少なくありません。このとき、検索クエリを修正したり、インデックスの構成を変更するなどといったメンテナンスが発生します。

　まだサービスが開発中であれば、一度インデックスを削除して再作成もできますが、多くのユーザが利用している運用局面では、サービス停止は簡単には許容されません。

　このような問題に対応できるよう、本節では、Elasticsearch を安定的に運用する上で知っておくと便利なインデックス管理とメンテナンスのポイントを紹介します。

5-4-1 インデックスエイリアス

　インデックスには、エイリアス（別名）を設定することができます。ドキュメント格納や検索クエリを、エイリアスに対して実行すると、参照されている実体のインデックスが操作されることになります。Linux で言うところのシンボリックリンクに近い概念です（Figure 5-3）。

　Elasticsearch を一度運用環境で稼働させると、インデックス定義を変更したくなっても、サービスに影響が出るため変更が難しくなります。また、クライアントアプリケーションから Elasticsearch へアクセスしている場合にも、インデックス名を変更するとアプリケーションコードも改修しなければいけません。

　インデックスエイリアスは、このような場面で便利に使うことができます。インデックスの実体は変更されてもエイリアス名は変更しなくて済むため、変更に対する柔軟性が向上し、変更に強いシステムにすることができます。

Figure 5-3 インデックスエイリアスの概念図

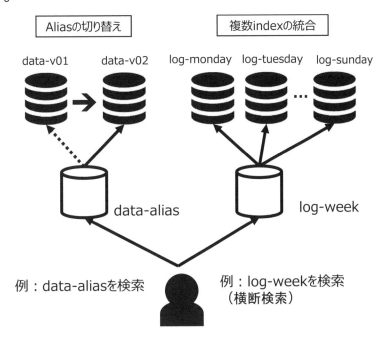

Figure 5-3 でも例示したように、インデックスエイリアスには主に2種類の使い方があります。

- 実体のインデックスの変更時に参照先を切り替える目的でエイリアスを使う
- 複数のインデックスを1つのエイリアスに束ねて横断検索する

前者では、通常運用時には常にエイリアスを設定しておき、クライアントからはエイリアスにアクセスします。もしも、マッピングやフィールド定義の変更が発生した場合には、新しい実体のインデックスを作成した後で、エイリアスの参照先を新しいインデックスに切り替えます。

後者の使い方は、たとえば、実体のインデックスがあるシステムのログデータを格納しているようなケースで、1日ごとにインデックスが作成されているものとします。このときクライアントからは、これらを1週間や1か月などの長期間で横断検索をしたい、といった要件がよく見られます。そこで、複数の実体インデックスを1つのエイリアスで束ねて定義することで、すべての実体インデックスを横断してクエリを投げられるようになります。Logstash でも"my_index_YYYY.MM.DD"のように日付の含まれたインデックスが日次で作成されることがよくあります。この際に、これらの日次インデックスを束ねて"my_index_alias"というエイリアスを設定する、といったユースケースが考えられるでしょう。ただし、インデックスエイリアスに対してさらにエイリアスを設定することはできません。設定しようとした場合、エラーが返されます。

■インデックスエイリアスの定義と削除

インデックスエイリアスの定義は Operation 5-28 の手順で行います。エイリアスの操作は、"_alias"という API エンドポイントに対して PUT メソッドを発行します。ここでは"data-v01"という実体インデックスに対して、"data-alias"というインデックスエイリアスを定義しています。

Operation 5-28　インデックスエイリアスの定義の例

```
PUT data-v01/_alias/data-alias
```

同様に、エイリアスは Operation 5-29 の手順で削除（定義解除）できます。"_alias"という API エンドポイントを用いて DELETE メソッドを発行します。この操作で削除されるのは"_alias"エンドポイント名の後ろに指定されたエイリアス（data-alias）のみです。実体インデックスである"data-v01"は削除されることはありません。

Operation 5-29　インデックスエイリアスの削除の例

```
DELETE data-v01/_alias/data-alias
```

■インデックスエイリアス定義の更新

インデックスエイリアスのより汎用的な操作を行う際には、"_aliases"という API エンドポイントに対して POST メソッドを発行します。具体的なエイリアスの更新内容はリクエストボディに JSON オブジェクトで表し、"actions"句の中に記述します。Operation 5-30 は Operation 5-28 と同じエイリアス定義の例を更新操作で記述したものです。"data-v01"という実体インデックスに対して、"data-alias"というインデックスエイリアスを定義（add）しています。

Operation 5-30　インデックスエイリアスの定義の例（リクエストボディに記述する例）

```
POST _aliases
{
  "actions" : [
    {"add" :
      {"index" : "data-v01", "alias" : "data-alias"}
    }
```

```
  ]
}
```

エイリアスの削除（定義解除）も同様に、**Operation 5-31** の手順で実行できます。削除の場合は"actions"句の中を"add"ではなく"remove"と記述します。

Operation 5-31　インデックスエイリアスの削除の例（リクエストボディに記述する例）

```
POST _aliases
{
  "actions" : [
    {"remove" :
      {"index" : "data-v01", "alias" : "data-alias"}
    }
  ]
}
```

単純な定義と削除のみであれば先に紹介した手順の方が便利ですが、この更新操作の方法を用いるとエイリアスの「**削除**」と「**定義**」を一度にまとめて行うことが可能です。

同一のエイリアスに対して削除と定義と一度に行った場合、これはいわゆるエイリアスの「**切り替え**」を行うことになります。この操作は内部的にアトミックに実行されるため、クライアントから見たときに切り替え途中でエイリアスが参照できなくなる、などの心配も不要です。この操作については先に紹介した簡易な手順では行えません。

Operation 5-32　インデックスエイリアスの切り替えの例

```
POST _aliases
{
  "actions" : [
    {"remove" :
      {"index" : "data-v01", "alias" : "data-alias"}
    },
    {"add" :
      {"index" : "data-v02", "alias" : "data-alias"}
    }
  ]
}
```

■複数のインデックスを対象としたエイリアスの定義

次に、複数のインデックスを束ねて、1 つのエイリアスで統合する操作についても見ていきましょう。複数のインデックスを束ねる方法は 2 種類あります。Operation 5-28 のように API エンドポイントのみでエイリアスを定義する方法か、あるいは Operation 5-30 のようにリクエストボディを記載して"action"句の下に複数の"add"句を定義する方法のいずれかを選択できます。どちらの方法でも結果は同じになります。

Operation 5-33　複数インデックスの統合の例（API エンドポイントに定義する例）

```
PUT my_index_20191101,my_index_20191102/_alias/my_index_alias
```

Operation 5-34　複数インデックスの統合の例（リクエストボディに記述する例）

```
POST _aliases
{
  "actions" : [
    {"add" :
      {"index" : "my_index_20191101", "alias" : "my_index_alias"}
    },
    {"add" :
      {"index" : "my_index_20191102", "alias" : "my_index_alias"}
    }
  ]
}
```

ただし、Operation 5-33 および Operation 5-34 の手順で複数のインデックスを束ねたエイリアスについては読み込み専用となり、クエリ操作のみを受け付けます。実際にこのエイリアスにインデックス登録操作を行うと、次のようなエラーメッセージが返され、操作は失敗します。

Operation 5-35　複数インデックスを束ねたエイリアスへインデックス登録を行った場合のエラーメッセージの例

```
{
  "error": {
    "root_cause": [
      {
```

```
      "type": "illegal_argument_exception",
      "reason": "no write index is defined for alias [my_index_alias]. The wr
ite index may be explicitly disabled using is_write_index=false or the alias po
ints to multiple indices without one being designated as a write index"
    }
  ],
  "type": "illegal_argument_exception",
  "reason": "no write index is defined for alias [my_index_alias]. The write
index may be explicitly disabled using is_write_index=false or the alias points
 to multiple indices without one being designated as a write index"
  },
  "status": 400
}
```

なおバージョン 6.4 以降では、複数のインデックスを束ねる場合に、1 つのみ書き込みを可能と
するエイリアスを定義できるようになりました。この際には、以下の例のように書き込みをした
いインデックスに対して、"is_write_index": true と指定して定義します。複数インデックスを
束ねたエイリアスへ書き込みが必要な場合には利用してみるとよいでしょう。

Operation 5-36　書き込み可能なインデックスを含むエイリアス定義の例

```
{
  "actions" : [
    {"add" :
      {"index" : "my_index_20191101", "alias" : "my_index_alias", "is_write_ind
ex": true}
    },
    {"add" :
      {"index" : "my_index_20191102", "alias" : "my_index_alias"}
    }
  ]
}
```

■ filter 指定をともなうエイリアスの定義

インデックスエイリアスを定義する際には、"filter"句を定義することも可能です。filter 句を
定義すると、元のインデックスを filter で絞り込んだビューをエイリアスとしてクライアントに提
供することができます。インデックスの定義の書式ではリクエストボディに"filter"句を記述し

237

ます（Operation 5-37）。また、インデックスの更新の書式では"add"句の中に"filter"句を記述します（Operation 5-38）。

Operation 5-37　filter 指定をともなうエイリアスの定義の例（API エンドポイントと filter 句を併用する例）

```
PUT data-v01/_alias/data-alias-with-filter
{
  "filter" : { "term" : { "department" : "sales" } }
}
```

Operation 5-38　filter 指定をともなうエイリアスの定義の例（リクエストボディにすべて記述する例）

```
POST _aliases
{
  "actions" : [
    {
      "add" : {
        "index" : "data-v01",
        "alias" : "data-alias-with-filter",
        "filter" : { "term" : { "department" : "sales" } }
      }
    }
  ]
}
```

こうして定義したエイリアスに対するクエリは、自動的に filter が適用された結果が返されます。この例では、元の"data-v01"というインデックスのうち、"department":"sales"が含まれるドキュメントのみがエイリアスから見えることになります。RDBMS で言うところのビューと同等の機能だと考えるとわかりやすいかもしれません。

ここまでインデックスエイリアスの機能について説明してきました。エイリアスは実運用で役立つのはもちろん、開発中でも頻繁なインデックス定義変更に対する、柔軟な管理を実現する機能と言えます。開発の終盤になってエイリアスを使い始めるよりは、ぜひ開発の早い段階からエイリアスを使いこなしていただければと思います。

5-4-2　再インデックス

再インデックスは、既存のインデックスにあるドキュメントを別のインデックスにコピーする機能です。単なるコピーに加えて、ある条件のデータのみをコピーする、コピー時にコピー先のインデックス定義を変更する、といったさまざまな操作が可能です。

いくつかの再インデックスの操作方法を以下で説明していきます。具体的な例として、再インデックスが必要になるケースとしてよくあるのが、一度作成したインデックスのプライマリシャード数を変更したいという場面です。シャードの数はインデックス作成時に指定できますが、後から増やすことができません。このため、シャード数を増やしたい場合には、まず新しいインデックスを任意のシャード数で作成します。そして、再インデックスの機能を用いて、新しいインデックスにドキュメントをコピーするという手順が必要です[8]。

■全ドキュメントを対象とした再インデックス

最初に基本的な操作として、既存のインデックスから新しいインデックスへ全ドキュメントをコピーする手順を示します。再インデックス操作では、"_reindex"というエンドポイントを指定してPOSTメソッドを発行します。操作内容はリクエストボディにJSONオブジェクトで記述します。ここでは、コピー元とコピー先のインデックス名だけを指定しています。

Operation 5-39　再インデックスの例（全ドキュメントのコピー）

```
POST _reindex
{
  "source": {"index": "my_index"},
  "dest": {"index": "my_index_copy"}
}
```

■コピー対象をクエリで絞り込んだ再インデックス

次に、コピー元のドキュメントをクエリを使って絞り込む方法を紹介します。以下の例のように、"source"句の中でクエリ句を指定すると、コピーする対象のドキュメントの絞り込みができ

＊8　Elasticsearch Reference – Split index API
　　バージョン 6.1 からは、これと同等の操作を専用で行う split index API も使えるようになりました。
　　https://www.elastic.co/guide/en/elasticsearch/reference/7.6/indices-split-index.html

ます。ここでは、message フィールドに"Elasticsearch"が含まれるドキュメントのみがコピー対象となります。

Operation 5-40 再インデックスの例（クエリによる絞り込み）

```
POST _reindex
{
  "source": {
    "index": "my_index",
    "query": {
      "match": {
        "message": "Elasticsearch"
      }
    }
  },
  "dest": {"index": "my_index_copy"}
}
```

■再インデックス処理の確認とキャンセル

再インデックスを実行する際に注意すべき点として、実行時間があげられます。既存インデックスに含まれる対象ドキュメントの数が膨大である場合、再インデックスにも多くの時間がかかる可能性があります。このようなときには、現在実行中の再インデックス操作のステータスを確認して、場合によっては操作をキャンセルできると便利です。

実行中の再インデックス処理のステータスを確認するには以下の手順を実行します。

Operation 5-41 再インデックス処理の実行ステータス確認の例

```
GET _tasks?detailed=true&actions=*reindex
```

再インデックス処理が実行中の場合には、以下のようなレスポンスが確認できます。ここで"status:total"が処理される対象となる全体の件数、"status:created"などが各実行済みの処理件数となります。定期的にステータスを確認して、この件数をもとにして完了時間をおおよそ推測することができます。

Operation 5-42　再インデックス処理の実行ステータス結果の例

```
{
  "nodes" : {
...
    "tasks" : {
      "xHjiwThTR1CoDYYgSrOu2Q:22076" : {
        "node" : "xHjiwThTR1CoDYYgSrOu2Q",
        "id" : 22076,
        "type" : "transport",
        "action" : "indices:data/write/reindex",
        "status" : {
          "total" : 4675,
          "updated" : 0,
          "created" : 2000,
          "deleted" : 0,
          "batches" : 3,
          "version_conflicts" : 0,
          "noops" : 0,
          "retries" : {
            "bulk" : 0,
            "search" : 0
          },
          "throttled_millis" : 0,
          "requests_per_second" : -1.0,
          "throttled_until_millis" : 0
        },
        "description" : "reindex from [kibana_sample_data_ecommerce] to [my_r
eindex][_doc]",
        "start_time_in_millis" : 1574238823554,
        "running_time_in_nanos" : 1620856650,
        "cancellable" : true,
        "headers" : { }
      }
    }
  }
}
```

　もし確認した結果、時間がかかりすぎるためキャンセルしたいという場合は、Operation 5-43 のようにしてキャンセル実行できます。ここで taskId には"node"と"id"をコロンでつなげた文字列（上記例では"tasks"の直下の"xHjiwThTR1CoDYYgSrOu2Q:22076"が taskId となります）を指定します。停止にはしばらく時間がかかる場合がありますが、再インデックスタスクは定期的にキャ

ンセル要求が届いているかをチェックしているため、キャンセル要求を見つけた時点で処理が停止されます。

Operation 5-43　再インデックス処理のキャンセル実行の例

```
POST _tasks/{taskId}/_cancel
```

5-4-3　インデックスの open と close

開発、運用の場面でいくつもインデックスを作成していると、アクティブに利用しない、いわゆる「休眠」インデックスができていることがあります。これらのインデックスへは読み書きを行わないが、削除はしたくない、というケースもあります。そういったインデックスに対しても、Elasticsearch はクラスタ上でシャードの割り当てやレプリケーションの準備をしており、マシンリソースを消費していることになります。

もしこのようなアクティブに利用していないインデックスがあれば、close 処理をして読み書きを停止することができます。close されたインデックスについては、クラスタ上でメタデータの維持をする以外はリソースを消費しないので、無駄なく管理することができます。

Operation 5-44　インデックスの close の例

```
POST my_index/_close
```

もし後で再度このインデックスにアクセスしたいという場合には、open 処理をすることで復帰させることができます。open 処理を呼び出すとシャードの再割り当てなどの処理が裏で実行されます（したがって、多少時間がかかります）。

Operation 5-45　インデックスの open の例

```
POST my_index/_open
```

インデックスの close 処理が必要な例の 1 つとして、第 4 章で説明した Analyzer 定義の変更があります。インデックスが open 状態で Analyzer の定義変更を行おうとすると open なインデックスに対する動的な定義変更はできないというエラーが返されます。このときは、一度 close 処理を

呼び出してから Analyzer 定義を変更し、その後 open するようにしてください。

5-4-4　インデックスの shrink

ログデータなどを扱う場合に、インデックステンプレートを使って日付名の付いたインデックスを管理することも多いと思います。その場合に、過去日付のインデックスは基本的に書き込みがされないことから、これらをアーカイブしたいと考えるかもしれません。

そのようなユースケースにも対応するため、Elasticsearch では既存のインデックスのシャード数を縮小する shrink という機能が提供されています。先ほど紹介した再インデックスと機能的には類似していますが、単一の API で操作できるため利便性の高い機能です。

■ shrink 実行前の準備

shrink 機能を使うには、以下の条件を満たしている必要があります。

- shrink 元のシャード数は shink 先のシャード数の倍数であること（例：元インデックスのシャード数が 8 の場合、shrink するインデックスのシャード数は 4、2、1 のいずれか）
- 実行前にすべてのシャードを 1 つのノードに移動させておくこと
- 実行前にインデックスへの書き込みをブロックすること

これらの条件を説明するために、実行前の準備の具体例を以下に紹介します。

ここでは例として、shrink 元のインデックスとして、次のようにシャード数 6 を持つ my_index_06 を作成し、ここに何らかのインデックスが登録されているものと仮定します。

Operation 5-46　インデックスの作成（シャード数:6）

```
PUT my_index_06
{
  "settings": {
    "number_of_shards": "6",
    "number_of_replicas": "1"
  }
}
```

次に先ほどの条件を満たすために、インデックスの設定変更を行います。ここではすべてのシャードを node01 に集め、かつ、インデックスへの書き込みをブロックする、という操作を行っ

ています。なお、シャードの集約先の指定は"_ip"（IP アドレス）や"_host"（ホスト名）でも構いません。以上が、shrink 実行前の準備となります。

Operation 5-47　インデックスの設定変更（shrink 実行前の準備）

```
PUT my_index_06/_settings
{
  "settings": {
    "index.routing.allocation.require._name": "node01",
    "index.blocks.write": true
  }
}
```

■ shrink 操作の実行

準備が整ったことを確認したら、shrink API を呼び出して shrink 操作を実行します。Operation 5-48 では 6 つのシャードを持つインデックスから 2 つのシャードを持つインデックスへの shrink を行う例を示しています。

Operation 5-48　shrink 操作の実行例（シャード数:2）

```
POST my_index_06/_shrink/my_index_02
{
  "settings": {
    "index.number_of_shards": "2",
    "index.number_of_replicas": "1"
  }
}
```

shrink 操作が完了したら、必要に応じて Operation 5-47 で事前に実行していたインデックスの設定を戻しておきましょう。この時点ではどちらのインデックスともに、シャードの配置先が 1 ノードに集約され、かつ、書き込みがブロックされています。一例として、shrink 操作で新規作成した方のインデックスの設定を戻す手順を以下に示します。

Operation 5-49　インデックスの設定戻しの例（shrink 実行後の対処）

```
PUT my_index_02/_settings
```

```
{
  "settings": {
    "index.routing.allocation.require._name": null,
    "index.blocks.write": null
  }
}
```

このように、今後書き込みが行われないようなインデックスがある場合にはシャードの整理として shrink 機能を活用してみるのもよいでしょう。

5-4-5　インデックスの rollover

次にインデックスの rollover 機能について紹介します。すでに紹介したインデックスエイリアスを使ってしばらく運用していると、実体インデックスが肥大化したり古くなることがあると思います。このような場合に、新しい実体インデックスを作成すると同時にエイリアスをその新しいインデックスへ切り替えてくれる機能が rollover です。

rollover は条件付きで実行させることも可能です。条件には、インデックス作成後の経過時間、保持するドキュメント数、プライマリシャードのサイズが指定できます。なお、複数インデックスを束ねてエイリアスしている場合には rollover は実行できません。

■ rollover 操作の実行

rollover 操作の動作を説明するため、先に実体インデックスにエイリアスを定義しておきます。Operation 5-50 では"log-001"という実体インデックスに対して、"log-alias"というインデックスエイリアスを設定しています。

Operation 5-50　インデックスエイリアスの定義の例

```
PUT log-001/_alias/log-alias
```

ここでインデックスエイリアスに対して rollover を実行するには、以下の手順を実行します。

Operation 5-51　rollover 操作の実行例

```
POST log-alias/_rollover/log-002
```

　この操作の結果、"log-alias"が参照する実体インデックスが"log-002"に切り替わります。このとき条件付きで rollover を実行したい場合には、リクエストボディに"conditions"句を指定します。**Operation 5-52** では、インデックス作成後の経過時間（max_age）、保持するドキュメント数（max_docs）、プライマリシャードのサイズ（max_size）を指定しており、このうちいずれかの条件（OR 条件）が満たされていれば rollver が実行されます。

Operation 5-52　rollover 操作の実行例（条件付き実行）

```
POST log-alias/_rollover/log-002
{
  "conditions" : {
    "max_age": "7d",
    "max_docs": 2000,
    "max_size": "5gb"
  }
}
```

　Operation 5-51 と **Operation 5-52** の例では rollover する際に新規作成される実体インデックスの名前を明示的に指定していました。もしも新規作成したい実体インデックス名が次のパターンに当てはまる場合は、Elasticsearch にインデックス名を自動生成させることができるため、実体インデックス名の指定を省略することが可能です。この際に自動生成される実体インデックス名は、現在の実体インデックス名の数字部分を 1 だけ増分した名前が割り当てられることになります。

● 現在の実体インデックス名が"-"（ハイフン）とそれに続く数字で構成される場合
　例：myindex-000123

　上記の例では、インデックス名が"-"とそれに続く"000123"という数字部分で構成されています。この場合、Elasticsearch は rollover 実行時に"myindex-000124"という実体インデックス名を自動生成します（**Operation 5-53**）。

Operation 5-53 rollover 操作の実行例（実体インデックス名の自動生成）

```
### 実体インデックス名とエイリアスの定義
PUT myindex-000123/_alias/myindex-alias
### rollover の実行（実体インデックス名"myindex-000124"が自動生成される）
POST myindex-alias/_rollover
```

さて、rollover によって作成される新しい実体インデックスのマッピング定義や設定はどのように行えばよいでしょうか。これには 2 種類の方法が利用できます。1 つは「3-2-3 インデックステンプレートの管理」で説明したインデックステンプレートを用いて事前に定義しておく方法です。もう 1 つは Operation 5-54 のように rollover の実行時にリクエストボディに定義する方法です。この例では conditions 句と settings 句を指定していますが、mappings 句も同様に指定することができます。また、インデックステンプレートを定義していた場合であっても、以下のように rollover 操作時に直接定義されていればその定義の方が優先度は高くなります。

Operation 5-54 rollover 操作の実行例（インデックス設定）

```
POST log-alias/_rollover/log-002
{
  "conditions" : {
    "max_age": "7d",
    "max_docs": 2000,
    "max_size": "5gb"
  },
  "settings": {
    "index.number_of_shards": 5
  }
}
```

5-4-6　curator を利用したインデックスの定期メンテナンス

インデックス管理の最後のトピックとして、curator を利用したインデックスのメンテナンスについて紹介します。

curator とは、Elastic 社が提供する Elasticsearch の運用管理を支援するツールです。python で実装されており、Elasticsearch 本体とは別にインストールする必要があります。

2020 年 5 月時点の最新バージョンは 5.8.1 で、curator バージョン 5 以降からは Elasticsearch

5.x/6.x/7.x をサポートします。

Column　Index Lifecycle Management（ILM）との違い

　Elasticsearch 6.6 から Index Lifecycle Management（ILM）というインデックスのメンテナンス機能がオプション機能として登場しました。インデックスの運用を Kibana の画面から行えるなど、Elastic Stack の中で統合的に管理できる機能を持ち、かつ無償の Basic サブスクリプションで利用できます。一方、これから紹介する curator は、python で実装されたいわば補助的な運用管理支援ツールという位置付けになります。

　役割としては非常に似通った特徴を持つ curator と ILM ですが、実際にはこれまで curator の方が ILM よりも機能が豊富だったため、現時点ではまだ curator を使って運用している方も多いと思われます。しかしながら、ILM は最近になって活発に開発が行われており、今後 curator の代替として広く利用される見込みです。したがって、お使いの環境において ILM の機能でも運用管理要件を満たせるのであれば、今から ILM を使い慣れておくのも望ましいと筆者は考えます。なお、ILM については次の第 6 章で、他のオプション機能とあわせて紹介する予定です。

■ curator の機能

　curator の機能は、主にインデックスとスナップショットの操作です。当然それは Elasticsearch 本体のコマンドや API を使っても実現できます。しかし、curator ではこれらの操作のシンプルなインターフェースが提供されているため、たとえば以下のような定期メンテナンスを cron のジョブから自動実行させるなどの便利な使い方が可能です。

curator のユースケースの例（cron で毎日決まった時刻に実行する）：

- 30 日以上古いインデックスを close、削除する
- 指定したインデックスのスナップショットを取得する
- 10 日以上経過したスナップショットを削除する

　インデックスが定常的に作成されるような環境では、クラスタ全体で保持できるデータサイズの制約から、定期的に古くなった不要なインデックスを削除する、といった運用を行うことが少なくありません。たとえば、Logstash が日次で作成する日付が付いたインデックスを対象に、30 日経過したインデックスのみを削除したいとします。curator を使わなければ、次のようなコマンドを実行することになりますが、指定するインデックス名（以下の例では"logstash-2019.10.25"）

の部分については、日付をもとに 30 日前の値を計算しなければいけません。

Operation 5-55　Logstash の古いインデックスを手動削除するコマンドの例

```
DELETE logstash-2019.10.25
```

　curator を使うと、同じことが日付の計算を行わなくても、決まったコマンド表記で容易に実行できます。このため cron ジョブで毎日決まった時刻に呼び出すことができ、運用が非常に楽になります。日付以外にもインデックスの容量が指定したサイズを超過した場合に削除するというオプションなども用意されています。
　以下では、curator のインストール手順、設定方法および実行方法について説明します。

■ curator のインストール手順

curator をインストールする方法は複数提供されており、環境に応じた方法を選択してください。

　（1）python pip を用いたインストール手順
　（2）OS のパッケージリポジトリからインストールする手順（CentOS 7 の場合）
　（3）OS のパッケージリポジトリからインストールする手順（Ubuntu 18.04 の場合）

■ python pip を用いたインストール手順

　python pip が動作して、インターネットに接続できる環境があれば以下の手順だけで簡単にインストールすることができます。
　OS が CentOS 7 か Ubuntu 18.04 であれば上記の（2）および（3）のパッケージリポジトリからのインストール手順を選ぶこともできますし、ここで紹介する手順を選択しても、どちらでも構いません。python による開発、運用に慣れている方は python pip の方法でもよいでしょう。

Operation 5-56　python pip を使ったインストール手順

```
$ pip install elasticsearch-curator
```

■パッケージリポジトリからインストールする手順（CentOS 7）

yum コマンドを用いてパッケージリポジトリからインストールを行います。curator 用のリポジトリ定義ファイルを/etc/yum.repos.d/ディレクトリに作成しておきます。ファイル名は任意でよいのですが、ここでは curator.repo としておきます。

Code 5-2　/etc/yum.repos.d/curator.repo

```
[curator-5]
name=CentOS/RHEL 7 repository for Elasticsearch Curator 5.x packages
baseurl=https://packages.elastic.co/curator/5/centos/7
gpgcheck=1
gpgkey=https://packages.elastic.co/GPG-KEY-elasticsearch
enabled=1
```

ファイルを作成したら、yum コマンドでインストールを行います。Elasticsearch のインストール時と同様に事前に PGP 鍵ファイルを import してから、curator パッケージのインストールを行います。インストール後に yum list installed コマンドを実行すると、パッケージバージョンが確認できます。また、curator --version コマンドで実行確認も行います。

Operation 5-57　yum を使ったインストール手順（CentOS 7）

```
$ sudo rpm --import https://packages.elastic.co/GPG-KEY-elasticsearch
$ sudo yum install elasticsearch-curator
$ sudo yum list installed | grep elasticsearch-curator
elasticsearch-curator.x86_64        5.8.1-1                    @curator-5
$ curator --version
curator, version 5.8.1
```

■パッケージリポジトリからインストールする手順（Ubuntu 18.04）

Ubuntu では apt-get コマンドを使ってパッケージインストールを行います。CentOS 7 と同様に事前に PGP 鍵の import を行い、リポジトリ設定を任意のファイル名で作成（ここでは curator.list というファイル名）した上で、elasticsearch-curator パッケージのインストールを apt-get コマンドで行います。

Operation 5-58　apt-get コマンドを使ったインストール手順（Ubuntu 18.04）

```
$ wget -qO - https://packages.elastic.co/GPG-KEY-elasticsearch | sudo apt-key add -
$ echo "deb [arch=amd64] https://packages.elastic.co/curator/5/debian9 stable main" \
| sudo tee -a /etc/apt/sources.list.d/curator.list
$ sudo apt-get update && sudo apt-get install elasticsearch-curator
$ sudo dpkg -l | grep elasticsearch-curator
ii  elasticsearch-curator          5.8.1
    amd64         Have indices in Elasticsearch? This is the tool for you!\n\nLike
 a museum curator manages the exhibits and collections on display, \nElasticsearch
 Curator helps you curate, or manage your indices.
$ curator --version
curator, version 5.8.1
```

■ curator の設定方法

curator を使う際には、2種類の設定ファイルを用意します。1つは環境を定義する Configuration File と呼ばれるファイル、もう1つは実行タスクを定義する Action File と呼ばれるファイルです。共に YAML フォーマットで記載します。

○ Configuration File の設定方法

Configuration File は、クライアントからの接続方法およびログ設定について記述するファイルです。デフォルトでは~/.curator/curator.yml というパスが読み込まれますが、コマンド実行時にファイルパスを引数で指定することもできます。基本的にはどのジョブでも共通で1つ用意しておけばよいでしょう。

Code 5-3　Configuration File の記載例

```
client:
  hosts:
    - 127.0.0.1:9200

logging:
  loglevel: INFO
  logfile:
  logformat: default
  blacklist: ['elasticsearch', 'urllib3']
```

Code 5-3 の例では、Elasticsearch ノード上に curator をインストールしている前提で、ローカルホストの Elasticsearch へ接続する設定例を示しています。その場合、"hosts"には 127.0.0.1:9200 を指定します。

また、ログ設定は、"loglevel"として INFO の他に DEBUG、WARNING、ERROR、CRITICAL が指定できます。"logfile"はファイルパスを指定するか、空欄にした場合には標準出力とコンソールにログが出力されます。"blacklist"パラメータの意味がわかりにくいかもしれませんが、ここで指定したモジュールからのログを抑制するためのオプションとなります。特に elasticsearch、urllib3 は冗長にログを出力するため、これらのログを出力しないように指定しています（デフォルト設定でも ['elasticsearch', 'urllib3'] が指定されています）。

○ Action File の設定方法

Action File は、curator の実際の動作（Action）を定義するファイルです。定義できるアクションは非常に種類が多く、インデックスの作成、削除、エイリアスやスナップショットの取得、リストアなども定義できます。

すべてを説明することはできませんが、ここでは 2 つほど代表的なユースケースを紹介します。

- 30 日以上経過した古いインデックスを削除する

"action"句にてアクションを定義します。インデックスの削除を行う"delete_indices"という action を指定しています。また、削除対象のインデックス名を"filters"句で指定します。ここでは"logstash-"で始まるインデックス名のパターン、かつ、インデックス名から判断できる日付文字列が 30 日より古いものを選択しています。たとえば、今日が 2019/11/24 であれば 30 日前である 2019/10/25 以前の日付を持つインデックス名（例："logstash-2019.10.25"）を削除対象に選定します。

Code 5-4　Action File の記載例①（30 日以上経過した古いインデックスを削除する）

```
actions:
  1:
    action: delete_indices
    description: "deletes logstash indices older than 30 days"
    filters:
    - filtertype: pattern
      kind: prefix
      value: logstash-
    - filtertype: age
```

```
      source: name
      direction: older
      timestring: '%Y.%m.%d'
      unit: days
      unit_count: 30
```

- 指定のインデックスに対するスナップショットを取得する

　もう1つの例として、スナップショットの取得を行う"snapshot"というactionの設定例を紹介します。"options"句で取得先のリポジトリ名なども指定する必要があります。"filters"句による対象インデックスの指定では"my-index-"で始まるインデックス名であり、かつ、インデックス作成日時が1日以上古いものを選択しています。先ほどの例のフィルタでは、インデックス名に含まれる日付文字列を基準とする"name"というfilter sourceを利用しましたが、今回のフィルタでは"creation_date"という実際のインデックス作成時刻を基準とするfilter sourceを利用しています。このように、フィルタの指定もさまざまなパターンが用意されています。

Code 5-5 Action Fileの記載例②（指定のインデックスに対するスナップショットを取得する）

```
actions:
  2:
    action: snapshot
    description: "snapshot selected indices to my_repo"
    options:
      repository: my_repo
      name: my-index-%Y%m%d%H%M%S
      wait_for_completion: True
      max_wait: 3600
      wait_interval: 10
    filters:
    - filtertype: pattern
      kind: prefix
      value: my-index-
    - filtertype: age
      source: creation_date
      direction: older
      unit: days
      unit_count: 1
```

■ curator の実行方法

Configuration File と Action File を定義したら、実際に動作させてみましょう。コマンド実行の方法は非常にシンプルです。「--config」オプションの引数に Configuration File（ここでは curator_config.yml）を、また、コマンドの引数に Action File（ここでは curator_action.yml）を指定して、curator コマンドを実行します。

Operation 5-59　curator の実行例

```
$ curator --config curator_config.yml curator_action.yml
```

「30 日以上経過したインデックスを削除する」Action を実行した場合では Operation 5-60 のような結果が出力されます。ログメッセージからは、意図したとおりに実行時点（2019/11/24）から 30 日以上古いインデックスのみが削除されていることがわかります。

Operation 5-60　curator の実行結果の例

```
2019-11-24 14:11:35,482 INFO          Preparing Action ID: 1, "delete_indices"
2019-11-24 14:11:35,483 INFO          Creating client object and testing connection
2019-11-24 14:11:35,488 INFO          Instantiating client object
2019-11-24 14:11:35,489 INFO          Testing client connectivity
2019-11-24 14:11:35,496 INFO          Successfully created Elasticsearch client obj
ect with provided settings
2019-11-24 14:11:35,499 INFO          Trying Action ID: 1, "delete_indices": delete
s logstash indices older than 30 days
2019-11-24 14:11:35,542 INFO          Deleting 2 selected indices: ['logstash-2019.
10.24', 'logstash-2019.10.25']
2019-11-24 14:11:35,543 INFO          ---deleting index logstash-2019.10.24
2019-11-24 14:11:35,543 INFO          ---deleting index logstash-2019.10.25
2019-11-24 14:11:35,693 INFO          Action ID: 1, "delete_indices" completed.
2019-11-24 14:11:35,693 INFO          Job completed.
```

ここで紹介した内容以外にも curator はさまざまな機能があり、上手に活用することで運用メンテナンスが非常に効率的になります。より詳細な使い方に興味のある方は、脚注の URL に掲載されているドキュメントも参考にしてください[9]。

＊ 9　Curator Reference
　　　https://www.elastic.co/guide/en/elasticsearch/client/curator/7.6/index.html

5-5　refresh と flush

　本章の最後に、Elasticsearch の内部のふるまいとして特に重要な refresh と flush の動作について説明します。

　refresh は、Elasticsearch に格納したドキュメントが、クエリによって検索できるようにするために必要となる機能です。また、flush は、ノードが突然停止したような場合に備えて、ドキュメントデータを定期的にディスクに書き出しておくために呼び出される機能です。

　これらの内部動作には、Elasticsearch がその基盤としている Lucene に関する知識が必要となってきます。そのため、まずは Lucene のファイル構造とふるまいについて簡単に整理します。

5-5-1　Lucene のインデックスファイル構造

　Elasticsearch のインデックスは、複数のシャードから構成されており、それぞれのシャードは、実際には Lucene のインデックスに該当するものです。さらに Lucene のインデックスの内部構造を見てみると、Lucene のインデックスは複数のセグメントから構成されています。Elasticsearch と Lucene とで同じような用語があるために、少しわかりづらいかもしれませんが、これらの構造を図示すると Figure 5-4 のような関係になります。

Figure 5-4　Elasticsearch のインデックス、シャードと Lucene のインデックス、セグメントの関係

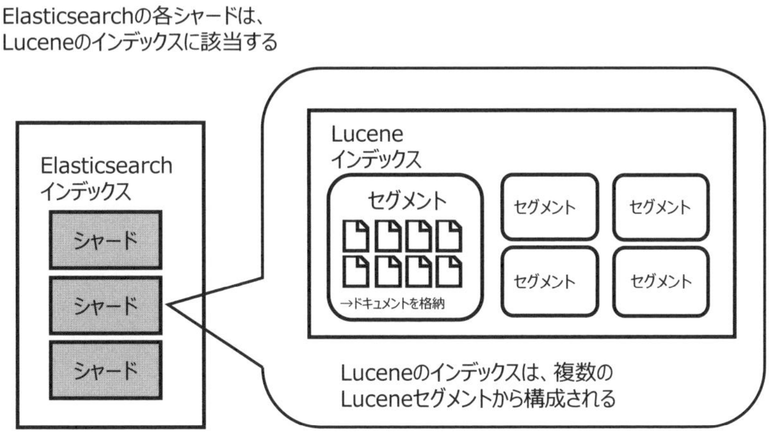

Elasticsearchの各シャードは、
Luceneのインデックスに該当する

Elasticsearch
インデックス

シャード
シャード
シャード

Lucene
インデックス

セグメント

→ドキュメントを格納

セグメント　セグメント

セグメント　セグメント

Luceneのインデックスは、複数の
Luceneセグメントから構成される

　次に、Elasticsearch に対してドキュメントが追加される際の、Lucene 内部のふるまいを確認していきましょう（Figure 5-5）。

255

　一定数のドキュメント数が蓄積されるか、メモリバッファがいっぱいになると、Lucene はセグメントと呼ばれる、構造化された転置インデックスデータ領域にドキュメントを格納します。ただし、まだこの時点では、Elasticsearch からは格納したドキュメントは検索できない状態であることに注意してください。この後説明する refresh 操作が実行されるまでは検索可能にはなりません。

　なお、ここで作成されたセグメントにはまだ少数のドキュメントしか格納されておらず、サイズも小さなものとなります。また、基本的に Lucene セグメントは一度作成した後は中身のドキュメントを編集したり削除したりすることはなく、変更されないファイルとなります。

Figure 5-5　Lucene セグメントにドキュメントが格納される様子

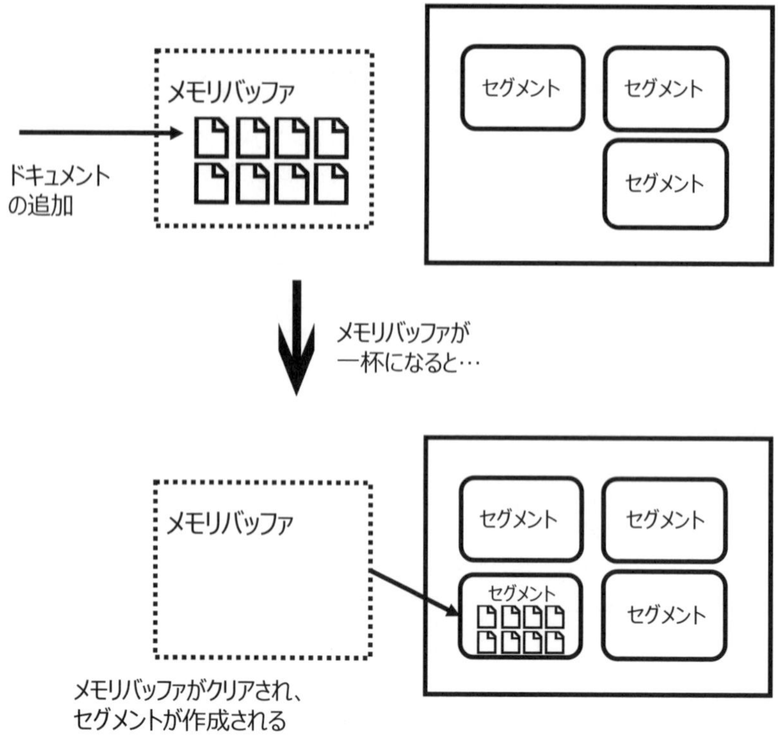

　この Lucene セグメントは、ドキュメントを登録していくにつれて次々と作成されていきます。セグメントの数が一定数に達すると、自動的に複数のセグメントがマージされて大きな 1 つのセグメントを再構成します。そして、このマージされた大きなセグメントも数が増えてくると、さらにマージされてより大きなセグメントを再構成します。このように Lucene セグメントは継続的に作成、マージが繰り返されていきます。

Note　変更されない Lucene セグメントファイル

　Lucene セグメントは、書き込みや管理の効率向上のために、作成後は直接変更されません。この変更されない特徴を指して immutable（イミュータブル）と呼ぶことがあります。ただし、登録されたドキュメントの内容が変更できないという意味ではないことに注意してください。たとえば、Lucene に登録したドキュメントを削除したい場合には、セグメントに削除マークのみを付け、中身のドキュメント自体は削除しないというアーキテクチャとなっています。そして一定のタイミングでこれらのセグメントファイルがマージされ、その時点で変更・削除が正しく反映されるようになっています。このような仕組みによって、Lucene セグメントを直接編集する場合よりも、書き込み・変更・削除の性能を向上させることができるのです。

　このように Elasticsearch でドキュメントを格納すると、内部では Lucene のメモリバッファおよびセグメントにドキュメントが追加されることになります。そして、これらの追加したドキュメントを Elasticsearch から検索できるようにするための操作として、refresh 機能があります。次にこの refresh の動作についてみていきましょう。

5-5-2　Lucene セグメントと refresh

　Elasticsearch の refresh は、登録されたドキュメントをクライアントから検索可能な状態にする操作です。逆に言えば、refresh 操作が行われるまで登録したドキュメントは検索できません。このことを確認するために、Operation 5-61 のようにしてターミナル上で curl コマンドを連続実行してみます。

Operation 5-61　登録直後のドキュメントが検索できない例（curl コマンドを利用)

```
$ curl -XPUT 'http://localhost:9200/my_refresh_test/_doc/1?pretty' \
-H 'Content-Type: application/json' -d'{ "message": "This is test." }' \
&& curl -XGET 'http://localhost:9200/my_refresh_test/_search?pretty' ⏎
{
  "_index" : "my_refresh_test",
  "_type" : "_doc",
  "_id" : "1",
  "_version" : 1,
  "result" : "created",
...
```

```
{
  "took" : 0,
  ...
  "hits" : {
    "total" : {
      "value" : 0,
      "relation" : "eq"
    },
    "max_score" : null,
    "hits" : [ ]
  }
}
```

Elasticsearch は **NRT**（Near-Real Time）検索機能を持つとも言われています。決して登録したドキュメントが直後に検索できるわけではなく、定期的に実行されるこの refresh 機能の呼び出しにより、検索ができるようになっています。

この refresh 操作にも、Lucene の内部動作が深くかかわっています。前節で説明した Lucene の内部構造も念頭に置きながら、この動作についてみていきましょう。

■ Elasticsearch の refresh 操作と Lucene の検索オブジェクト更新操作

通常、Elasticsearch で検索を行う際には、内部で Lucene の検索用オブジェクトにクエリを投げて、Lucene セグメントの情報を参照しています。ただし、都度追加・更新されていく情報が、リアルタイムに検索できるということではありません。Lucene では、内部で検索用オブジェクトの情報を更新する操作が呼び出されることにより、新しいドキュメントが検索できる仕組みになっています。

具体的には、Elasticsearch でドキュメントをインデックスに格納した際には、refresh を実行することで、内部では Lucene のオブジェクト更新操作が呼び出され、それにより、はじめて格納したドキュメントが検索できるようになります。

■ refresh 間隔の設定

Elasticsearch の refresh 操作は、設定により"index.refresh_interval"（秒）置きに自動的に実行されます。デフォルトの実行間隔は 1 秒です。つまり、Elasticsearch に登録したドキュメントは 1 秒後には検索できるようになる、という意味になります。この設定値は要件に応じて、**Operation 5-62** のように変更することも可能です。

Operation 5-62　refresh 間隔の設定変更の例

```
PUT <index_name>/_settings
{
  "index": {
    "refresh_interval": "30s"
  }
}
```

■ refresh 操作の手動実行

refresh 操作は、任意のタイミングで手動でも実行することができます。Operation 5-63 のように
にすれば、ユーザが明示的に refresh を呼び出すことも可能です。

Operation 5-63　refresh の明示的な呼び出しの例

```
POST <index_name>/_refresh
```

本節の最初に登録直後のドキュメントが検索できない例を示しましたが、ドキュメント登録直
後に、この明示的な refresh 操作を実行すれば、以降は検索にもヒットするようになります。

Operation 5-64　登録直後のドキュメントを検索させる例（curl コマンドを利用)

```
$ curl -XPUT 'http://localhost:9200/my_refresh_test_2/_doc/1?pretty' \
-H 'Content-Type: application/json' -d'{ "message": "This is test." }' \
&& curl -XPOST 'http://localhost:9200/my_refresh_test_2/_refresh' \
&& curl -XGET 'http://localhost:9200/my_refresh_test_2/_search?pretty' ⏎
...
  "hits" : {
    "total" : {
      "value" : 1,
      "relation" : "eq"
    },
    "max_score" : 1.0,
    "hits" : [
      {
        "_index" : "my_refresh_test_2",
        "_type" : "_doc",
        "_id" : "1",
```

```
        "_score" : 1.0,
        "_source" : {
          "message" : "This is test."
        }
      }
    ]
  }
}
```

　デフォルトの1秒という refresh 間隔は、アプリケーションによっては短すぎることもあるで
しょう。また、大量のデータをバッチで一度に登録したいが、バッチ実行中は refresh は抑制して
おいて、登録完了後に元に戻す、というケースも考えられます。これらのケースでは、一時的に
refresh 間隔を長くしておくとよいでしょう。

　もし、refresh の自動実行を完全に止めたいという場合には、refresh_interval の設定値を"-1"に設
定すると refresh が自動では実行されなくなります。この場合には、ユーザが明示的に refresh を呼
び出さない限り、登録したドキュメントは検索できなくなります。

　なお、この refresh 操作を実行した時点では、まだ Lucene セグメントは物理的にディスクに書
き出されていない点に注意してください。これについては次の flush の節で説明します。

Column　　ファイルに出力したデータはいつディスクに書き込まれるのか？

　一般的な OS の仕組みとして、プロセスがファイルへ出力を行うと同時に（同期的に）ディ
スクへの書き出しは行われない点に注意してください。ファイルへ書き込まれたデータは、ま
ずページと呼ばれるメモリ空間に書き込まれ、後から非同期に物理ディスクへ書き込まれます。
ディスク I/O は非常に時間のかかる処理であるため、一時的にメモリ上にバッファすることで
処理の高速化を図るために、このような仕組みとなっています。このため、もしも非同期のディ
スク書き込みが完了する前に、障害などでプロセスがダウンしてしまった場合には、そのデー
タは失われることになります。

　一方で、OS の非同期の書き込み処理に任せずに、明示的に同期的なディスク書き込みをした
いケースもあります。データベースのトランザクションログ書き出しなどは、その代表的な例
と言えるでしょう。このような同期的なディスク書き込みをするためには、fsync というシステ
ムコールを呼び出してファイル出力を行います。fsync システムコールはディスクへの書き込み
が完了するまで処理が待たされるため、確実に書き出されたことが保証されます。

　このように、ファイル書き込みには処理性能とデータ保護のトレードオフがあり、適宜使い
分けることで性能と信頼性をバランスよく高めることが可能になります。

5-5-3　トランザクションログと flush

前節の最後で、refresh 操作を行ってドキュメントが検索可能となっても、Lucene セグメントが物理的にディスクに書き込まれたわけではない、ということをお伝えしました。もし、Lucene セグメントがディスクに書き込まれる前に、サーバがダウンしてしまうとどうなるでしょうか。残念ながら、ディスクに書き込まれてないドキュメント情報は失われてしまうことになります。

それでは、安全のために、ドキュメントを1件登録するたびに毎回ディスクに書き込みを行うとどうでしょうか。今度はディスク I/O が性能のボトルネックとなってしまうでしょう。

これらの相反する問題を解決するために、Elasticsearch ではトランザクションログ（translog）という仕組みを導入しました。トランザクションログには、index、update、delete などのユーザリクエストの情報が含まれており、万が一の障害の際にもトランザクションログの情報をもとに、シャードをきちんとリカバリできるようになっています。

■トランザクションログの書き込みの仕組み

トランザクションログは、Elasticsearch の各シャード内に作成、保持されます。新しいドキュメントが登録されるたびに、Lucene のメモリバッファへの格納処理と同時にトランザクションログへも情報が書き込まれます（Figure 5-6）。この書き込みは fsync システムコールにより同期的に行われます[10]。

Figure 5-6　トランザクションログへの書き込み

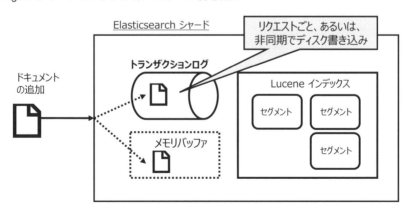

＊10　RDBMS でもトランザクション情報の保持のために Write-Ahead Log（WAL）という同期ログ書き込みがよく用いられますが、それと同じ仕組みだと言えます。

■トランザクションログ書き込みポリシーの設定

　トランザクションログの書き込みのポリシーは 2 種類あり、設定パラメータ"index.translog.durability"により決まります。設定値は"request"（リクエストごと）か"async"（非同期）のいずれかとなり、デフォルト値は"request"です。

　"request"を選択した場合、index、update、delete など書き込み操作のリクエストを受け付けるたびにトランザクションログファイルは fsync システムコールにより同期的に書き込まれます。

　"async"を選択した場合は、一定時間が経過したタイミングや一定以上のサイズに達したタイミングでトランザクションログファイルが書き出されます。

　書き込みポリシーの設定は、動的に変更することができます。たとえば、分析データを格納するために、最初に大量のデータをインデックス登録したい場合などに、デフォルトの"request"ではファイル書き込みのオーバーヘッドが大きいと判断した場合には、設定を以下のように、一時的に"async"に設定するといった使い方が考えられます。この例の場合、5 秒置きにしかトランザクションログが書き出されませんので、その間にシステムがダウンしたりすると最大で 5 秒間のデータが失われるリスクがあるということになります。それが受け入れられるのであれば有用な方法と言えるでしょう。

Operation 5-65　flush の設定変更の例

```
PUT <index_name>/_settings
{
  "index.translog.durability": "async",
  "index.translog.sync_interval": "5s"
}
```

　元の設定に戻す場合には、以下のように"request"に設定します。"index.translog.sync_interval"パラメータは"request"の場合には利用されませんので、ここでは設定を記載する必要はありません。

Operation 5-66　flush の設定変更を戻す例

```
PUT <index_name>/_settings
{
  "index.translog.durability": "request"
}
```

■ flush 操作の仕組み

　ここであらためて、トランザクションログはそもそもなぜ必要かについて再度おさらいしましょう。まず、ドキュメント登録時にはメモリバッファに格納され、それが Lucene セグメントに格納され、refresh 機能によって検索可能になります。ただし、Lucene セグメントの内容はまだ物理的なディスク書き出し（fsync）が行われていません。この状態でサーバ障害が発生してしまうと、Lucene セグメントに格納されたドキュメント情報が失われてしまいます。このため、別途トランザクションログの仕組みを導入して、それによりディスク書き込みを担保している、という背景がありました。

　最終的には Lucene セグメントのデータも、物理的にディスクに書き出される必要がありますが、これを行うのが flush 操作です。flush が呼び出されると、Figure 5-7 のように、先にすべてのメモリバッファの内容が Lucene セグメントに格納され、次に Lucene セグメントの内容が（fsync システムコールで）すべて物理的にファイルに書き出されます。Lucene セグメントのファイル書き出しが完了すれば、サーバに障害が起きてもドキュメント情報が失われる心配はありません。このため、トランザクションログの内容もこの時点でクリアされます。

Figure 5-7　トランザクションログの flush 動作

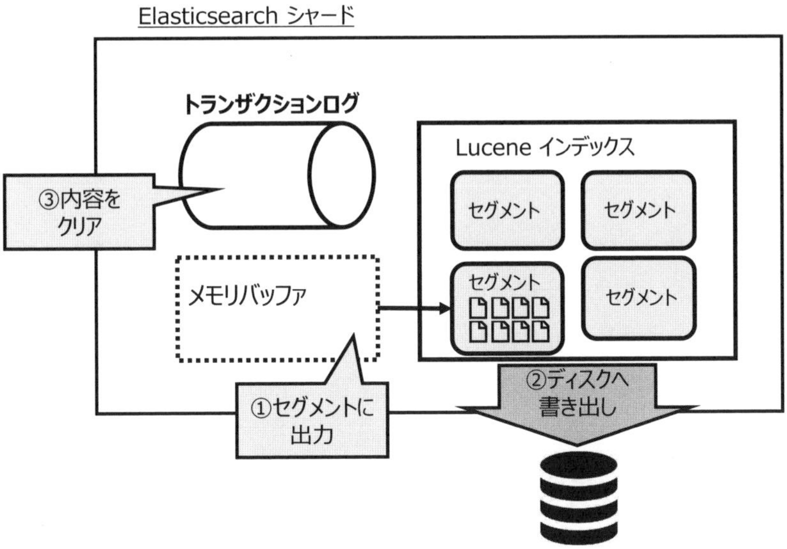

　flush が呼び出されるタイミングは、一定時間置き、もしくは、トランザクションログのサイズが一定以上になった時点となります。これについても呼び出しタイミングに関する設定値があり

ますが、通常はデフォルト値でも問題ないでしょう。

必要に応じて、ユーザが明示的に flush を呼び出すことも可能です。トランザクションログが残っていると、万が一の障害が起きた際の復旧においてリカバリ（ログリプレイとも呼びます）に少しでも時間がかかることになります。このため、明示的に flush を呼び出すことで、復旧時間を早める効果が期待できます。

Operation 5-67　flush の明示的な呼び出しの例

```
POST <index_name>/_flush
```

本節では、Elasticsearch にてドキュメントを検索可能にするための refresh 機能と、Lucene セグメントをディスクに書き出してトランザクションログをクリアするための flush 機能について紹介してきました。いずれも、内部的な仕組みも含めて知っておくと運用に役立つ機能なので、ぜひ覚えておいてください。

5-6　まとめ

本章では、Elasticsearch を運用する際に確認しておくべき点を、いくつかの観点から説明しました。

まず、クラスタの状況を API で確認する方法、確認結果をもとにして設定を変更する際の手順について確認しました。また、クラスタ運用管理としてノードの起動、停止やノードの拡張、縮退についても説明しました。

その他、日常よく使う管理項目として、バックアップ、インデックスエイリアス、再インデックス、shrink や rollover の方法についても見てきました。これらのタスクは curator などのツールと組み合わせると便利なため、導入方法、使い方を紹介しました。

そして、Elasticsearch の内部的な動作である refresh と flush の概要と動作設定方法について、Lucene の仕組みと合わせて解説しました。

本章の内容以外でも現場ではさまざまな運用課題が出てくるかと思いますが、本章で紹介した参考リンクもあわせて確認してみてください。

次の第 6 章では、Elastic Stack について紹介します。Elasticsearch とともに使われる Kibana、Logstash、Beats の概要について、また、オプション機能の主な機能についても説明します。

第6章
Elastic Stack インテグレーション

　本章では、Elastic Stack とオプション機能について各ソフトウェアの機能、導入手順、利用方法について簡単に説明します。Elastic Stack は Elasticsearch、Kibana、Logstash、Beats から構成される、検索・分析のためのソフトウェアスタックです。Elasticsearch に加えて、これらの関連ソフトウェアを組み合わせて利用することで、生成されたログやデータを収集して分析・可視化するまでのライフサイクル全体を、1 つのスタックとして管理することができます。

　さらに、オプション機能を利用することで、セキュリティ、監視、アラートなど商用システムなどで必要とされる、より高度な要件にも対応することが可能になります。

6-1 Elastic Stack

Elasticsearch の大きな特徴の 1 つとして、豊富な関連ソフトウェア群の存在があります。どのように各システムからデータを収集して Elasticsearch へ投入するか、また、そのデータをいかに可視化、分析するかという要求に応えるのが Elastic Stack です。Elastic Stack を活用することでデータの収集、格納、可視化、分析までのライフサイクルを統合化された方法で管理することができます。

本節では Elasticsearch 以外の Elastic Stack の構成要素である Kibana、Logstash、Beats について、それぞれの概要、導入方法、利用方法を紹介します。

6-1-1 Kibana

Kibana は、Elasticsearch に格納されているデータをブラウザを用いて可視化、分析するためのツールです。Elasticsearch と同様に、基本的なコア機能部分については Apache License 2.0 ライセンスを持ちつつ、オプション機能（旧 X-Pack）のコードについては Elastic License で管理されています。

Kibana はシンプルなユーザインターフェースを持ち、Elasticsearch に格納したデータを簡単な操作で把握することができます。さまざまな種類のグラフやチャートがはじめから提供されており、誰でもすぐに可視化が行える点も優れた特徴です。豊富なグラフやチャートを活用して、大量のデータから得られた気付きを多くのユーザに共有、レポーティングすることも容易です。

Kibana では、ユーザが作成したグラフやダッシュボードの構成情報を保存することができますが、それらはすべて接続先の Elasticsearch 上のインデックスに格納します。このため、Kibana 自身はステートレスなコンポーネントであり、Kibana に障害が発生した場合は、別のサーバ上で Kibana を起動することで、可用性を持たせることもできます。

Kibana では、時系列データ（あるいはイベントデータ）と呼ぶ、タイムスタンプと各種データ（ログメッセージ、ユーザ名、IP アドレス、ログ重要度、メトリクスデータなど）から構成されるデータが与えられた際に、特に柔軟で多彩な可視化が可能です。もちろん時系列データ以外のデータも Kibana で扱うことができます。

すでに「2-5 Kibana の導入方法」の手順に沿って Kibana の動作環境は導入済みとして、以下では Kibana の各機能の概要を紹介します。ただし、Kibana の機能は多岐にわたるため、ここでは以下の基本的なコア機能を中心に紹介します。オプション機能を活用した高度な Kibana の利用方法については次節で、また、さまざまなシナリオに対応した Kibana による可視化と分析のユース

ケースについては第 7 章でも紹介します。

　Kibana UI にアクセスすると左側に多数のメニューが表示されていますが、コアとなる基本機能は以下の 5 種類となります。

- Management　⚙ 歯車アイコン
- Discover　⊘ コンパスアイコン
- Visualize　⬆ グラフアイコン
- Dashboard　⊟ ダッシュボードアイコン
- Dev Tools　⚲ スパナアイコン

よくある Kibana の使い方として、Elasticsearch にデータを格納して Kibana で可視化、分析を行う、というユースケースがあります。そのためには、次の順序でメニュー操作を行います。

（1）［Management］＞［Kibana］＞［Index Patterns］：インデックス名を Kibana に登録する
（2）［Discover］：登録したインデックスのデータが検索可能かを確認する
（3）［Visualize］：グラフ、表などによるチャートを構成する
（4）［Dashboard］：Visualize で構成したチャートを組み合わせてダッシュボードを構成する

　構成したダッシュボードは、データ分析チームや経営層といった関係者にシェアしたりすることもできますし、ダッシュボードの自動リフレッシュ機能をオンにして、管理者が逐次収集・格納されるログのリアルタイム分析を行うこともできます。

　また、これまでにも利用してきたように、［Dev Tools］メニューにある Console 機能を使って、適宜必要に応じて直接 Elasticsearch に対して REST API の命令を実行することができます。

■ Kibana の各機能の利用方法

　ここでは Kibana の各メニュー機能の概要を説明します。機能の説明をするに当たり、まずは Management、Discover、Visualize、Dashboard の 4 つの機能を説明して、上で紹介した、典型的なデータ分析、可視化のシナリオに沿った利用手順を紹介します。Dev Tools については、ここで紹介したい可視化、分析のユースケースに必ずしも必要でないことと、Console 機能についてすでに第 2 章で説明しているため、ここでは割愛します。

○ **Management**

　［Management］メニューでは、Kibana で扱う各種設定機能が提供されています。特に"Index Patterns"機能は Kibana で可視化、分析を行う際に、最初にアクセスする重要なメニューです。

- Index Patterns

　Kibana で扱うインデックス名のパターンを指定する機能です。「my_index」のような単一のインデックス名を指定するか、もしくは、「accesslogs-*」のようにアスタリスクを付けて複数のインデックスを束ねて指定することができます。

　インデックス名を指定したら、そのインデックスの中でタイムスタンプを表すフィールドを 1 つ指定できます。ここで指定したフィールドは、後で Kibana によってさまざまな時系列データの可視化をする際に、時刻を表すデータとして扱われます。もしタイムスタンプを表すフィールドがない、もしくは、時系列データの可視化を行わない場合は、指定をスキップしても問題ありません。

- Saved Objects

　Kibana でユーザが構成したオブジェクト（可視化コンポーネント、検索履歴、ダッシュボード）の情報を保存して管理する機能です。これらはエクスポートして別の Kibana にインポートして使うこともできます。

- Spaces

　Spaces は Kibana 6.5 から登場した新機能です。Dashboard や Visualize などの各オブジェクトを分類して整理するとともに、セキュリティ機能を使用してアクセス権の設定と制御を行うこともできます。ロールの異なる複数のチームで Kibana を共同利用する際に便利な機能です。

- Reporting

　Reporting は Gold あるいは Platinum 以上の有償サブスクリプションライセンスで利用できる機能です。Dashboard 画面を関係者に配布したいといったユースケースで画面を PDF にエクスポートすることができます。

- Advanced Settings

　Kibana の細かい動作を設定できる画面です。

○ **Discover**

[Discover] メニューでは、Index Patterns 機能で指定したインデックスのデータを実際に表示して確認することができます。このメニューでは以下 2 つの検索機能が提供されており、格納されたデータの簡易的なチェックに利用すると便利です。

● Search

画面上部の検索テキスト欄にクエリを入力してデータを検索できます。

クエリは Kibana Query Language（KQL）、もしくは、Lucene のクエリ表記を指定します。KQL はバージョン 6.3 から登場し、7.0 以降ではデフォルトのクエリフォーマットになっています。KQL は従来の Lucene クエリ表記に近く、より使いやすく改善された Kibana に特化したクエリ言語です。もし KQL ではなく、従来使われていた Lucene クエリを使いたい場合には、クエリ検索欄の右端にある［KQL］をクリックし、KQL クエリを OFF にしてください。

Code 6-1 に、KQL クエリの記述例を示します。

Code 6-1　search テキストエリアに入力できる KQL クエリの例

```
author: "John Smith"                    ### フィールド名とフィールド値のクエリ
status_code: 404 and message: "Not found" ### AND 条件
status_code: 200 or status_code: 209     ### OR 条件
price > 1000 and price <= 3000           ### 数値フィールドの範囲検索
book: Elasic*                            ### ワイルドカード検索
book: *                                  ### 対象フィールドの存在チェック
```

● Filter

第 2 章で紹介した Filter クエリと同様のフィルタリングが行えます。画面からフィルタするフィールド名とフィルタ条件を指定することで設定できます。フィルタは複数構成することや、ON/OFF を切り替えることも可能です。

なお、時系列データを扱う際に注意すべき点として、時間帯の指定があります。画面右上の時計のアイコンがある設定エリア（Time Picker と呼びます）で表示する時間帯が設定できますが、デフォルトでは"Last 15 minites"（直近 15 分間）が選択されています。この場合、もしも格納したデータのタイムスタンプが直近 15 分よりも古いデータですと、データが 1 件もヒットせず、画面に「No Results match your search criteria」と表示されています。このため、格納されたデータのタイムスタンプに合わせた適切な時間帯を、"Time Picker"で指定してください（Figure 6-1）。

269

Figure 6-1　Time Picker のデフォルト設定に注意

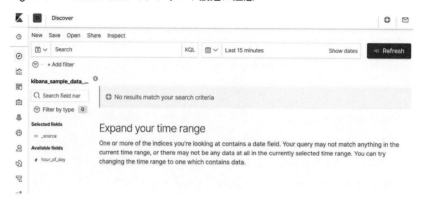

○ Visualize

Visualize は、登録されたインデックスデータをさまざまな表現で可視化する機能です。表、グラフ、パイチャート、ヒートマップ、地図とのオーバーレイなど、豊富な可視化機能が提供されています（**Figure 6-2**）。以下では、この中から 1 つを選び、"Vertical Bar"の利用方法について説明したいと思います。

Figure 6-2　Visualize 機能で提供されている可視化機能の一覧

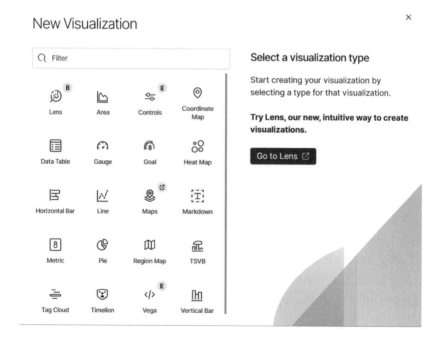

　ここから先、実際に Visualize の機能を試すためには、データが Elasticsearch に格納されている必要があります。もしお手元に格納できるデータがない場合は、Kibana に付属の 3 種類のサンプルデータをロードして利用できますので、以下の手順でサンプルデータを読み込んでください。

　まず、Kibana の画面の一番左上にある「**K**」の文字をかたどった Kibana アイコンをクリックすると各種機能を使い始めるためのホーム画面が表示されます（**Figure 6-3**）。

Figure 6-3　各種機能を使い始めるためのホーム画面

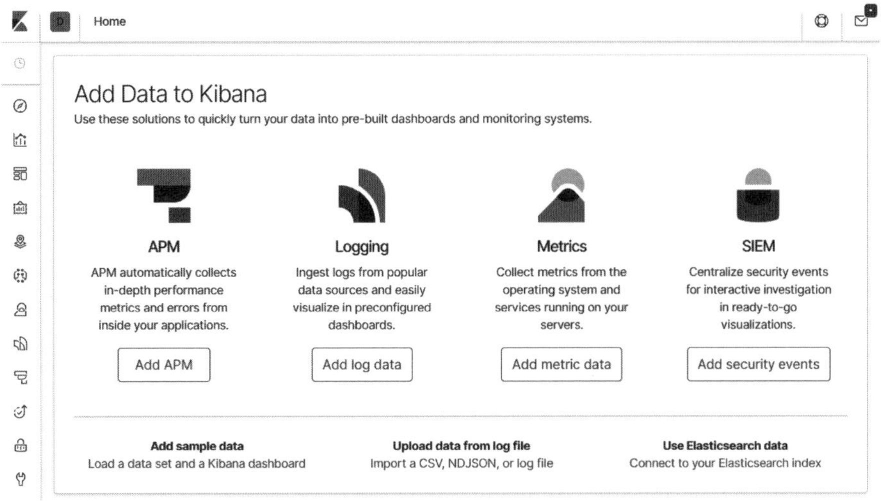

　この画面の左下にある「**Add sample data** / Load a data set and a Kibana dashboard」というリンクをクリックすると **Figure 6-4** のようなサンプルデータ登録画面が表示されます。

Figure 6-4　SampleData 登録画面

　ここでは一例として、右側にある「Sample web logs」のデータを格納するため、Sample web logs と書かれたパネルの右下にある「Add data」ボタンを押してください。サンプルデータが Elasticsearch にインデックス登録されるまで少し待つと、パネル上部に「INSTALLED」というラベルが表示されます。これで準備は完了です。以降では、Sample web logs のサンプルデータが、Elasticsearch のインデックスとしてロードされている前提で説明を行います。

　通常は、格納したインデックスを Kibana で可視化するためには、最初に［Management］メニューの［Kibana/Index Patterns］機能を使ったインデックスパターンの登録が必要です。しかし、ここで紹介しているサンプルデータを使う場合には、データ登録と同時にインデックスパターンも自動で登録してくれるため、インデックスパターンの登録作業は省略できます。そのため、ここでは［Discover］メニューでサンプルのインデックスデータが表示されることだけを確認しておきます（Figure 6-5）。

Figure 6-5　Discover 機能で格納したデータを表示させる

　このデータを利用する際の注意点として、今回利用する「Sample web logs」のサンプルデータでは、サンプル登録の実行時点にあわせて timestamp フィールドの値が自動で構成されるという特徴を持っています[1]。登録を実行した時点を中心におおよそ 10 日前から 30 日後まで、約 40 日間分の timestamp 値を持ったデータがインデックス登録されます。これにより、いつ登録を行ったとしても現在時刻前後に必ずデータがあることになり、すぐデータを可視化することができます。

　ただし、デフォルトの Time Picker 設定では直近 15 分のデータを表示するため、表示するタイ

---

*　1　これは他の 2 種類のサンプルデータも同様です。非常に便利ではありますが、timestamp フィールドが自動構成されることを知らないと戸惑うかもしれませんので注意してください。

ミングによってはデータが見つからないこともあり得ます。このようなときには、Time Picker の時間帯設定を"Last 30 days"などに変更して、より広範囲のデータが含まれるように表示させてみてください。Figure 6-5 のように一定数の格納データが表示されていれば OK です。右上のグラフの範囲をさらに絞り込む場合は、グラフ内のデータがある範囲をマウスで横方向にドラッグ操作して範囲を限定してみてください。そうすると、ドラッグ操作した範囲の時間帯で絞り込みが行われて、グラフが拡大再描画される様子がわかると思います。

■ Visualize チャートの実例

それでは上記手順に従ってサンプルデータの準備ができている前提で、Visualize のチャートの例として"Vertical Bar"の機能を説明します。［Visualize］のメニューを選択し、右上にある［Create visualization］を押し、New Visualization のリストの右下にある"Vertical Bar"を選択します。すると、事前に［Index Patterns］で設定したインデックス名のパターンが表示されるので、インデックス名を表す"kibana_sample_data_logs"を選択します。これにより画面が遷移して、グラフを構成する画面が表示されます。この画面上では"Metrics"と"Buckets"を設定することができ、この設定をもとにしてグラフを描画していきます。

"Metics"と"Buckets"は、すでに第 4 章で説明した Aggregation 機能の用語です。Kibana では、グラフを構成する際には"Metrics"と"Buckets"を用いた Aggregation 機能を利用します。

◇ Metrics

　　Metrics は分類された各グループに対して、最小、最大、平均などの統計値を計算します。
◇ Buckets

　　Buckets はドキュメントをそのフィールド値に基づいてグループ化するための分類方法を表します。キーワードやタイムスタンプなどフィールド値に基づいたグループ分類の方法を指定できます。

ここでは、基本的な使い方として、格納したアクセスログのレコードを使って、時間帯ごとに区切ったアクセス数の棒グラフを構成する手順を説明します。

グラフの Y 軸は Metrics すなわち統計値の種類を選択します。平均、最大、最小、合計なども選択できますが、ここではドキュメント数を表す count を選択します（デフォルトで選択済み）。グラフの X 軸は Buckets すなわち分類方法の選択となります。第 4 章でも紹介したさまざまな Buckets タイプを指定できますが、今回は X 軸で時間軸を表現することとします。Buckets エリアにある［Add］をクリックしてメニューから「X-axis」を選択してください。すると Aggregation タイプ

を選ぶ画面が表示されますので、プルダウンメニューから「Date Histogram」を選択します。最後に上部にある「再生」ボタン（青い右向き三角アイコン▶）をクリックするとグラフが描画されます。グラフを構成する Y 軸と X 軸の設定について、第 4 章でも紹介した Aggregation 機能の観点で図に整理しますので、参考にしてください（Figure 6-6）。

Figure 6-6　Metrics と Buckets を用いたグラフの構成

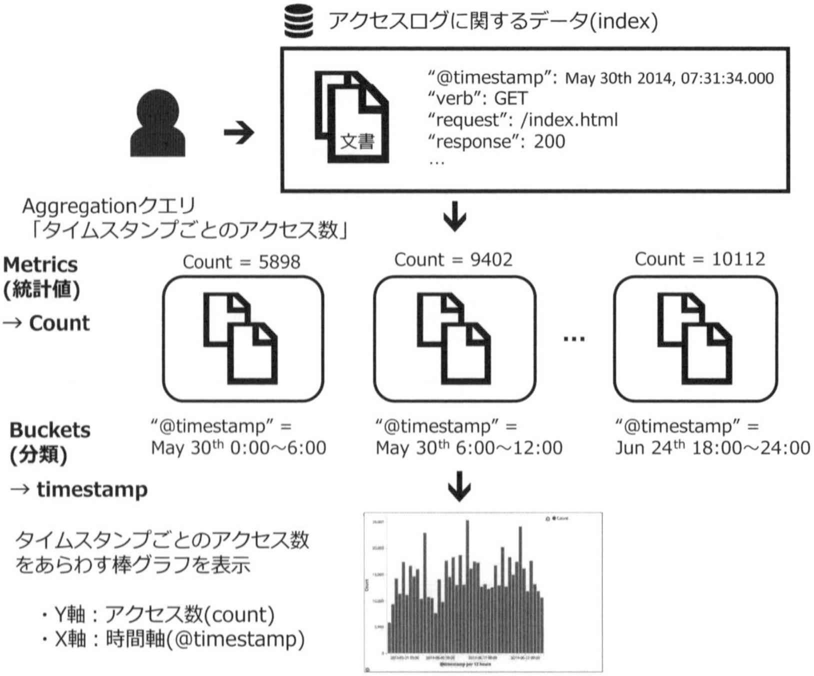

Visualize のグラフは Aggregation の機能を利用しているため、応用として、第 4 章でも紹介したような複数の Buckets をネストで構成することなども可能です。X 軸の Buckets の下に"Sub Buckets"を追加するボタンがあるので、これを使ってさらに response code 別に分類したグラフを構成してみましょう。

　そのためには、Buckets の一番下にある「+Add」をクリックして［Add Sub-Bucket］メニューから「Split Series」を選択します。次に Sub Buckets の分類方法を聞かれるので［Sub Aggregation］プルダウンメニューから一番下の「Terms」を選択し、その下の Field 欄では"response.keyword"を指定します。最後に再び「再生」ボタンをクリックすると、Figure 6-7 のように元のグラフからさらに response フィールドの値によって"200"、"503"、"404"と色分けされたグラフが表示されるようになります。

Figure 6-7　response code の Sub Buckets を用いたグラフの構成

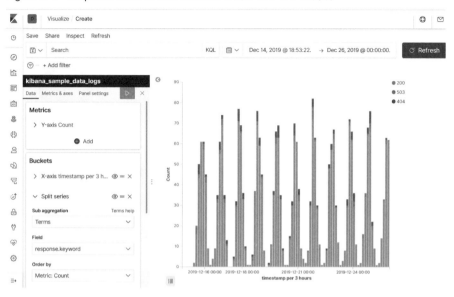

　ここでは一例として、"Vertical Bars"チャートの構成方法を紹介しました。この他のチャートでも Aggregation の機能を理解していれば簡単に構成ができるでしょう。第 7 章でもいくつかのチャートの可視化方法を紹介しますので参考にしてください。

○ Dashboard

　Dashboard は、Visualize で作成したチャートを配置してダッシュボードを構成する機能です。あらかじめ、Visualize 機能でチャートオブジェクトを作成しておき、そのオブジェクトを貼り付けてダッシュボードを作成します。作成したダッシュボードは、画面上部の［Share］メニューをクリックすることで共有可能な URL が取得できます。データ分析を行う関係者でこの URL を共有することで、データ分析に基づいた適切なアクションが検討できるようになるでしょう。

　もし前述の「Sample web logs」サンプルデータを登録している場合には、Dashboard のサンプルオブジェクトもすでに登録されています。参考までにこれをメニューから確認してみましょう。［Dashboard］メニューを開くと"[Logs] Web Traffic"というリンクがありますので、これをクリックすると複数の Visualize オブジェクトを組み合わせた Dashboard が表示されます（Figure 6-8）。この Dashboard を見てもわかるように、複数の Visualization オブジェクトが組み合わせて構成されています。この例を参考に、さまざまな効果的な Visualize の使い方や Dashboard の構成方法を試してみてください。

Figure 6-8　Dashboard のサンプル（Sample web logs）

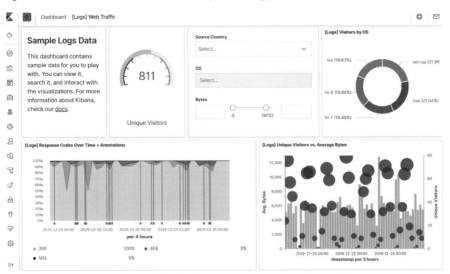

6-1-2　Logstash

　Logstash は、さまざまなデータソースからのログやデータを、収集・加工・転送するためのツールです。Logstash は Java VM 上で動作し、また、Elasticsearch、Kibana と同様にコアコンポーネントは Apache License 2.0 のライセンス形態をとっています。Input、Filter、Output の 3 つのコンポーネントから構成されており、それぞれ順次処理を行ってデータ処理・転送を行います。Input、Filter、Output それぞれについて 200 を超えるプラグインが提供されており、幅広いシステムと連携できる点が特徴です（Figure 6-9）。

Figure 6-9　Logstash のアーキテクチャ概要図

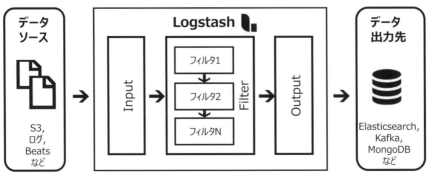

Input コンポーネントは、データソースからのデータ着信を監視して、受信したデータをもとにイベントデータを生成します。Filter コンポーネントは、イベントデータの変更、整形を行います。Output コンポーネントは、イベントデータを適切なフォーマットで外部システムへ受け渡す役割を持ちます。これに加えて、Input、Output では Codec と呼ばれるプラグインを付加的に利用することによりデータフォーマットの変換処理を行うこともできます。

現在提供されている各プラグインの情報は以下の URL から確認することが可能です。

- Input プラグイン

  https://www.elastic.co/guide/en/logstash/7.6/input-plugins.html

- Filter プラグイン

  https://www.elastic.co/guide/en/logstash/7.6/filter-plugins.html

- Output プラグイン

  https://www.elastic.co/guide/en/logstash/7.6/output-plugins.html

- Codec プラグイン

  https://www.elastic.co/guide/en/logstash/7.6/codec-plugins.html

Logstash では Input、Filter、Output という一連の処理パイプラインのデータ受け渡しをする際に内部キューを使いますが、デフォルトではこのキューはメモリ上に構成されます。もしもパイプライン処理の途中で Logstash が停止してしまうと、処理中のログデータは失われる可能性があります。このため Logstash 5.x から、キューをディスク上に永続化する Persistent Queue（永続キュー）機能が利用できるようになりました。Persistent Queue 機能を有効化すると、パイプライン処理中のデータはファイルに保存されて、不測の障害から処理中のデータを保護できるようになります。Persistent Queue の設定方法については後述します。

■ Logstash のインストール方法

Logstash をインストールする方法を以下に 2 つ紹介します。

（1）OS ごとのパッケージリポジトリからインストールする手順
（2）tar.gz ファイル（zip ファイル）を用いたインストール手順

■ OS ごとのパッケージリポジトリからインストールする手順

OS のパッケージリポジトリから専用のコマンドを使ってインストールを行います。

○ CentOS 7 への Logstash のインストール

Elasticsearch、Kibana とまったく同様の方法でインストールします。yum 用リポジトリおよび PGP 鍵ファイルは Elasticsearch と共通です。Operation 6-1 は、第 2 章の手順でリポジトリと PGP 鍵の設定が完了している前提での手順です。なお、Logstash のインストールパッケージには JDK が同梱されていないため、以下手順では OpenJDK 11 も合わせてインストールしています。

Operation 6-1　yum を使ったインストール手順（CentOS 7）

```
$ sudo yum install java-11-openjdk-devel logstash-7.6.2
$ sudo yum list installed | grep logstash
logstash.noarch                    1:7.6.2-1                    @elasticsea
rch-7.x
```

インストール後に Logstash の起動確認を行います。また、必要に応じて Logstash の自動起動の設定も行います（Operation 6-2）。ただし、Logstash を常時起動する際は、常に Logstash が入力イベントを待ち受けて処理を行う状態となります。その必要がなければ自動起動の設定を行う必要はありません。

Operation 6-2　systemctl を使った Logstash の起動と自動起動設定（CentOS 7）

```
$ sudo systemctl daemon-reload
$ sudo systemctl enable logstash.service ### 自動起動設定は必要に応じて行ってください
$ sudo systemctl start logstash.service
$ sudo systemctl status logstash.service
● logstash.service - logstash
   Loaded: loaded (/etc/systemd/system/logstash.service; enabled; vendor preset:
disabled)
   Active: active (running) since Tue 2020-05-05 20:27:54 JST; 3s ago
 Main PID: 19510 (java)
   CGroup: /system.slice/logstash.service
           mq19510 /bin/java -Xms1g -Xmx1g -XX:+UseConcMarkSweepGC -XX:CMSIni...

May 05 20:27:54 es01 systemd[1]: Started logstash.
...
```

systemctl status コマンドを実行することで、正常起動しているかどうかを確認できます。正常起動が確認できるまでには少し時間がかかることがあるので、時間を空けてから確認してください。

○ Ubuntu 18.04 への Logstash のインストール

Ubuntu でも同様に Elasticsearch がインストール済みであれば、単に apt コマンドを実行するのみでインストールが可能です。Operation 6-3 は、第 2 章の手順でリポジトリと PGP 鍵の設定が完了している前提での手順です。また、Ubuntu においても、Elasticsearch とは異なり、Logstash のインストールパッケージには OpenJDK が同梱されていないため、以下手順では OpenJDK 11 も合わせてインストールしています。

Operation 6-3　apt コマンドを使ったインストール手順（Ubuntu 18.04）

```
$ sudo apt update && sudo apt install openjdk-11-jdk logstash=7.6.2-1
$ sudo dpkg -l | grep logstash
ii  logstash                    1:7.6.2-1
    all         An extensible logging pipeline
```

インストール後に Logstash の起動確認を行います。また、必要に応じて自動起動の設定も行います（Operation 6-4）。

Operation 6-4　systemctl を使った Logstash の起動と自動起動設定（Ubuntu 18.04）

```
$ sudo systemctl daemon-reload
$ sudo systemctl enable logstash.service ### 自動起動設定は必要に応じて行ってください
$ sudo systemctl start logstash.service
$ sudo systemctl status logstash.service
● logstash.service - logstash
   Loaded: loaded (/etc/systemd/system/logstash.service; enabled; vendor preset:
   Active: active (running) since Tue 2020-05-05 11:42:22 UTC; 5s ago
 Main PID: 8759 (java)
    Tasks: 15 (limit: 9479)
   CGroup: /system.slice/logstash.service
           mq8759 /usr/bin/java -Xms1g -Xmx1g -XX:+UseConcMarkSweepGC -XX:CMSIni

May 05 11:42:22 vm01 systemd[1]: Started logstash.
...
```

■ tar.gz ファイル（zip ファイル）を用いたインストール手順

tar.gz ファイル（zip ファイル）を用いた手順でも Elasticsearch と同様に、ファイルのダウンロードおよび解凍のみでインストールが完了します。Operation 6-5 に、tar.gz ファイルをダウンロード、解凍して、Logstash を起動する手順をまとめて紹介します。ここではバージョン 7.6.2 に対応したファイルをダウンロードしていますが、導入時点の最新バージョンのファイルをダウンロードするようにしてください。なお、こちらの手順についても事前に JDK が導入されている必要があります。上記パッケージリポジトリからのインストール手順を参考に OpenJDK のみ導入しておいてください。

Operation 6-5　tar.gz ファイルを使ったインストール手順

```
$ wget https://artifacts.elastic.co/downloads/logstash/logstash-7.6.2.tar.gz
$ tar xzf logstash-7.6.2.tar.gz
$ cd logstash-7.6.2
$ ./bin/logstash ### 停止する場合は Ctrl-C を押してください
```

■ Logstash の基本設定

Logstash の基本的な設定は logstash.yml という設定ファイルに記載します（デフォルトでは、"/etc/logstash/"ディレクトリ以下にあります）。

Table 6-1 に主な設定項目を示します。前述した Persistent Queue 機能を有効化する際には、この設定ファイルを修正してください。

Table 6-1　Logstash の主な設定項目（logstash.yml）

パラメータ名	デフォルト値	設定内容
node.name	ホスト名	Logstash インスタンスの名前
path.data	/var/lib/logstash	Logstash がデータを保管する場所
path.logs	/var/log/logstash	ログファイルの出力先
log.level	info	ログレベル
queue.type	memory	内部キューをメモリとするかファイルとするかを設定。デフォルトはメモリ。Persistent Queue を利用する場合は"persisted"に変更
pipeline.workers	マシンのコア数	Filter/Output ステージで並列処理する数
pipeline.batch.size	125	Input が Filter/Output に送る前にイベントを一度に受け付ける数

■ Logstash の利用方法

Logstash を利用する際には、logstash.yml ファイルとは別に、処理パイプラインを定義した設定ファイルを準備して、これを実行時に指定します。これは Logstash がどのように入力、フィルタ、出力を処理するかを定義するための設定ファイルです。

ファイルには input 句、filter 句、output 句をそれぞれ定義します。Code 6-2 に簡単な定義例を示します。

Code 6-2　Logstash のパイプライン定義ファイル例（example-logstash.conf）

```
input {
  stdin { }
}
filter {
  grok {
    match => { "message" => "%{COMBINEDAPACHELOG}" }
  }
  date {
    match => [ "timestamp" , "dd/MMM/yyyy:HH:mm:ss Z" ]
    locale => "en"
  }
}
output {
  elasticsearch {
    hosts => ["localhost:9200"]
    index => "logtest-%{+YYYY.MM.dd}"
  }
  stdout {
    codec => rubydebug
  }
}
```

本書では各コンポーネントの定義方法の詳細な説明は割愛しますが、この例で定義している内容を簡単に説明します。詳しい説明は前述の各プラグインの説明を記した URL を参照してください。

- ◇ input：データソースを定義する
  - ▷ stdin：標準入力をデータソースとする
- ◇ filter：フィルタ（イベントデータの処理方法）を定義する
  - ▷ grok：非構造的なイベントデータを正規表現によりパースして構造データ化するためのフィ

ルタ

- + match：指定したフィールドに対してパースを行います（上記例では"message"フィールド）
- ▷ date：指定されたフィールド文字列をパースして date 型フィールドに変換するためのフィルタ
  - + match：指定したフィールドをパースして date 型に変換します
  - + locale：日付文字列の locale を指定します（上記例では 20/Mar/2018 のように英語圏フォーマットのため"en"を指定）
- ◇ output：データ出力先を定義する
  - ▷ elasticsearch：データを Elasticsearch にインデックスとして格納する
    - + hosts：Elasticsearch のホスト名、ポート番号を指定します
    - + index：格納する際のインデックス名を指定します（上記例のように今日の日付を変数として付加できます）
  - ▷ stdout：標準出力にイベントデータを出力する
    - + codec：入力/出力データを変換する（ここでは ruby の Awesome Print フォーマットに変換して見やすくしています）

　ここでは、Apache のアクセスログフォーマットのデータを標準入力から取り込み、ログに含まれる各項目をパースして構造化された JSON フォーマットに整形した上で、localhost で起動する Elasticsearch へデータ格納する（および標準出力に構造データをデバッグ出力する）ためのパイプラインを定義しています。

　このファイルを任意のファイル名（ここでは example-logstash.conf というファイル名を付けます）で作成して、Logstash の起動時に"-f"オプションの引数としてファイル名を渡します。

 Note　logstash コマンドの実行ディレクトリ

　bin/logstash コマンドは Logstash がインストールされたディレクトリ（例：yum または apt-get でインストールした場合であれば/usr/share/logstash/）から実行します。

Operation 6-6　Logstash の起動コマンド例（単体起動の場合）

```
$ cat sample.log   ### 任意の Apache アクセスログエントリ（以下は1行です）
123.45.67.89 - - [20/Mar/2018:10:25:50 +0900] "GET /index.html HTTP/1.1" 200 529
 "-" "Mozilla/5.0 (compatible)"
$ cat sample.log | bin/logstash -f example-logstash.conf
...
[INFO ] 2020-05-05 20:50:53.639 [LogStash::Runner] runner - Starting Logstash {
"logstash.version"=>"7.6.2"}
...
{
         "ident" => "-",
    "httpversion" => "1.1",
       "response" => "200",
        "request" => "/index.html",
          "agent" => "\"Mozilla/5.0 (compatible)\"",
        "referrer" => "\"-\"",
        "clientip" => "123.45.67.89",
         "message" => "123.45.67.89 - - [20/Mar/2018:10:25:50 +0900] \"GET /inde
x.html HTTP/1.1\" 200 529 \"-\" \"Mozilla/5.0 (compatible)\"",
       "timestamp" => "20/Mar/2018:10:25:50 +0900",
           "host" => "vm02",
           "auth" => "-",
       "@version" => "1",
      "@timestamp" => 2018-03-20T01:25:50.000Z,
          "bytes" => "529",
           "verb" => "GET"
}
...
[INFO ] 2020-05-05 20:51:05.281 [LogStash::Runner] runner - Logstash shut down.
```

　このように標準入力を取り込んで Logstash を単体起動した場合は、標準入力の終端を検知して Logstash プロセスも終了します。

　一方、サービスとして Logstash を起動する場合には、常駐プロセスとして動作して、input で定義されたデータソースからのデータ入力を待ち続けます。サービス起動する際にはパイプラインを定義した設定ファイルを"/etc/logstash/conf.d/"以下に配置しておき、systemctl コマンドによりサービス起動してください。

Column　　Multiple Pipeline の使い方

　Logstash 6.0 から Multiple Pipeline という機能が利用できるようになりました。これは2つ以上のパイプラインをシンプルに定義することができる機能です。

　これまでは、たとえば以下のように2つのパイプラインを定義したい場合であっても1つの設定ファイルにまとめて記載する必要がありました。

- パイプライン1：ファイルを読み込み、アクセスログの構造化処理を行い、Elasticsearch へ格納する
- パイプライン2：Beats のデータを読み込み、突合処理を行い、MongoDB へ格納する

　従来の Logstash の設定ファイル内では、この2つのパイプラインの識別を行うために if/else 文を使うといった工夫が必要でした。

　Multiple Pipeline が導入されたことにより、それぞれのパイプラインを別々の定義ファイルに記載できるようになりました。/etc/logstash/"以下の pipeline.yml ファイルに **Code 6-3** のように各パイプラインの名前とプロパティを設定し、"path.config"で指定したファイルにそれぞれのパイプライン定義の設定ファイルを記載します。

Code 6-3　Logstash の Multiple Pipeline 定義ファイル例（pipeline.yml）

```
- pipeline.id: apache
  pipeline.workers: 8
  pipeline.batch.size: 125
  queue.type: persisted
  path.config: "/etc/logstash/conf.d/apache.conf"
- pipeline.id: mongodb
  pipeline.workers: 2
  pipeline.batch.size: 2
  queue.type: memory
  path.config: "/etc/logstash/conf.d/mongodb.conf"
```

　Multiple Pipeline を使うと、各パイプラインに対して個別にキュータイプやワーカ数、バッチサイズといった設定を行える点も便利です。より詳細な内容に興味があれば、以下に示すブログの説明も参考にしてみてください。

- Introducing Multiple Pipelines in Logstash

```
https://www.elastic.co/blog/logstash-multiple-pipelines
```

6-1-3 Beats

Beats はログやメトリクスデータを収集、転送するための軽量データシッパーです。Logstash がプラグインアーキテクチャにより、さまざまな入出力に対応していたのとは対照的に、Beats はデータソースごとに専用のエージェントをインストールして動作させます。また、Logstash は Java VM 上で動作しますが、Beats は Go 言語で実装されておりフットプリントが小さく収まっています。

Beats はデータ発生元となるサーバに、直接エージェントをインストールして動作させます。現時点では以下の種類のエージェントがあり、集めたいデータに合わせてインストールして使うことができます。

- Filebeat：ログファイルの収集
- Metricbeat：サーバメトリクスの収集
- Packetbeat：ネットワークデータ（パケットデータ）の収集
- Winlogbeat：Windows イベントログの収集
- Heartbeat：稼働状況の収集
- Auditbeat：監査データの収集
- Functionbeat：クラウドサービスのメトリック・ログの収集

Beats は、インストールしたサーバにできるだけ負荷を与えないように、収集したデータを Elasticsearch または Logstash に転送することだけを行います。もし、よりパース処理や変換処理など高度なデータ処理がしたい場合や、Beats がサポートしていない入出力データを扱いたい場合には、代わりに Logstash を使うようにします。

■ Beats のインストール方法（metricbeat）

ここではいくつかある Beats の一例として、サーバメトリクスの収集を行う metricbeat をインストールします。他の Beats もパッケージ名が異なる以外は同様の方法でインストール可能です。

なお、metricbeat は tar.gz や zip 形式のダウンロードが提供されていないため、以下では yum および apt でのインストール方法を紹介します。

○ CentOS 7 への metricbeat のインストール

Elasticsearch、Kibana、Logstash と同様に yum コマンドでインストールします。Operation 6-7 は、第 2 章の手順でリポジトリと PGP 鍵の設定が完了している前提での手順です。

Operation 6-7　yum を使ったインストール手順（CentOS 7）

```
$ sudo yum install metricbeat-7.6.2
$ sudo yum list installed | grep metricbeat
metricbeat.x86_64                    7.6.2-1                      @elasticsea

rch-7.x
```

インストール後に systemctl コマンドで起動します。さらに、必要に応じて自動起動の設定も行います（Operation 6-8）。

Operation 6-8　systemctl を使った metricbeat の起動と自動起動設定（CentOS 7）

```
$ sudo systemctl daemon-reload
$ sudo systemctl enable metricbeat.service ### 自動起動設定は必要に応じて行ってください
$ sudo systemctl start metricbeat.service
$ sudo systemctl status metricbeat.service
● metricbeat.service - Metricbeat is a lightweight shipper for metrics.
   Loaded: loaded (/usr/lib/systemd/system/metricbeat.service; enabled; vendor
 preset: disabled)
   Active: active (running) since Tue 2020-05-05 20:53:54 JST; 22s ago
     Docs: https://www.elastic.co/products/beats/metricbeat
 Main PID: 21102 (metricbeat)
   CGroup: /system.slice/metricbeat.service
           mq21102 /usr/share/metricbeat/bin/metricbeat -e -c /etc/metricbeat...

May 05 20:53:58 es01 metricbeat[21102]: 2020-05-05T20:53:58.761+0900          ....
...
```

○ Ubuntu 18.04 への metricbeat のインストール

Ubuntu でも同様に、Elasticsearch がインストール済みであれば、単に apt コマンドを実行するのみでインストールが可能です。Operation 6-9 は、第 2 章の手順でリポジトリと PGP 鍵の設定が完了している前提での手順です。

Operation 6-9　apt コマンドを使ったインストール手順（Ubuntu 18.04）

```
$ sudo apt update && sudo apt install metricbeat=7.6.2
$ sudo dpkg -l | grep metricbeat
```

```
ii  metricbeat                          7.6.2
amd64          Metricbeat is a lightweight shipper for metrics.
```

インストール後に metricbeat の起動確認を行います。また、必要に応じて自動起動の設定も行います（Operation 6-10）。

Operation 6-10　systemctl を使った metricbeat の起動と自動起動設定（Ubuntu 18.04）

```
$ sudo systemctl daemon-reload
$ sudo systemctl enable metricbeat.service ### 自動起動設定は必要に応じて行ってください
$ sudo systemctl start metricbeat.service
$ sudo systemctl status metricbeat.service
● metricbeat.service - Metricbeat is a lightweight shipper for metrics.
   Loaded: loaded (/lib/systemd/system/metricbeat.service; enabled; vendor prese
   Active: active (running) since Tue 2020-05-05 11:56:57 UTC; 5s ago
     Docs: https://www.elastic.co/products/beats/metricbeat
 Main PID: 3419 (metricbeat)
    Tasks: 10 (limit: 9479)
   CGroup: /system.slice/metricbeat.service
           mq3419 /usr/share/metricbeat/bin/metricbeat -e -c /etc/metricbeat/met

May 05 11:56:58 vm01 metricbeat[3419]: 2020-05-05T11:56:58.971Z         INFO
...
```

■ Beats の基本設定（metricbeat）

Beats の基本的な設定は、Beats ごとに異なります。ここでは例として metricbeat の設定方法を紹介します。metricbeat の基本設定は metricbeat.yml という設定ファイルに記載します（Code 6-4）（デフォルトでは"/etc/metricbeat/"ディレクトリ以下にあります）。

ここでは主に、メトリクスデータの出力先の設定について説明します。metricbeat で計測したデータの出力先の設定は、デフォルトではローカルホストの Elasticsearch（hosts パラメータの値が"localhost:9200"となっている）に出力するように設定されています。

Code 6-4　metricbeat のデータ出力先の設定（metricbeat.yml）

```
...
#---------------------- Elasticsearch output ---------------------------
output.elasticsearch:
  # Array of hosts to connect to.
  hosts: ["localhost:9200"]

  # Optional protocol and basic auth credentials.
  #protocol: "https"
  #username: "elastic"
  #password: "changeme"

#-------------------------- Logstash output --------------------------------
#output.logstash:
  # The Logstash hosts
  #hosts: ["localhost:5044"]
...
```

　もし、外部の Elasticsearch へデータを送信したい場合は、"output.elasticsearch.hosts"の設定を localhost 以外のホスト名あるいは IP アドレスに変更してください。また、出力先を Elasticsearch から Logstash に変更したい場合は、"output.elasticsearch:"の行、および、その 2 行下の"hosts: ["localhost:9200"]"の行をコメントアウトして、代わりに"#output.logstash:"の行、および、その 2 行下の"#hosts: ["localhost"5044"]"の行をアンコメントアウトしてください（Logstash が外部にある場合は localhost のホスト名も変更します）。

■ Beats のモジュール設定（metricbeat）

　metricbeat では、モジュールと呼ばれる単位でシステムの計測データ（メトリクス）を収集します。モジュールには、system と呼ばれるサーバ状態を計測するモジュールや、Apache、Nginx、Redis、PostgreSQL、MySQL のようなミドルウェアのメトリクスを収集するモジュール、また、Docker や Kubernetes のようなコンテナプラットフォームのメトリクスを収集するモジュールなど、さまざまなレイヤに対応したモジュールが提供されています[2]。

　metricbeat では利用したいモジュールごとに、収集したいメトリクスを設定ファイルで定義します。設定ファイルは、デフォルトでは"/etc/metricbeat/modules.d/"ディレクトリの下に作成します。

＊ 2　各モジュールの一覧は以下の URL からも確認できます。
　　　https://www.elastic.co/guide/en/beats/metricbeat/7.6/metricbeat-modules.html

例として、デフォルトで計測される system モジュールの設定ファイル system.yml の記載内容を
紹介します（Code 6-5）。

Code 6-5　metricbeat の system モジュールの定義ファイル例（system.yml）

```
...
- module: system
  period: 10s
  metricsets:
    - cpu
    - load
    - memory
    - network
    - process
    - process_summary
    - socket_summary
    #- entropy
    #- core
    #- diskio
    #- socket
  process.include_top_n:
    by_cpu: 5       # include top 5 processes by CPU
    by_memory: 5    # include top 5 processes by memory
...
```

system モジュールの中で、metricsets 句で定義されたメトリクスが収集されることになります。
この定義内容によって cpu、load、memory、network、process、process_summary の各項目が 10 秒
置きに計測されるようになります。これらの設定ファイルを変更した場合は"systemctl restart
metricbeat"コマンドを実行して metricbeat の再起動を行ってください。

■ Beats の Kibana ダッシュボードの連携設定（metricbeat）

metricbeat は、Elasticsearch に格納したメトリクスデータを Kibana ダッシュボードですぐに可視
化できるようにするため、Visualize と Dashboard のオブジェクトを定義した JSON ファイルがあ
らかじめ提供されています。この JSON ファイルは、Operation 6-11 のコマンドで Kibana にイン
ポートすることができます。Kibana と連携を行う際には、事前にこの手順を実行しておいてくだ
さい。

Operation 6-11 metricbeat から格納したメトリクスを Kibana ダッシュボードとして構成するためのコマンド

```
$ metricbeat setup --dashboards
Loading dashboards (Kibana must be running and reachable)
Loaded dashboards
```

このセットアップを行っておくことで、Kibana の ［Dashboard］ メニューから、metricbeat 用のダッシュボードが複数表示され、任意のダッシュボードを選択できるようになります。

■ Beats の利用方法（metricbeat）

metricbeat が起動してしばらく経過すると、システムの CPU やメモリ、プロセスなどのメトリクス情報が Elasticsearch に格納されます。metricbeat が生成するインデックス名は、デフォルトでは"metricbeat-<version>-<YYYY.MM.DD>"となります。もしインデックスが不要となった場合には、DELETE メソッドを使い削除することも可能です。

Kibana UI へアクセスし、［Dashboard］ メニューをクリックすると、先ほど metricbeat setup コマンドでインポートされたダッシュボードが複数表示されていることがわかります（Figure 6-10）。

Figure 6-10 Metricbeat を使った Kibana ダッシュボード構成の例

ここでは、先ほど設定した system モジュールに対応した"[Metricbeat System] Host over

view"という名前のダッシュボードを選択します。すると、metricbeat が Elasticsearch に格納した
メトリクスデータをもとに、ホスト OS の CPU、メモリ、ディスクなどの情報を表す Kibana ダッ
シュボードが表示されます。Time Picker の設定で自動リフレッシュを ON にしておけば、ホスト
OS の情報が逐次アップデートされますので、Kibana の画面からシステム監視を行うことが可能
になります。

　今回は、1 つの例としてサーバやミドルウェアのメトリクスを計測、収集する metricbeat の導
入、設定、利用方法を紹介しました。この他の Beats も同様にして簡単に使い始めることができ
るので、ぜひ興味のある Beats を試してみてください。

6-2　オプション機能の活用

　本節では、オプション機能の概要について説明します。オプション機能とは、Elastic Stack の機
能に加えて、さらにセキュリティ、アラート、モニタリング、レポート、グラフ、機械学習など
の拡張機能全体を表す名称です。従来は、これらがまとめて単一の拡張パッケージとして提供さ
れていたことに由来して「X-Pack」と呼ばれていましたが、バージョン 6.3 以降では Elastic 社か
ら提供されるインストールパッケージに同梱されるようになり、Elastic 社でも X-Pack という呼
び方はされなくなっています。本書でも過去の経緯として説明する場合以外では、オプション機
能と表記するようにしています。

　オプション機能のモジュール自体は Elasticsearch の導入時にあわせてインストールされますが、
各機能を利用するかどうかについては、機能ごとに有効化、無効化を設定することで選択ができ
ます。なお、Elasticsearch の基本的なコア機能が Apache License 2.0 ライセンスを持つ一方で、オ
プション機能は Elastic ライセンスで管理されており、利用に当たっては Elastic 社の EULA（使用
許諾契約）に従った年間サブスクリプション契約が必要となります[3]。

6-2-1　オプション機能の概要

　ここでは、オプション機能の各機能の概要を簡単に紹介します。なお、Basic サブスクリプショ
ンのみでも利用可能な Security、Monitoring、インデックス管理の 3 つの機能については利用頻度

＊3　オプション機能の一部は Basic ライセンスとして無償利用が可能です。それ以外の有償機能を利用する際に
　　は Gold、Platinum、または Enterprise ライセンスのサブスクリプション契約を締結する必要があります。詳
　　細は以下の URL を参照してください。
　　https://www.elastic.co/jp/subscriptions

も高いと思われるため、6-2-4 以降でさらに具体的な利用方法を後述します。

■ Security

　Security は、以前「Shield」と呼ばれていたプラグインです。Elasticsearch へのアクセスに認証と認可の仕組みを導入することができます。さらに、通信チャネルを TLS/SSL によりセキュアにする機能、SSL ハンドシェイクにより許可されたノードのみがクラスタに参加できる機能、IP フィルタリングによるアクセス設定機能、操作ログをトラッキングするための監査証跡機能なども含まれます。

　認証と認可の要件は、エンタープライズでの利用において重視されることがよくあります。Security 機能では、外部の LDAP/AD と連携することもできますし、ユーザにロールを割り当てて、ロールごとにクラスタ操作権限を細かく設定したり、インデックス操作に関しても、操作可能なインデックス、取得可能なフィールド名、クエリ時に適切な絞り込みを設定する、といったきめ細かい制御が可能となります。

　このうち、主要な機能でもある通信暗号化、ユーザ認証、ロールベースアクセス制御は、バージョン 6.8 および 7.1 以降で Basic サブスクリプションとして無償利用できるようになりました[4]。

■ Monitoring

　Monitoring は、以前「Marvel」と呼ばれていたプラグインで、Elastic Stack の状態やパフォーマンスを Kibana UI から監視する機能を提供します。監視対象のクラスタ数が 1 つまでであれば無償の Basic サブスクリプションで利用できます。

　Monitoring 機能を用いると、Elasticsearch のクラスタ、ノード単位の状況監視やインデックス単位の状況・性能監視、Kibana のアクセス状況・性能監視、Logstash のデータ格納状況・性能監視などが行えます。

■インデックス管理

　インデックス管理に関するいくつかの便利な機能が Basic サブスクリプションで利用できます。Kibana の ［Management］ ＞ ［Elasticsearch］ から選択できるメニューとして以下のような機能が利用可能です。

＊ 4　Elastic ブログ - Elasticsearch のセキュリティの主要な機能が無料に
　　　https://www.elastic.co/jp/blog/security-for-elasticsearch-is-now-free

- Index Management

　各インデックスの状態、設定変更、マッピング定義が行えます。インデックスへの操作としては Open/Close、Force Merge、Refresh、Clear index cache、Flush、Freeze、Delete が GUI 上で実行できます。また、インデックステンプレートの定義も可能です。

- Index Lifecycle Policies

　バージョン 6.7 以降で利用可能となったインデックスライフサイクル管理（以下、ILM）機能に関する設定が Kibana UI 上で行えます。ILM 機能の内容については、「6-2-5. インデックスライフサイクル管理（ILM）機能の活用」で詳しく説明します。

- Rollup

　バージョン 6.3 以降で利用可能となったロールアップ機能に関する設定が行えます。ロールアップとは、ログやメトリクスなどの時系列データを長期間保存する際に、古いデータを Aggregation などで集約しておくことで保存すべきインデックスサイズを圧縮する機能です。たとえば直近のログデータは毎分インデックスするが、1 か月経過したログについては毎時集計したデータでも問題ない、というケースで利用すると便利です。

- Snapshot and Restore

　「5-3 スナップショットとリストア」で紹介したスナップショットとリストアの設定を Kibana UI で行えます。メニュー構成も直観的でわかりやすいため、Kibana から管理を行う方が便利という方も多いでしょう。このメニューを利用したスナップショット定義の方法についても「6-2-5. インデックスライフサイクル管理（ILM）機能の活用」の中で解説します。

■ Watcher

Watcher は、Elasticsearch クラスタや、インデックスおよび格納されるドキュメントを監視して、設定された条件を満たした場合に特定のアクションを実行する機能です。

Watcher のユースケースの例として、利用者が格納するドキュメントやログメッセージから特定のパターン、条件を監視して異常検知を行うという使い方が考えられます。Logstash や Beats で定期的にログやシステム情報を Elasticsearch へ格納しながら、格納されたログやシステム状態をクエリや Aggregation の結果を介して監視することが可能です。

もう一つ、外部システムや Elasticsearch クラスタ自身の監視を行うという利用方法も考えられます。定期的に HTTP プロトコルで REST API を投げて状態を監視することができるため、「5-1.

運用監視と設定変更」の節で紹介したさまざまな監視用 API のリクエストを発行しつつ、異常が見つかった際にメールやチャット通知を投げることで運用監視の自動化が実現できるでしょう。

Watcher の構成は、以下の 4 種類の設定により行われます。

- トリガー

    トリガーは、監視プロセスをどのタイミングで実行するかを定義する項目です。毎日何時何分に起動、何分ごとのインターバルで起動、といった設定を行います。

- インプット

    インプットは、データ取得方法を定義する項目です。トリガーで監視プロセスが起動した際に、Elasticsearch にクエリを投げるか、あるいは外部サービスに http リクエストを投げることでデータを取得します。

- コンディション

    インプットで取得したデータを、コンディションで指定した条件により評価します。コンディションで指定した条件を満たした場合に、次で説明するアクションを発動します。

- アクション

    アクションでは、コンディションが"true"と評価された場合に実行する動作を定義します。ログファイルへ書き込む、Elasticsearch にインデックスを格納する、メールを送信する、Slack・HipChat・PagerDuty へ通知を送る、外部 Web サービスへリクエストを投げる、といったアクションを設定することができます。

例として、**Operation 6-12** に、Logstash が格納するインデックスデータを 30 秒置きに監視して、メッセージに"error"という文字が含まれていた場合に、Elasticsearch のログファイルにエラー件数を書き込む、という Watcher の定義例を示します。各設定内容の説明は割愛しますが、ここでは、上記の 4 つの定義が JSON フォーマットで記述されています。

このように定期的に行う運用状況の確認タスクを Watcher で定義することで、オペレータが常に Kibana を見張るといった、手動による運用の負荷を大幅に軽減することができます。

Operation 6-12　Watcher の構成の例

```
$ curl -XPUT 'http://localhost:9200/_watcher/watch/log_error_watch' \
-H 'Content-Type: application/json' -d'
```

```
{
  "trigger" : { "schedule" : { "interval" : "30s" }},
  "input" : {
    "search" : {
      "request" : {
        "indices" : [ "logstash*" ],
        "body" : {
          "query" : {
            "match" : { "message": "error" }
          }
        }
      }
    }
  },
  "condition" : {
    "compare" : { "ctx.payload.hits.total" : { "gt" : 0 }}
  },
  "actions" : {
    "log_error" : {
      "logging" : {
        "text" : "Found {{ctx.payload.hits.total}} errors in the logs"
      }
    }
  }
}'
```

■ Reporting

Reporting は Kibana で構成した Visualize オブジェクトや Dashboard を、PDF あるいは PNG フォーマットでダウンロードする機能です。使い方は、Visualize や Dashboard の画面の左上にある"Share"というリンクから"［PDF Reports］あるいは［PNG Reports］メニューを選択して、それぞれ「Generate PDF」あるいは「Generate PNG」ボタンをクリックします。この機能で出力したPDF/PNG は後から［Management］＞［Kibana］＞［Reporting］メニューからダウンロードすることができます。

■ Graph

Graph は、Elasticsearch に格納したデータ間の関連性を、グラフィカルに表示する機能です。検索条件を指定する通常のクエリとは少し異なり、「つながり」を見つけるための、いわゆるグラフ

検索を行うことができます。利用例としては、あるアイテムを購入している購入者同士の「つながり」を見つけて商品をレコメンドする、特定の技術にかかわりのある企業とその「つながり」を一度に検索するといったような使い方が可能です。

　従来は、グラフ検索は各ノードとノードをつなぐリレーションと呼ばれるデータを格納したグラフデータベースが用いられることが多いのですが、この Graph 機能を用いると Elasticsearch でも同じような分析が行えます。

■ Machine Learning

　Machine Learning は、以前「Prelert」と呼ばれる別プロダクトだったものが、Elastic 社の買収により X-Pack（現オプション機能）に統合された機能です。Machine Learning 機能を使うと、Elasticsearch に格納された時系列データをもとに、機械学習を用いた異常検知を行うことができます。機械学習には大きく分類して「**教師あり**」と「**教師なし**」の 2 種類の学習方法があります。「教師あり」の機械学習とは、機械が学習をする際に元データと合わせて「**正解**」となるラベルデータをセットで与える学習方法です。「教師なし」の機械学習とは、「**正解**」となるデータを与えずに時系列データの過去の傾向を学習する方法であり、自律的に識別能力を獲得します。

　サンプルデータの投入方法から教師なし学習による異常検知を実行する例として、脚注に示した Elastic 社のブログが参考になります[*5]。

6-2-2　オプション機能の有効化・無効化の設定

　オプション機能をインストールすると、Security を除くすべての機能はデフォルトで有効化されています。オプション機能では各機能単位で有効化・無効化を切り替えることができます。以下では、Elasticsearch、Kibana、Logstash それぞれの設定方法を紹介します。

■ Elasticsearch のオプション機能有効化・無効化設定

　Elasticsearch の設定ファイル elasticsearch.yml を編集して、Code 6-6 のモジュールに対して、有効化・無効化を設定できます。Security 機能以外はデフォルト値は有効（true）なので、無効化したい場合のみ変更が必要です。また Machine Learning モジュールを有効化する場合には、"node.ml"

＊5　ニューヨーク市のタクシー乗降データで Machine Learning を体験する
　　　https://www.elastic.co/jp/blog/experiencing-machine-learning-with-nyc-taxi-dataset

パラメータを設定して Machine Learning ジョブをこのノード上で実行するかどうかも、指定することが可能です。

　設定ファイル変更後は Elasticsearch を再起動してください。

Code 6-6　Elasticsearch のオプション機能有効化・無効化の設定例

```
### true の場合、Machine Learning モジュールを有効化する
xpack.ml.enabled: true
### true の場合、このノードが Machine Learning ジョブを実行するノードとなる
node.ml: true
### true の場合、Monitoring モジュールを有効化する
xpack.monitoring.enabled: true
### true の場合、Security モジュールを有効化する
xpack.security.enabled: true
### true の場合、Watcher モジュールを有効化する
xpack.watcher.enabled: true
```

■ Kibana のオプション機能有効化・無効化設定

　Kibana の設定ファイル kibana.yml を編集して、Code 6-7 のモジュールに対して有効化・無効化を設定できます。デフォルト値は有効（true）なので、無効化したい場合のみ変更が必要です。また、Elasticsearch 側の設定で Security モジュールを有効化する場合には、Kibana から Elasticsearch へアクセスするための認証情報として、"kibana"アカウントのユーザ名およびパスワードも設定する必要があるため注意してください。このアカウントの設定手順は後述の Security モジュールの利用方法と合わせて説明します。

　設定ファイル変更後は Kibana を再起動してください。

Code 6-7　Kibana のオプション機能有効化・無効化の設定例

```
### true の場合、Machine Learning モジュールを有効化する
xpack.ml.enabled: true
### true の場合、Monitoring モジュールを有効化する
xpack.monitoring.enabled: true
### true の場合、Reporting モジュールを有効化する
xpack.reporting.enabled: true
### true の場合、Security モジュールを有効化する
xpack.security.enabled: true
### Kibana から Elasticsearch へアクセスするための認証情報（初期パスワード作成後に設定）
```

```
elasticsearch.username: "kibana"
elasticsearch.password: "******"
```

■ Logstash のオプション機能有効化・無効化設定

Logstash の設定ファイル logstash.yml を編集して、Code 6-8 のモジュールに対して有効化・無効化を設定できます。デフォルト値は有効（true）なので、無効化したい場合のみ変更が必要です。また Kibana と同様に、Logstash から Elasticsearch へ Monitoring 情報を送信する際の認証情報も設定する必要があります。このためには"logstash_system"アカウントの設定を記載しますが、このアカウントの設定手順についても後述の Security モジュールの利用方法と合わせて説明します。

設定ファイル変更後は Logstash を再起動してください。

Code 6-8　Logstash のオプション機能有効化・無効化の設定例

```
### true の場合、Monitoring モジュールを有効化する
xpack.monitoring.enabled: true
### true の場合、Security モジュールを有効化する
xpack.security.enabled: true
### Logstash から Elasticsearch へアクセスするための認証情報（初期パスワード作成後に設定）
xpack.monitoring.elasticsearch.hosts: ["http://<Elasticsearchのホスト名>:9200"]
xpack.monitoring.elasticsearch.username: "logstash_system"
xpack.monitoring.elasticsearch.password: "******}"
```

6-2-3　Security 機能の利用方法

Security 機能の利用方法として、ここでは最もよく使われるパスワード設定の手順を解説します。なお、Security 機能はデフォルトで無効になっているため、「6-2-2. オプション機能の有効化・無効化の設定」で説明した Security 機能の有効化設定（"xpack.security.enabled: true"）を事前に行い、Elasticsearch を再起動しておいてください。

Security 機能を有効化したら最初に行うのが初期パスワードの設定です。初期パスワードの設定を行わないと Elasticsearch へのアクセスがすべて認証エラーとなってしまうため、忘れずに実行してください。Operation 6-13 のコマンドは Elasticsearch が稼働中に実行する必要があるので、Elasticsearch が停止している場合は先に起動してください。

初期パスワードを設定するユーザは、"elastic"、"kibana"、"logstash_system"、"beats_system"、"apm_system"、"remote_monitoring_user"の 6 つです。プロンプトでパスワードの入力が求められるので、それぞれについてパスワードを設定してください。

Operation 6-13　Security 機能有効化後の初期パスワード設定

```
$ sudo bin/elasticsearch-setup-passwords interactive
Initiating the setup of passwords for reserved users elastic,apm_system,kibana,
logstash_system,beats_system,remote_monitoring_user.
You will be prompted to enter passwords as the process progresses.
Please confirm that you would like to continue [y/N]  y  (yを入力)


Enter password for [elastic]: ******  (パスワードを入力)
Reenter password for [elastic]: ******  (再度パスワードを入力)
Enter password for [apm_system]: ******  (パスワードを入力)
Reenter password for [apm_system]: ******  (再度パスワードを入力)
Enter password for [kibana]: ******  (パスワードを入力)
Reenter password for [kibana]: ******  (再度パスワードを入力)
Enter password for [logstash_system]: ******  (パスワードを入力)
Reenter password for [logstash_system]: ******  (再度パスワードを入力)
Enter password for [beats_system]: ******  (パスワードを入力)
Reenter password for [beats_system]: ******  (再度パスワードを入力)
Enter password for [remote_monitoring_user]: ******  (パスワードを入力)
Reenter password for [remote_monitoring_user]: ******  (再度パスワードを入力)
Changed password for user [apm_system]
Changed password for user [kibana]
Changed password for user [logstash_system]
Changed password for user [beats_system]
Changed password for user [remote_monitoring_user]
Changed password for user [elastic]
```

初期パスワードが設定できたら、設定済みのユーザ名、パスワードでアクセスできることを確認しましょう。

　一番簡単な方法は、Operation 6-14 のように、curl コマンドに「-u」オプションでユーザ名、パスワードを指定して localhost の 9200 番ポートへアクセスしてみることです。

Operation 6-14　初期パスワード設定後の動作確認

```
$ curl -u elastic:****** -XGET http://localhost:9200?pretty  ⏎
{
```

```
  "name" : "myvm1",
  "cluster_name" : "elasticsearch",
  "cluster_uuid" : "M_mHp_R4TDuDZgYY0CZMMA",
  "version" : {
    "number" : "7.5.1",
    "build_flavor" : "default",
    "build_type" : "rpm",
    "build_hash" : "3ae9ac9a93c95bd0cdc054951cf95d88e1e18d96",
    "build_date" : "2019-12-16T22:57:37.835892Z",
    "build_snapshot" : false,
    "lucene_version" : "8.3.0",
    "minimum_wire_compatibility_version" : "6.8.0",
    "minimum_index_compatibility_version" : "6.0.0-beta1"
  },
  "tagline" : "You Know, for Search"
}
```

なお、初期パスワード設定後からは、上記のようにユーザ名、パスワードの指定が必須となります。もし指定がされていない場合、Operation 6-15 のように認証エラーとなりますので注意してください。

Operation 6-15　ユーザ名・パスワードを指定しない場合の認証エラーの例

```
$ curl -XGET http://localhost:9200?pretty ⏎
{
  "error" : {
    "root_cause" : [
      {
        "type" : "security_exception",
        "reason" : "missing authentication credentials for REST request [/?pretty]",
        "header" : {
          "WWW-Authenticate" : "Basic realm=\"security\" charset=\"UTF-8\""
        }
      }
    ],
    "type" : "security_exception",
    "reason" : "missing authentication credentials for REST request [/?pretty]",
    "header" : {
      "WWW-Authenticate" : "Basic realm=\"security\" charset=\"UTF-8\""
    }
  },
  "status" : 401
}
```

上記のように設定済みのユーザ名、パスワードで正しくアクセスできることが確認できたら、Kibana および Logstash それぞれの設定ファイルに Elasticsearch へアクセスするための認証情報を設定するのを忘れないようにしてください（Code 6-7、Code 6-8 参照）。特に Kibana はアクセス認証情報の指定がないと Kibana が利用できなくなりますので注意してください。

6-2-4　Monitoring 機能の利用方法

ここでは Monitoring 機能を用いた Elasticsearch クラスタ監視の利用方法を紹介します。

利用開始する際には最初に Kibana の［Stack Monitoring］メニューにアクセスします。このとき、Monitoring 機能自体はデフォルトで有効になっていますが、最初は監視データの収集が行われていません（Figure 6-11）。

Figure 6-11　Monitoring 画面の初期状態

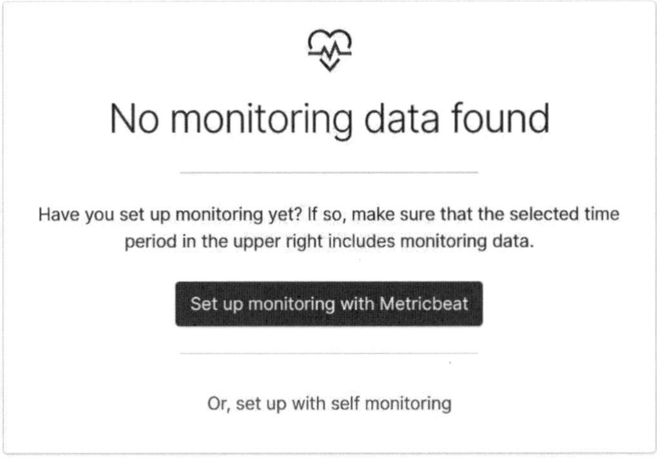

ここで画面下にある"Or, set up with self monitoring"リンクをクリックすると Monitoring 機能を開始するためのボタン「Turn on monitoring」が表示されますので、こちらをクリックしてください（Figure 6-12）。数分待つと監視データが収集され、［Stack Monitoring］メニューからの監視ができるようになります。

Kibana の［Monitoring］メニューをクリックすると、Elasticsearch、Kibana（Logstash、Beats でも Monitoring の設定を行っている場合にはこれらも含めて）それぞれの監視メニュー画面が表示されます。

Figure 6-12 Monitoring 機能の有効化ボタン

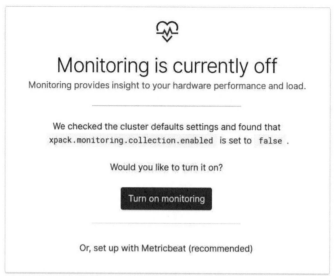

Elasticsearch では、クラスタ、ノード、インデックスのそれぞれについて監視画面を表示することができます（Figure 6-13、Figure 6-14）。特に、クエリやインデックス格納のアクセス頻度やレスポンスタイムをチャートで確認することができるため、負荷が逼迫しているかどうかを簡単に可視化することができます。

Figure 6-13 Elasticsearch クラスタの監視画面

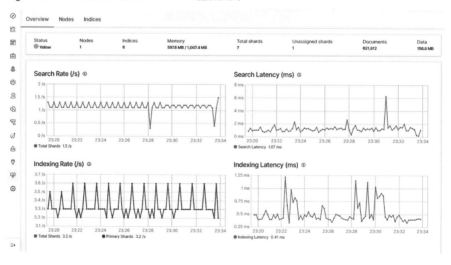

Figure 6-14　Elasticsearch ノードの監視画面

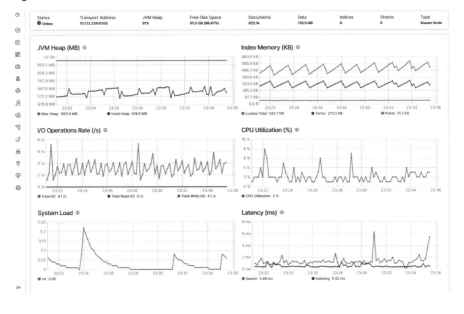

また、Kibana でも同様に監視画面を表示することができます（**Figure 6-15**）。アクセス頻度やレスポンスタイムの他、ノードごとの統計情報として、**CPU**・メモリ負荷や **Kibana** インスタンスへのコネクション接続数や応答時間などのデータも確認することが可能です。

Figure 6-15　Kibana ノードの監視画面

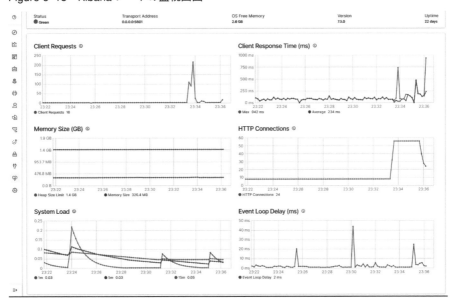

Monitoring 機能は、Elastic Stack 環境の正常性を確認する上で非常に有用なツールです。また監視項目についても、Elastic Stack を運用する上で必要となる項目が一通り揃っているので、監視項目の検討を一から行う手間も省くことができる点もメリットと言えるでしょう。Basic サブスクリプションでも利用ができるので、ぜひ導入を検討してみてください。

6-2-5　インデックスライフサイクル管理（ILM）機能の活用

インデックスを長期間安定して運用するためには、各インデックスの状態に合わせた適切な対応が欠かせません。「5-4 インデックスの管理とメンテナンス」でも紹介したさまざまなアクションを、必要なタイミングで実施することが求められますが、特に時系列をもとにしたインデックスを運用する際には、この運用はある程度汎用化されたポリシーとして定型化できます。ここではそのようなポリシーベースの運用管理を支援するための、インデックスライフサイクル管理（Index Lifecycle Management、以下 ILM と表記）機能について、概要を紹介します。

■ Hot-Warm-Cold アーキテクチャに基づくライフサイクル管理

ILM 機能はバージョン 6.7 から利用可能となりました。もともとは中大規模クラスタで時系列ベースのインデックスを管理する際のベストプラクティスでもある「Hot-Warm-Cold アーキテクチャ」を実現するための機能でしたが、その考え方の一部を採用して数ノードの小規模クラスタなどで活用する場合にもメリットを享受できます。「Hot-Warm-Cold アーキテクチャ」とは、ログやメトリクスデータなどの時系列データをインデックスとして運用管理する際の考え方の一つです。たとえば Logstash のように日付単位で切り替わるインデックスを管理するケースを例にとると、次のように指定した時間の経過に従って用途やアクセスパターンが変化するはずです（Figure 6-16）。

- Hot フェーズ：本日日付のインデックス。頻繁に更新および検索が行われる。
- Warm フェーズ：2 日目〜7 日目のインデックス。更新はされないが検索頻度は高い。
- Cold フェーズ：8 日目〜30 日目のインデックス。更新はされず、検索頻度も低い。
- Delete フェーズ：30 日を経過したインデックス。不要となり、削除しても問題がない。

　クラスタ規模が大きい場合は、Figure 6-16 の例のように Elasticsearch クラスタを構成する各データノードに対して属性ラベルを設定し、Hot フェーズ用ノード、Warm フェーズ用ノード、Cold フェーズ用ノードといったノード単位のシャード割り当てを行うことも可能です。これは「5-2-3. ノード拡張・縮退」でも簡単にご紹介した「シャード割り当てフィルタリング」の機能を用いて実現します[6]。

Figure 6-16　Hot-Warm-Cold アーキテクチャの例

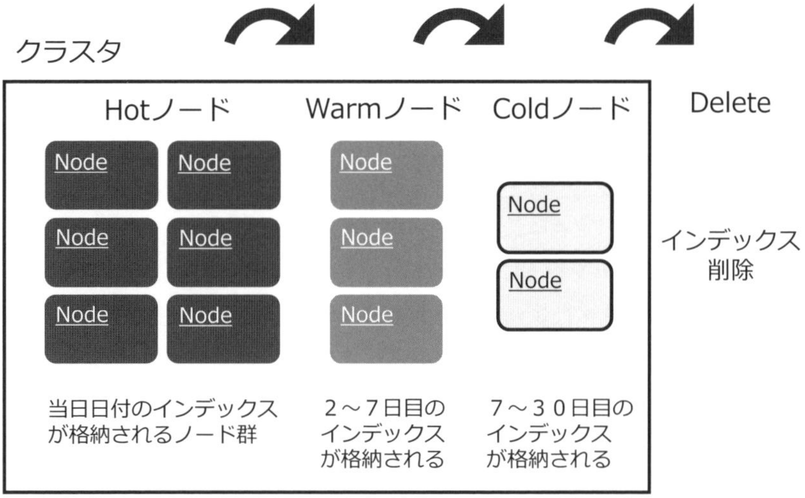

　ILM 機能を使うと、「Hot-Warm-Cold アーキテクチャ」のようなフェーズごとに、あらかじめ定義されたインデックス管理アクションを自動的に実行させることができます。フェーズごとに設定できるアクションは異なりますが、参考までに各フェーズにおける典型的なアクションの例を以下に紹介します。これらのアクションは Kibana の［Management］ ＞ ［Elasticsearch］ ＞ ［Index Lifecycle Policies］から GUI で定義ができます。

- Hot フェーズのアクションの例

　　Hot フェーズではインデックスの rollover が実行可能です。rollover は「5-4-5. インデックスの rollover」でも紹介したように、インデックス作成後の経過時間、保持するドキュメント数、プライマリシャードのサイズが超過したことを条件に、新規インデックス作成およびエイリアス切り替えを実行できる機能です。Hot フェーズのインデックスは、この rollover が実行されるか、あるいは指定した時間が経過すると、Warm フェーズに移行します。

＊6　elasticsearch.yml 設定ファイル内で、ノードごとに"node.attr.node_label: hot"のようにラベルとなる設定を定義しておく必要があります。

- Warm フェーズのアクションの例

  Warm フェーズではインデックスの shrink、force merge、あるいは、参照専用インデックスへの切り替えが可能です。また、前述したノード単位でのラベル設定が行われていれば、Warm フェーズ用ノード群へのシャード割り当てを指定することも可能です。

- Cold フェーズでのアクションの例

  Cold フェーズではインデックスの freeze が可能です。また、Warm フェーズと同様に、Cold フェーズ用ノードへのシャード割り当てを指定できます。

- Delete フェーズでのアクションの例

  Delete フェーズではインデックス削除のみが実行できます。

各フェーズでのアクションの定義は任意です。たとえば Cold フェーズで freeze は行わずに Cold 用ノードへのシャード移動のみを行うことも可能です。また、必ずしもすべてのフェーズを定義する必要はなく、不要なフェーズは無効化してスキップすることもできますので、例として Warm フェーズと Cold フェーズは無効化して、インデックス作成後 30 日経過した場合、Delete フェーズでインデックス削除する、という運用も考えられます。

■スナップショット運用の管理

インデックス運用管理の最後のトピックとして、スナップショット取得の自動実行に挑戦してみましょう。従来は「5-4-6. curator を利用したインデックスの定期メンテナンス」で紹介したように curator を利用してスナップショットの自動取得を行う方法が一般的でしたが、現状ではオプション機能によって Kibana からでも同等の運用が行えるため、ぜひ活用を検討してみてください。なお、スナップショットの設定、利用には事前にリポジトリの定義が必要です。「5-3. スナップショットとリストア」にて解説した内容も確認して事前に定義をしておいてください。

スナップショット管理の機能を利用するためには、Kibana の ［Management］ ＞ ［Elasticsearch］ ＞ ［Snapshot and Restore］ のメニューをクリックします（Figure 6-17）。

初期状態ではまだポリシーが 1 つも定義されていませんので、画面上の「Create Policy」ボタンをクリックして新規作成します。ポリシー定義画面では、一意なポリシー名、自動取得されるスナップショット名の接頭辞、構成済みのリポジトリ名、スナップショット取得スケジュールなどを定義できます（Figure 6-18）。

Figure 6-17　Snapshot 管理画面の初期状態

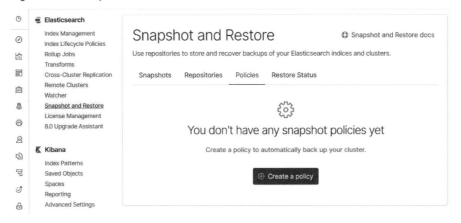

Figure 6-18　Snapshot ポリシーの定義画面

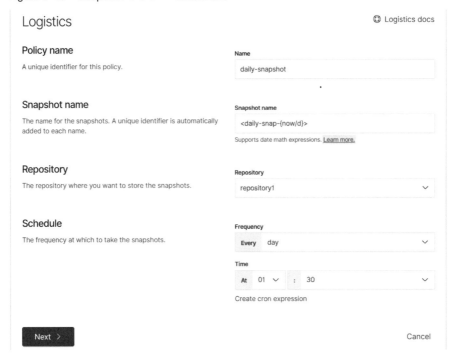

　次以降の画面では対象インデックスの選択や、任意で取得済みスナップショットの保持期間な
どを設定可能です。最終的に作成されたスナップショット取得ポリシーはポリシー一覧画面から
も参照でき、定期的に取得されるスナップショットも GUI 上から確認できます（Figure 6-19）。

Figure 6-19　Snapshot ポリシーの一覧画面

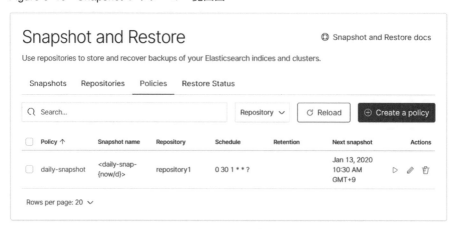

　このように、オプション機能を用いたスナップショット運用管理は Kibana の GUI で行えるため直観的で理解が容易です。また、ポリシーに基づいてスナップショットを自動取得しておくことで、非常に信頼性の高いインデックスの運用管理が可能となります。インデックスライフサイクル管理と合わせて、ぜひお手元の環境でも試してみてください。

6-3　まとめ

　本章では、Elasticsearch とともに組み合わせて使うことのできるソフトウェアスタック Elastic Stack について説明しました。幅広いデータソースからデータを取り込み、検索、可視化、分析を行うために、本章で説明した Kibana、Logstash、Beats が大いに活用できるでしょう。そしてオプション機能により、セキュリティ、アラート、モニタリング、レポート、グラフ、機械学習による異常検知や、Kibana の GUI を介したインデックスの運用管理が簡単に実現できることも見てきました。次の第 7 章では、Kibana を用いた可視化、分析のユースケースについて具体的な方法を紹介します。

第7章
Kibana による可視化と分析のユースケース

　本章では、Kibana を活用するためのユースケースとして、可視化と分析を行う具体的な方法について紹介します。前章までで Kibana の利用方法を概要レベルで理解いただけたと思いますので、本章ではもう一歩具体的に、データの取り込みから多種多様な Visualization 機能による可視化の手順について紹介します。Kibana を活用したデータ分析のプロセスの具体例を一緒に確認しましょう。

7-1　　データロードの手法

　これまで見てきたように Elasticsearch の応用範囲は非常に幅広く、全文検索から、システムログやセンサデータなどの時系列データを取り込んだメトリクスの可視化と分析、さらに、インフラ基盤のログを用いたシステム監視やセキュリティ分析など多岐にわたります。しかし、いずれのユースケースにおいても、まずはじめに行うことは Elasticsearch へのデータの格納です。

　手元にあるデータ、もしくは、これから収集するデータを Elasticsearch へ取り込む方法は以下の例のようにいくつもありますが、状況に適した方法を選べるようにこれらを整理してみましょう。

- REST API の利用
- 対応する各言語の SDK の利用
- bulk インポートを用いた複数ドキュメントの一括登録
- Logstash/Beats の利用
- スナップショットデータのリストア操作によるインデックス復元
- Data Visualizer 機能の利用

　1 番目の「REST API の利用」は本書でも扱ってきた Kibana の Console や、curl コマンドでデータ格納する方法です。また、2 番目の「対応する各言語の SDK の利用」は Python や Java、Ruby などの Elasticsearch クライアントライブラリを用いて、プログラムからデータ格納する方法に当たります。これらはデータ格納の観点では追加で言及する点はないため、説明は割愛します。

　以下では 3 番目以降の方法について説明します。これらは概して、手元にあるデータをバッチ処理的に取り込む、もしくは、システムが出力するデータをオンラインで継続的に取り込む、というケースで利用される方法です。

■ bulk インポートを用いた複数ドキュメントの一括登録

　bulk インポートとは、REST API のようにドキュメントを一件ずつ操作するのではなく、複数のリクエストをバッチ処理的にまとめて送信する機能です。一度のリクエストで、複数のドキュメントの登録、修正、削除の操作を行えるため、ネットワークのオーバヘッドも最小限に抑えることができ、非常に効率的です。

　bulk API で指定するリクエストフォーマットは、通常の REST API とは異なり、特殊な形式となっています。以下の例のように"_bulk"エンドポイントに対して POST メソッドを発行しつつ、リクエストボディには「<アクションを示す行><データを表す行>」の 2 行を 1 つのリクエスト操

作の単位として、実行したい操作の数だけ改行区切りで連結してまとめます。すべての行末には改行コードが必要になるので注意してください。

Code 7-1　bulk 操作のリクエストフォーマット

```
POST _bulk
<アクションを示す行（1)>
<データを表す行（1)>
<アクションを示す行（2)>
<データを表す行（2)>
...
<アクションを示す行（N)>
<データを表す行（N)>
```

　なお、ドキュメント削除などのようにデータ提示が不要なアクションの場合には<データを表す行>は付加せずに<アクションを示す行>のみを記述します。以下はドキュメントを3件格納し、1件削除する bulk 操作の例を示しています。

Operation 7-1　bulk 操作の実際のリクエスト例

```
POST _bulk
{ "index" : { "_index" : "myindex", "_id" : "1" } }
{ "user_name": "John Smith",  "message" : "This is test message 1." }
{ "index" : { "_index" : "myindex", "_id" : "2" } }
{ "user_name": "Mike Stuart", "message" : "This is test message 2." }
{ "index" : { "_index" : "myindex", "_id" : "3" } }
{ "user_name": "Taro Yamada", "message" : "This is test message 3." }
{ "delete" : { "_index" : "myindex", "_id" : "1" } }
```

　bulk インポートは、たとえばテストや検証目的などでまとまった件数のデータを登録したときなどに、リクエストボディ部分をテキストファイルなどで作成しておけば一度のリクエストでインデックスが準備できるため便利です。注意点としては、ファイルの最後に改行を付け忘れて登録がエラーとなるケースが比較的起こりやすいので、改行の有無は常にチェックしてください。その他、細かいフォーマットや利用方法については、脚注に示したドキュメントが参考になりますので、一読ください[1]。

＊1　Elasticsearch Reference – Bulk API
　　https://www.elastic.co/guide/en/elasticsearch/reference/7.6/docs-bulk.html

■ **Logstash/Beats の利用**

　Logstash と Beats の概要については第 6 章でも紹介しました。ここでは、データ取り込みを行う観点であらためて利用方法を整理してみます。Logstash と Beats の用途としては、主に他システムからデータを抽出して Elasticsearch に格納したいケースと、データの加工・整形を行うケースとがあります。ほとんどの場合、他システムや何らかのデータ発生源からデータを取り込んで Elasticsearch へ格納することが必要となります。また、取り込んだデータもそのまま格納せずに大抵は何らかの加工・整形を行うことが一般的ですので、Logstash/Beats を活用する場面はたくさんあるでしょう。

　主に考慮する点としては、Beats のみでは加工が行えない点や、取得したいデータソースに対応したプラグイン（Logstash や Elasticsearch ingest ノード）や Beats があるか、また、データ加工が Logstash や ingest ノードで行えるか、などになります。したがってシステム構成の観点では、データ抽出の要件やデータ加工の要否に応じて、いくつかの構成パターンが考えられます。以下はその一例です。

- Logstash のみを利用する構成
  データ取得元に対応した input プラグインがあり、加工も filter プラグインで行える場合

- Beats のみを利用する構成
  データ取得元に対応した Beats を利用し、加工を行わずに Elasticsearch へ格納できる場合

- Beats と Logstash を併用する構成
  データ取得元に対応した Beats を利用し、加工を Logstash の filter プラグインで行う場合

- Bests と Elasticsearch の ingest ノードを併用する構成
  データ取得元に対応した Beats を利用し、加工を Elasticsearch の ingest ノードで行う場合

　4 番目の構成について、少し補足しておきます。Elasticsearch の ingest ノードについては「2-2-1 ノード種別」にて概要を説明しましたが、Logstash と同じようなフィールド単位での加工・変換・整形が可能です。Logstash と比べると対応プラグインの種類などに差はありますが、要件や機能の観点からどちらを利用するかを選択すればよいでしょう。この構成を利用した例として、Elasticsearch の github サイトで提供されている、データ分析のサンプルデータの格納手順を紹介します。この github のリポジトリ上には、Elasticsearch を利用してパブリックデータセットを格納して可視化、

分析するシナリオが複数提供されています。ここで紹介するのは、Northern California Earthquake Data Center（NCEDC）と呼ばれる地震データを Elasticsearch へ取り込む例として、Filebeats と ingest ノードを利用する手順が示されたものです[2]。紙面の都合で、手順の詳細までを紹介することは難しいのですが、検証目的であれば、1 台のノード上に Elasticsearch、Kibana、Filebeat をまとめてインストールして本手順を試すことも可能です。興味があれば、脚注に示した URL の手順に従って実際にデータ格納を行ってみてください。

なお、Logstash と Beats の利用方法については、本書の姉妹書に当たる『Elastic Stack 実践ガイド［Logstash/Beats 編］』（2020 年 9 月発売）に詳しく説明がありますので、こちらもぜひお手に取ってご確認ください。

■スナップショットデータのリストア操作によるインデックス復元

厳密にはデータ登録とは異なりますが、大量のデータを格納する際に便利な方法として、スナップショットデータのリストアを用いる方法を紹介します。一度作成したインデックスを、スナップショットとして NFS などの外部ストレージに保存しておき、後からリストア操作によってこれをインデックスとして復元し、再利用をするという方法となります。この方法のメリットとして、前述した Logstash や Beats を併用しなくても Elasticsearch 単体でデータ登録ができる点、データサイズが大きい場合でも NFS などの共有リポジトリから直接リストア可能である点などがあげられます。実際に、先ほど紹介した Elasticsearch の GitHub サイトで提供されるサンプルデータの中にも、この提供形態のデータがあります[3]。これは、DonorsChoose.org というドナー組織が提供するオープンデータセットで、7.5GB、350 万件の膨大なデータを Elasticsearch へ取り込むために、スナップショットデータからのリストア操作を行う手順が示されています。この形態でスナップショットデータが提供されている場合には「5-3 スナップショットとリストア」の内容も参考にして、リストア操作によるインデックス復元を行ってみてください。

■ Data Visualizer 機能の利用

最後に Data Visualizer の利用について紹介します。この機能は、本来 Machine Learning モジュールの一機能ですが、その中でも、この Data Visualizer 機能のみは Basic サブスクリプションで利用

＊ 2　Earthquake Demo
　　　https://github.com/elastic/examples/tree/master/Exploring%20Public%20Datasets/earthquakes
＊ 3　Using Elasticsearch & Kibana to Analyze DonorsChoose.org data
　　　https://github.com/elastic/examples/tree/master/Exploring%20Public%20Datasets/donorschoose

可能となっています。データの取り込みと取り込み後のデータ分布の一覧が容易に行えるため、Machine Learning 機能の利用にかかわらず、使い方を知っておくと便利です。ただし、本機能はバージョン 7.6 時点ではまだ Experimental 扱いですので、検証目的にとどめておいてください。

　Kibana のメニューから Machine Learning（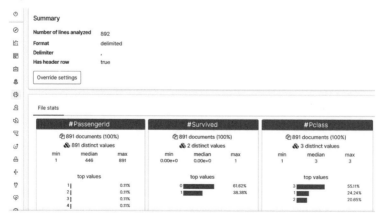）をクリックし、タブ欄の一番右にある"**Data Visualizer**"をクリックします。すると"［Import Data］［Select an index pattern］というメニューが表示されますので、"［Import Data］の下の「**Upload File**」ボタンをクリックします（**Figure 7-1**）。"Visualize data from a log file"画面上で、手持ちの CSV/TSV ファイルや改行区切りの JSON ファイルがあればそのままドラッグアンドドロップをすると、自動的にデータが取り込まれます。取り込み結果の画面には、各フィールドのデータ型推測の結果も表示されます（**Figure 7-2**）。

Figure 7-1　Data Visualizer メニュー

Figure 7-2　CSV ファイル取り込み時の画面

確認して問題がなければ、名前を付けてインデックスとして登録することが可能です。もし、自動推測された型と異なる型を割り当てたい場合には、インデックス登録時に任意のマッピングを定義することもできます。

制限としては、前述したように Experimental 扱いである点と、ファイルサイズの上限が 100MB までという点があるため、使用にはご注意ください。用途を検証目的に限っているため、もしこれ以上のサイズを扱いたい場合には本節で紹介した他の方法を選択してください。

Column　Kaggle の提供する CSV データを取り込む

　Data Visualizer 機能を試す際に手元に適切な CSV/TSV ファイルがすぐ見つからない方もいるかもしれません。その際には Kaggle のサイトからデータをダウンロードしてみるとよいでしょう。Kaggle とは、企業や研究者がデータを投稿し、そのデータを使って最適な分析モデルを解析し、その精度を競い合うプラットフォームです。サイト上にはさまざまなコンペティション（テーマ）が常に提示されており、初学者向けのテーマではすでにデータやその解析手法などが誰でも参照できるようになっています。利用に当たっては無償のユーザ登録が必要となります。

　初学者がよくアクセスするテーマとして、機械学習界の Hello World とも言えるタイタニック号の乗船者の生存予測があります[*4]。脚注の URL へアクセスし、"Data Sources"欄にある"train.csv"をクリックするとデータを CSV フォーマットでダウンロードすることができます。Kaggle のデータを Data Visualizer 機能で取り込めば、Elasticsearch の Machine Learning 機能をも簡単に試してみることができますので、ぜひ一度挑戦してみてください。

7-2　**Visualization による可視化と分析**

　Elasticsearch にデータを格納した後に行うことは、データの可視化と分析です。可視化はデータの傾向を簡単に、かつ、直観的に理解する目的で行われます。たとえばシステム運用において、格納したメトリクスデータを定常的に観察する目的で、関係者の目にとまる場所にダッシュボードを表示するといった用途はその一例です。また、分析の目的についても考えてみると、その言葉には「対象の内容・性質などを明らかにするため、いくつかの要素に分解して、その成分・構成などを解明する」という意味がありますが、Elasticsearch でもまさにこれと同様のことを行いま

＊4　Titanic: Machine Learning from Disaster
　　 https://www.kaggle.com/c/titanic/data

す。インデックスに格納したドキュメント群を対象として、フィールド要素ごとに定性的、定量的な鑑別を行ったり、フィールド間の関連性を明らかにすることを目的として、格納したデータの可視化と分析を行うわけです。一般的にデータ分析を行う際に、まずデータがどのような分布をしているかを把握するために、アドホックな可視化を行い、仮説検証を繰り返しながら分析を進めることがよくあります。これは「探索的データ解析」とも呼ばれる行為で、まずはデータに触れてみて何らかの特性やパターンを見つけたり、複数の要素間の依存関係を見出したりします。

本節では、こうしたデータの可視化と分析に欠かせないツールである Visualization 機能について、主な使い方を紹介します。第 6 章では Kibana を扱うためのサンプルデータとして"kibana_sample_data_logs"をインポートしましたが、本節ではこれに加えて"kibana_sample_data_flights"も利用しますので、「6-1-1 Kibana」の手順を参考にして"kibana_sample_data_flights"のサンプルデータを合わせてインポートしておいてください。このサンプルデータは都市間を航行する飛行機のフライトデータを扱っており、フライト番号、航空会社、発着地、飛行距離、遅延有無、平均チケット価格などのデータが格納されています。興味があれば［Discover］メニューから実際のデータを確認しておくとよいでしょう。

Note　Kibana のユーザインターフェース

　　Kibana はバージョン 7 のリリースにおいてユーザインターフェースが大幅に書き換えられ、デザインや操作性が大きく変わりました。現在も継続して活発に開発が行われていることから、将来のバージョンにおいて機能や操作方法が多少変更になる可能性があります。本節の内容は 2020 年 5 月時点の最新バージョン 7.6.2 をベースに記載しておりますので、この点ご了承ください。

7-2-1　グラフを用いた可視化

　最初にグラフを用いた可視化の方法を紹介します。Kibana の Visualization 機能には多くのグラフチャートが提供されていますが、基本的には第 6 章でも紹介したように、どれも Metrics と Buckets の概念を可視化したものです。しかしながら、目的と用途に応じて適したチャートも変わってきますので、複数のチャートの構成方法と特徴を知って、適切なチャートを使い分けられるようになりましょう。

■ Area、Line、Bar

　これらのチャートはどれも、データ分布を X 軸、Y 軸の 2 次元でプロットする目的で利用します。特に時系列データを扱う際は、X 軸に時刻を設定することで、データの時系列変化を可視化できます。第 6 章でも紹介したように、Y 軸に Metrics、X 軸に Buckets を定義するのが基本となります。Metrics には count、average、max、min、sum、unique count などの集計関数を選択します。また、Buckets には Histogram、Range、Terms などによるグルーピングを設定します。さらに、複数の要素を統合した積み重ねグラフを描きたい場合には、X 軸に Sub Buckets を追加で設定します。第 6 章の例では、X 軸として Date Histogram の Buckets を設定して、さらに Sub Buckets として"response.keyword"の Terms を構成することで、色分けされた積み重ねグラフを作成しました。

　Area、Line、Bar のそれぞれのチャートは、基本的に共通のコンセプトを持つグラフであるため、Kibana ではこの 3 種類のチャート種別を途中で変更することも可能です。グラフを設定する画面の Metrics や Buckets に関する設定箇所の上部（「再生」ボタンの左側）に"Data"、"Metrics & axes"、"Panel Settings"の 3 つのタブがありますので、"Metrics & axes"のタブをクリックしてください。上部の Metrics の設定ペインの中に"[Chart Type]というプルダウンメニューがあり、ここから「Line」、「Area」、「Bar」を動的に切り替えられるようになっています。いずれかの Chart Type を選び、上部にある「再生」ボタンをクリックすると変更後の新しいグラフが描画されます。

　なお、グラフの縦横を入れ替えたチャートを作成したい場合には、この画面では切り替えができませんので、一度［Create visualization］メニューへ戻り、New Visualization のリストから"Horizontal Bar"のチャートを選択して、同様に Metrics や Buckets を設定してグラフを構成し直してください。

Tips　チャート種別の切り替え

　縦横を入れ替えた Area、Line チャートを構成したい場合、［Create visualization］メニューには、選択できるチャート種別に"Horizontal Area"や"Horizontal Line"という選択肢は見つからないのですが、一度"Horizontal Bar"のチャートを選択して、その設定画面上で上記の方法に従って Area、Line、Bar は切り替えが可能となっています。

■ Pie Charts

　Pie Charts は、いわゆるパイチャートを構成するメニューです。パイチャートは全体に対する各部分の比率を表現することができます。例として、"kibana_sample_data_logs"インデックスのデー

タを用いてアクセスログ全体に占める各クライアント OS の比率をパイチャートで表現してみましょう。

　[Visualize] のメニューを選択し、右上にある [Create visualization] を押し、New Visualization のリストから [Pie] を選択します。"New Pie / Choose a Source"の画面からインデックスパターンとして"kibana_sample_data_log"を選択すると、パイチャートのデザイン画面に遷移します。このデザイン画面では Metrics には"count"が選択されています。今回は、クライアント OS 種別ごとの数（count）を可視化したいため、"count"の Metrics をそのまま使います。次に Buckets の設定を行います。はじめに「+Add」ボタンをクリックして"Split slices"を選択します。これは 1 つのパイを複数の Buckets で同心円分割するための方法です（もう 1 つの"Split chart"はパイ自体を複数 Buckets の数だけ作成したい場合に用いる方法で、今回は使いません）。"Split slices"を選択後、[Aggregation] プルダウンメニューでは一番下にある「Terms」を選んでください。さらに下の"Field プルダウンメニューではクライアント OS 種別を表す「machine.os.keyword」を選びます。最後に青い三角の「再生」（Apply Change）ボタンをクリックすると、意図したとおりのパイチャートが描画されるはずです（Figure 7-3）。

Figure 7-3　Pie Charts の構成例

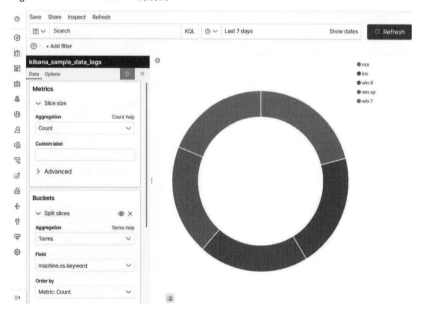

　ここでは、少しだけ見栄えを良くするための追加手順を紹介します。設定箇所の上部（「再生」ボタンの左側）に"Data"、"Options"の 2 つのタブがありますので、"Options"のタブをクリックし

てください。"Labels Settings"の設定ペインにある"Show labels"をクリックして有効化してみます。変更を反映させるため「再生」ボタンを押すと、パイチャートの各項目要素にOS名とパーセンテージがラベル表示されるようになります。このように各チャートをデザインする画面ごとに、データを構成する設定項目と、チャートの見栄えを構成する設定項目がそれぞれありますので、慣れるまではいろいろと設定を変更して効果を確かめてみるのもよいでしょう。

■ Gauge

Gauge は主に Metrics データの可視化で用いられます。自動車の速度メーターやタコメーターをイメージしていただければわかりやすいかと思います。Gauge では Metrics 値のレンジに合わせて表示色を定義することが可能です。たとえば、値のレンジが大きくなるにつれて"Normal（緑）"、"Warning（黄）"、"Critical（赤）"に変化させるといった表現をすることで、より直観的なチャートになるでしょう。なお、Gauge の構成では Buckets を設定することはあまりありません。理由は、Buckets の数だけ Gauge チャートが複数描画されてしまうためです。ここでも Buckets は定義せずに Metrics のみを用いたケースを紹介します。

Guage の例として"kibana_sample_data_flights"インデックスのデータから直近24時間以内に発生した遅延（delay）の数をカウントするチャートを作成してみましょう。New Visualization のリストから［Gauge］を選択します。"New Gauge / Choose a Source"の画面からインデックスパターンとして"kibana_sample_data_flights"を選択すると、Gauge のデザイン画面に遷移します。まず最初に画面右上の"［Time Picker］メニューから見るデータの範囲を"Last 24 hours"に設定してください。次に、直近24時間のデータ全体のうち、遅延が発生したものだけをフィルタリングします。このため、画面左上にある"+Add Filter"リンク（search ボックスの下にあります）をクリックしてください。"［EDIT FILTER］メニューで Figure 7-4 を参考にして、"FlightDelay"が"true"となるデータのみをフィルタするように構成して「Save」ボタンを押します。これにより、遅延発生したデータ件数（count）のみがフィルタされて表示されます。最後に、レンジによる色分けの設定を行いましょう。設定箇所の上部に"Data"、"Options"の2つのタブがありますので、"Options"のタブをクリックしてください。"Ranges"の設定ペインではレンジを定義することができます。たとえば「0以上100未満」「100以上200未満」「200以上300未満」の3つのレンジを定義してみます。変更を反映させるため「再生」ボタンを押すと、直近24時間の遅延フライト数とその重要度ごとの色で表現された Gauge が表示されるようになりました（Figure 7-5）。

Figure 7-4　Filter の設定例

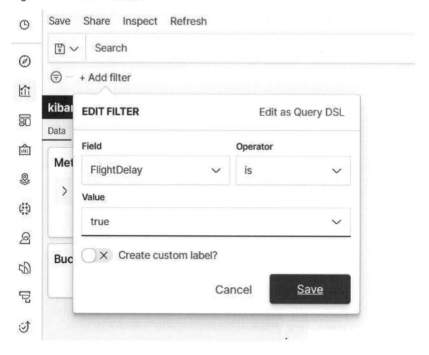

Figure 7-5　Gauge の構成例

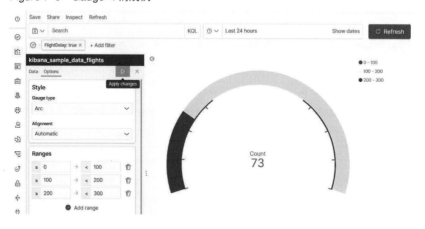

7-2-2　地図を用いた可視化

　グラフの次に、地図を用いた可視化の方法について紹介します。地図は多くの人にとって直観的であり、どの地域で何が起きているかをひと目で理解できるため、非常に強力な可視化方法と言

えます。もしお手元のデータに位置情報が含まれているようであれば、ぜひ地図による可視化を試してみていただければと思います。Kibana が持つ地図の可視化の方法はいくつかありますが、ここでは基本となる 2 つの方法を紹介します。なお、Kibana ではバージョン 7.6 リリース時に機能変更があり、以下で紹介する Coordinate Map および Region Map の 2 つは、Visualization 機能から移動して Maps 機能に統合されました[5]。本書ではバージョン 7.x 全体で共通の内容にする目的から、上記デフォルトのふるまいを変更するために次の設定を Kibana に反映するものとします。これにより、バージョン 7.5 以前と同様に［Visualization］メニューから Coordinate Map と Region Map が利用できます。

Operation 7-2　Visualization メニューから Map 機能を有効化する設定

```
$ echo "xpack.maps.showMapVisualizationTypes: true" \
| sudo tee -a /etc/kibana/kibana.yml
$ sudo systemctl restart kibana
```

■ Coordinate Map

Coordinate Map は緯度経度を持つ位置情報データを Buckets として設定し、地図上に一定間隔（"grid"という表現がよく用いられます）で Metrics データを表示するチャートです。Metrics データの値の大きさに応じて、grid ごとに異なる円の色や大きさで図示することができます。なお、Coordinate Map を利用する条件として、ドキュメントに"geo_point"型のフィールドが含まれている必要があります。"geo_point"型については「2-1-1 論理的な概念」でも簡単に紹介をしましたが、フィールド内に緯度フィールドと経度フィールドを内包する複合型として定義されます。Elasticsearch へデータを格納する際に、目的のデータが"geo_point"型としてマッピング定義されていることを確認するようにしてください[6]。

　例として、"kibana_sample_data_flights"インデックスのデータから、直近 24 時間以内に発生した遅延（delay）がどの地域で多く発生しているかを、地図上に可視化してみましょう。New Visualization のリストから［Coordinate Map］を選択します。"New Coordinate Map / Choose a

＊5　Kibana Guide [7.6] - Elastic Maps troubleshooting
　　https://www.elastic.co/guide/en/kibana/7.6/maps-troubleshooting.html
＊6　Elasticsearch Reference - Geo-point datatype
　　geo_point データ型については以下 URL も参照してください。
　　https://www.elastic.co/guide/en/elasticsearch/reference/7.6/geo-point.html

Source"の画面からインデックスパターンとして"kibana_sample_data_flights"を選択すると、標準で用いられる世界地図が表示されたデザイン画面に遷移します。Gauge と同様に Time Picker を"Last 24 hours"に、また、Filter 設定で"FlightDelay"が"true"となるデータのみをフィルタするように構成しておきます。Metrics はデフォルトの"count"のままとし、Buckets では「+ Add」ボタンをクリックして"Geo coordinates"を選択してください。Aggregation プルダウンメニューでは"Geohash"を選択します。その下の"Field"プルダウンメニューでは"geo_point"型のフィールドのみが選択できるようになっており、ここでは出発地を示す OriginLocation"を選択してみましょう。ここまで設定して「再生」（Apply Change）ボタンを押すと、地図上に大きさと色の異なる複数の円が描画されると思います。ここでは、大きくて色が濃いエリアは出発遅延が多く発生していることを表しています。

　地図の左上には画面の拡大・縮小ができる「+」「−」ボタンがありますので、「+」ボタンを 3 回ほど押してもう少し拡大してみます。地図をマウスでドラッグしてヨーロッパ周辺を見てましょう。サンプルデータをインポートしたタイミングにより多少異なるかもしれませんが、以下の実行例では、ローマ、ミラノ、ロンドンあたりで遅延回数が多く発生しているらしいことが見て取れます（Figure 7-6）。

Figure 7-6　Coordinate Map の構成例

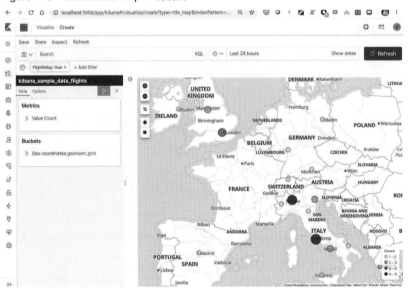

興味深いことに、地図の縮尺の変化に応じて、どの程度の広さの領域（grid）で buckets を構成するかが動的に変化していることがわかります。たとえば、地図を移動させて日本近辺を見てみ

ると、縮尺が小さい状態では大阪近辺に遅延が多いという状況が見られたとして、地図を拡大していくにつれて領域（grid）が細分化されていき、関西国際空港はそれほど遅延が多くないが、その近くにある伊丹空港では遅延が多いなど、より詳細な状況がわかったりします。このように縮尺に応じて動的に grid の範囲が変わるのが、GeoHash Aggregation を用いた可視化の特徴です。

■ Region Map

Region Map は緯度経度を表すフィールドではなく、国名（コード）や都市名（コード）を持つフィールドを用いて地図上で可視化ができるチャートです。設定として、複数ある地図のうちどの地図を使うかを選択でき、また、地図の種別に合わせて、国や都市を表すフィールド値のコード種別を定義することで、国や都市ごとに色分けされた地図表現が可能になります。

例として"kibana_sample_data_logs"インデックスのデータから、直近 1 週間でどの国からのアクセスが多かったかを可視化してみましょう。New Visualization のリストから［Region Map］を選択します。"New Region Map / Choose a Source"の画面からインデックスパターンとして"kibana_sample_data_logs"を選択すると、世界地図が表示されたデザイン画面に遷移します。最初に Time Picker を"Last 7 days"に設定しておいてください。Metrics はデフォルトの"count"のままとし、Buckets では「+ Add」ボタンをクリックして、"Shape field"を選択します。［Aggregation］プルダウンメニューからは「Terms」を選びます。次の［Field］プルダウンメニューの選択に関しては 1 つ注意点があります。今右側にあるデザイン画面には、デフォルトで世界地図（World countries）がセットされていますが、この地図を利用する場合には国名を表すアルファベット 2 文字の国コード（ISO 3166-1 alpha-2 code）を持つフィールドを指定する必要があります。今回の例では、アクセス元の国コードが格納されている"geo.src"フィールドがこれに該当するため、［Field］プルダウンメニューからは「geo.src」を選択してください。最後に「再生」ボタン（Apply Change）を押すと、国別の色分けされた地図が描画されます。この地図を見るとわかるように、中国、インド、米国からのリクエストが多いことがひと目で理解できます（Figure 7-7）。

 Note　地図種別とフィールド値の定義

地図種別とフィールド値の定義の組み合わせは、"Options"タブにある"Layer Settings"設定ペインで選択が可能です。たとえば都道府県別の日本地図（Japan Prefectures）を用いる場合には、フィールド値のコードとして「ISO 3166-2 code」「dantai code」「name(en)」「name(ja)」

のいずれか 4 種類から指定することになります。格納したインデックスの中に、"東京都"のように漢字で県名を表すフィールドがあれば「name(ja)」を選ぶことになります。

Figure 7-7　Region Map の構成例

7-2-3　Lens によるアドホック分析

本節の最後に、データ分析を探索的に行うのに適した、Lens という機能を紹介します。Lens はバージョン 7.6 の時点ではまだベータ扱いながら、データの可視化や探索的な分析を非常に効率的に行えるツールとして、今後広く利用されるようになると考えられます。Lens は、ドラッグアンドドロップ操作を中心に、直観的にチャートを構成できるようにインターフェースが設計されており、大量のデータを効率的に分析するのに適しています。

実際に Lens 自身は新しいチャート機能というよりは、既存の複数のチャート機能を簡単に切り替えながら最適な可視化手法を探ることができる機能と言えます。Lens が利用できるチャートとしては、Bar、Horizontal Bar、Stacked Bar、Stacked Horizontal Bar、Line、Area、Stacked Area、Data table、Metric の 9 種類があります。Lens を使うことでこれらのチャートを動的に切り替えられるだけでなく、Lens が過去のパターンに基づいて最適なチャートの候補をプレビュー付きで提示してくれます。これによって利用者が気付かなかったよりよいチャートが発見できるといった効果が期待できます。

■探索的なフィールドデータ分析

さっそくサンプルデータを使って Lens の機能を試してみましょう。ここでは"kibana_sample_
data_logs"インデックスのデータから、直近 1 週間の送信バイト数（bytes）の合計の時系列遷
移を可視化してみます。New Visualization のリストから［Lens］を選択すると、すぐに可視化
をデザインする画面に遷移します。左上に太字で表示されているインデックス名をまず確認
してください。"kibana_sample_data_logs"になっていない場合は、プルダウンメニューから
「kibana_sample_data_logs」を選択しておきます。また、右上の Time Picker では"Last 7 days"
を設定しておきます。

まずインデックスにどのようなフィールドがあり、格納データがどのような分布をしているか
を確認してみます。このため、左側に並んでいるフィールド名のどれかをクリックしてみてくだ
さい。Figure 7-8 は"agent.keyword"というフィールドをクリックし、ここ含まれる実際のデータ
の分布を表示した例となります。探索的データ分析においては、まずこのようにデータの分布を
確認しながら可視化や分析に使うデータを選定することがよくありますが、Lens では不要な画面
遷移をしなくても、1 つの画面上でデータ分布を確認することができるようにインターフェース
が適切に設計されています。

Figure 7-8　フィールドデータ分布の確認例

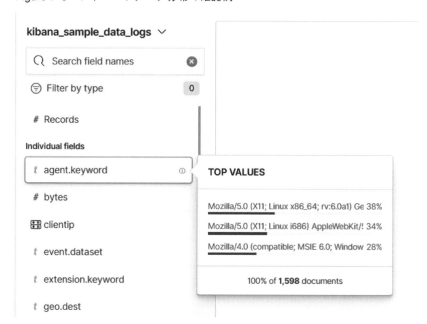

■ドラッグアンドドロップ操作によるグラフ描画

　では実際に bytes フィールドを使ってグラフを構成してみます。左列にあるフィールド一覧から"bytes"を探して、そのまま中央にあるグラフ描画エリアにドラッグアンドドロップしてみてください。たったこれだけで、自動的に時系列に沿った Bar チャートグラフが構成されて描画されます（Figure 7-9）。本来は、X 軸（Buckets）に timestamp フィールドを、Y 軸（Metrics）には bytes フィールドを指定して、かつ、Metric の種別や Buckets の設定を行う必要があるのですが、これらはすべて Lens が自動的に推定してくれます。これは前述したように、データ種別などの情報をもとに、Kibana がインテリジェントにグラフ種別や構成などを推測して、利用者に対して提示を行っているためです。また、画面下にはその他のチャート候補もプレビュー付きで複数表示されており、これらをクリックするだけで簡単に異なるチャートを切り替えることも可能です。

Figure 7-9　ドラッグアンドドロップ操作により提示されるグラフの例

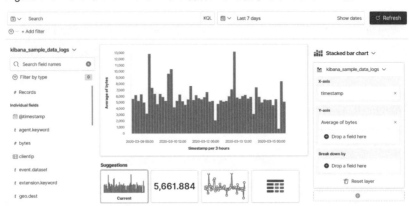

■アドホックなチャート変更

　Figure 7-9 の例では、Kibana から提示された Metrics は"avg"ですが、実際には"sum"を使いたいものとして、手動で Metrics を変更してみます。右側の"Y-axis"設定ペインの"Average of bytes"リンクをクリックするとプルダウンで異なる Metrics へ切り替えることができます。ここでは"Sum"を選択します。すると、グラフも"sum"を Metrics にしたものがすぐに再描画されます。さらに、「6-1-1 Kibana」で紹介したのと同様に、sub-aggregation を使ってレスポンスコードごとの Bar チャートに分解してみます。このためには、左列からレスポンスコードを表す"response.keyword"フィールドを探し、右列の"Break down by"設定ペインの"+ Drop a field here"エリアにドラッグア

ンドドロップします。逐次操作を行うごとに、画面下に提示される候補チャートの組み合わせも変化する点にも着目してください。もしも、提示されたチャート候補以外のチャートを選びたい場合には、右上にあるチャート種別のリンク（"Stacked bar chart"）をクリックして、プルダウンメニューからチャート種別を選択できます。例として Area チャートに切り替えた画面例を Figure 7-10 に示します。

Figure 7-10　チャートの切り替えの例

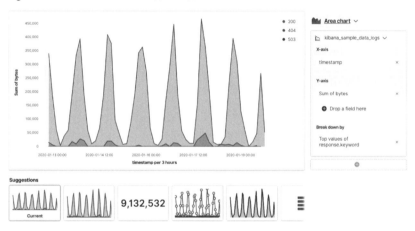

　一般に、データ分析の初期段階では、データ自体がどのような性質、分布をしているのかが把握できていないことが多く、どのような可視化手法が適しているのかがわからないことがほとんどです。このためある程度アドホックな可視化、分析が必要となるわけですが、Lens では不要な画面切り替えをできるだけさせないように、また、Elasticsearch の細かい機能を熟知していないユーザでも直観的に作業できるように、随所に工夫がちりばめられています。

　最後に、本節の内容に従って作成したさまざまなチャートを保存する方法についても言及しておきます。Visualize の作成画面の左上に［Save］メニューがあり、ここから作成したチャートに名前を付けて保存することが可能です。特に Dashboard の構成要素として再利用する際には、チャートに名前を付けて保存しておく必要がありますので、［Save］メニューでオブジェクトとして保存してください。

　本章では、Kibana の活用ユースケースとして、データの取り込みから Visualize 機能を用いた可視化と分析の方法を紹介しました。ぜひ皆さんのお手元にあるデータでも試してみてください。

7-3　　まとめ

　本書の最後となる第 7 章では、Kibana を活用するための具体的な方法として、Elasticsearch へのデータ取り込みの方法と、Kibana の Visualize 機能のチャート構成手法について説明しました。Kibana を用いたデータの可視化と分析のプロセスにはさまざまなアプローチと手法があり、状況に応じた探索的、かつ、アドホックな分析が求められることも多くあります。一方で、本章で紹介した基本的なポイントを理解いただければ、読者の皆さんがご自分のデータを分析する際にも効率的、効果的に取り組むことができるでしょう。ぜひ Elastic Stack を幅広く活用して、検索エンジンだけではない、Elasticsearch の幅広い可能性を感じていただけたらと思います。

索　引

Symbols

" （ダブルクォート） · · · · · · · · · · · · · · · · · 44
/etc/elasticsearch/ディレクトリ · · · · · · · · · 83
/etc/kibana/ディレクトリ · · · · · · · · · · · · · · 97
/usr/share/elasticsearch ディレクトリ · · · · 170
＊ （アスタリスク） · · · · · · · · · · · · · · · · · · 115
{} （ブレース） · 43
_cat API · 206
_cluster/health · 210
_cluster/state · 210
_nodes · 211
_nodes/stats · 212
_source · 133

A

Action File の設定 · · · · · · · · · · · · · · · · · · 252
Advanced Settings · · · · · · · · · · · · · · · · · · 268
Aggregation · · · · · · · · · · · · · · · · · · · 38, 176
Analyzer · 154
AND · 139
API エンドポイント · · · · · · · · · · · · · · · · · · 68
Area · 317
Auditbeat · 34
avg · 181

B

Bar · 317
Beats · 34, 285
BM25 アルゴリズム · · · · · · · · · · · · · · · · · 135
Bool クエリ · 136
bootstrap.memory_lock パラメータ · · · · · · 86
Buckets · 178, 273
bulk インポート · 310

C

cardinality · 184
Char filter · 162, 171
close （インデックス） · · · · · · · · · · · · · · · 242
Cluster · 49
cluster.initial_master_nodes　パラメータ
· 87
cluster.name パラメータ · · · · · · · · · · · · · · 85
Codec プラグイン · · · · · · · · · · · · · · · · · · · 277

Cold フェーズ · 304
Configuration File の設定 · · · · · · · · · · · · · 251
Console 機能 · 206
Coordinate Map · 321
Coordinating only ノード · · · · · · · · · · · · · · 55
CPU 要件 · 75
CRUD · 104
curator · 247
curator のインストール · · · · · · · · · · · · · · 249

D

Dashboard · 275
Data Visualizer 機能の利用 · · · · · · · · · · · 313
Data ノード · 54
date （パイプライン定義） · · · · · · · · · · · · 282
date_range · 190
Delete フェーズ · 304
DELETE メソッド · 69
deprecation ログ · · · · · · · · · · · · · · · · · · · 214
Discover · 269
discovery · 62
discovery.seed_hosts パラメータ · · · · · · · · 87
doc values · 192
Docker コンテナ · 82
Document · 42

E

Elastic Stack · 23, 31
Elasticsearch · 41
elasticsearch （パイプライン定義） · · · · · · 282
Elasticsearch のインストール · · · · · · · · · · · 77
elasticsearch.yml · · · · · · · · · · · · · · · · · 53, 84
Elasticsearch のオプション機能 · · · · · · · · 296
ELK Stack · 31

F

Filebeat · 34
Filter · 33, 269
filter （パイプライン定義） · · · · · · · · · · · · 281
filter クエリ · 148
Filter コンテキスト · · · · · · · · · · · · · · · · · · 148
filter 指定 · 237
Filter プラグイン · · · · · · · · · · · · · · · · · · · 277
flush · 261

flush 操作の仕組み · · · · · · · · · · · · · · · · · · · 263
from / size · · · · · · · · · · · · · · · · · · · 132
Functionbeat · 34

G

Gauge · 319
GET メソッド · 69
Graph · 295
grok（パイプライン定義）· · · · · · · · · · · 281

H

HEAD メソッド · · · · · · · · · · · · · · · · · · · 69
Heartbeat · 34
histogram · 191
hits.hits._index · · · · · · · · · · · · · · · · · · 135
hits.hits._score · · · · · · · · · · · · · · · · · · 135
hits.total.value · · · · · · · · · · · · · · · · · · 135
Hot-Warm-Cold アーキテクチャ · · · · · 304
Hot フェーズ · 304
HTML Strip Character Filter · · · · · · · · 162
HTTP ステータスコード · · · · · · · · · · · 71
HTTP メソッド · · · · · · · · · · · · · · · · · · 68
HTTP モジュール · · · · · · · · · · · · · · · · 86
HyperLogLog++ · · · · · · · · · · · · · · · · · 185

I

ICU Analysis Plugin · · · · · · · · · · · · · · 169
IDF · 135
ILM · 304
Index · 46
Index Lifecycle Policies · · · · · · · · · · · · 293
Index Management · · · · · · · · · · · · · · · 293
Index Patterns · · · · · · · · · · · · · · · · · · 268
Ingest ノード · · · · · · · · · · · · · · · · · · · 54
Input · 33
input（パイプライン定義）· · · · · · · · · · 281
Input プラグイン · · · · · · · · · · · · · · · 277
IoT デバイス · · · · · · · · · · · · · · · · · · · 38

J

Journalbeat · 34
JSON · 28
JVM ヒープサイズ · · · · · · · · · · · · · · · 88

K

Kaggle · 315
key · 43
keyword 型 · 44
Kibana · 32, 266

kibana.yml · 97
Kibana のオプション機能 · · · · · · · · · · · 297
Kibana の導入方法 · · · · · · · · · · · · · · · · 93
kuromoji Analysis Plugin · · · · · · · · · · 155
kuromoji Analysis Plugin の設定方法 · · · · 170

L

Lens · 324
Line · 317
Logstash · · · · · · · · · · · · · · · · · · · 33, 276
Logstash のオプション機能 · · · · · · · · · · 298
Logstash の基本設定 · · · · · · · · · · · · · · 280
Lower case Token filter · · · · · · · · · · · · 164

M

Machine Learning · · · · · · · · · · · · · 57, 296
Management · · · · · · · · · · · · · · · · · · · 268
Mapping · 47
Mapping Character Filter · · · · · · · · · · 163
Master ノード · · · · · · · · · · · · · · · · 52, 58
match_all クエリ · · · · · · · · · · · · · · · 137
match_phrase クエリ · · · · · · · · · · · · · 140
match クエリ · · · · · · · · · · · · · · · · · · · 137
Matrix · 178
max/min · 183
Metricbeat · 34
Metrics · 178
Monitoring · · · · · · · · · · · · · 214, 292, 301
must_not クエリ · · · · · · · · · · · · · · · · 148
must クエリ · · · · · · · · · · · · · · · · · · · 146

N

N-gram · 159
N-gram 分割用の Tokenizer · · · · · · · · · · 163
NCEDC · 313
network.host パラメータ · · · · · · · · · · · 85
NFS の設定 · · · · · · · · · · · · · · · · · · · 225
Node · 49
node.name パラメータ · · · · · · · · · · · · · 85
Northern California Earthquake Data Center
· 313
NRT · 258

O

open（インデックス）· · · · · · · · · · · · · 242
OR · 138
Output · 33
output（パイプライン定義）· · · · · · · · · 282
Output プラグイン · · · · · · · · · · · · · · · 277

P

Packetbeat · 34
Painless · 198
path.data/path.logs パラメータ · · · · · · · · · 85
Pattern Replace Character Filter · · · · · · · 163
Persistent Queue · · · · · · · · · · · · · · · · · · · 277
Pie Charts · 317
Pipeline · 178
POST メソッド · 69
PUT メソッド · 69
python pip · 249

Q

query · 132
query_string クエリ · · · · · · · · · · · · · · · · · · 141
Query コンテキスト · · · · · · · · · · · · · · · · · 148

R

range · 188
Range クエリ · 143
refresh · 257
Region Map · 323
Reporting · 268, 295
REST API · 27
Rolling Restart · 220
rollover（インデックス）· · · · · · · · · · · · · 245
rollover 操作の実行 · · · · · · · · · · · · · · · · 245
Rollup · 293

S

Saved Objects · 268
Search · 269
Security · 292, 298
Shard · 50
should クエリ · 147
shrink · 243, 244
SIEM · 39
Significant Terms Aggregation · · · · · · · · · 38
Snapshot and Restore · · · · · · · · · · · · · · · 293
sort · 133
Spaces · 268
stats · 185
stdin（パイプライン定義）· · · · · · · · · · · · 281
Stemmer Token filter · · · · · · · · · · · · · · · 164
Stop Token filter · · · · · · · · · · · · · · · · · · · 164
sum · 184
synced flush 操作 · · · · · · · · · · · · · · · · · · 218
Synonym Token filter · · · · · · · · · · · · · · · 164

T

tar.gz ファイル · 280
terms · 186
Terms クエリ · 143
Term クエリ · 141
Term レベルクエリ · · · · · · · · · · · · · · · · · 136
text 型 · 44
TF · 135
Token filter · · · · · · · · · · · · · · · · · · · 164, 172
Tokenizer · · · · · · · · · · · · · · · · 161, 163, 171
Transport モジュール · · · · · · · · · · · · · · · · 86

V

value · 43
Visualize · 270
Visualize チャート · · · · · · · · · · · · · · · · · · 273

W

Warm フェーズ · 304
Watcher · 293
Winlogbeat · 34

あ

アクション · 294
アクセスログ · 35
値 · 43
アナライザ · 154

い

異常検知 · 38
イベント · 18
インデクサ · 18
インデックス · 17, 46
インデックスエイリアス · · · · · · · · · · · · · 232
インデックス管理 · · · · · · · · · · · · · 232, 292
インデックステンプレートの作成 · · · · · · 120
インデックスの更新 · · · · · · · · · · · · · · · · 114
インデックスの削除 · · · · · · · · · · · · · · · · 115
インデックスの作成 · · · · · · · · · · · · · · · · 113
インデックスライフサイクル管理 · · · · · · 304
インプット · 294

う

上書き · 124

え

エンタープライズサーチ · · · · · · · · · · · · · · 20

お

オブジェクト······························45
オプション機能······················291, 296

か

カージナリティ··························184
可視化···································315
型紙·····································120
過半数···································59
完全一致·································44

き

基本クエリ·······························136

く

クエリ DSL·······················111, 130
クエリの実行····························130
クラスタ·································49
クラスタ API·····························210
クラスタ環境····························90
クラスタコーディネーション·············58
クラスタ状態····························210
クラスタの管理························217
クラスタ名·······························50
クローラー·······························19

け

形態素解析··························18, 159
検索サーバレイヤ·······················19
検索システムレイヤ·····················19
検索処理·································16
検索ライブラリレイヤ·················19

こ

構造化テキスト分割用の Tokenizer······163
コンディション························294

さ

サーチャー·······························18
再インデックス························239
索引型検索··························17, 154
サポートポリシー·······················24

し

シャーディング························25
シャード·································25
シャード割り当てフィルタリング·······223
衝突·····································72
省略記法·································137

す

数値·····································44
スキーマフリー························28
スキーマレス···························28
スクリプティング······················198
ステミング·······························156
ステム···································156
ストップワード························157
スナップショット··················224, 306
スナップショットの取得·················228
スプリットブレイン····················58
スローログ·······························215

真偽·····································45

せ

正規化···································157
セキュリティ脅威分析·················38
センサデータの可視化·················38
全文検索·······························16, 34
全文検索クエリ························136

た

ダイナミックテンプレートの作成·······125
ダッシュボード························267
単語分割用の Tokenizer················163

ち

逐次検索·································16
地図·····································320

て

ディスク要件····························75
転置インデックス··················17, 154
テンプレートの複数定義··············123

と

投票·····································61
ドキュメント······················28, 42
ドキュメントタイプ·····················47
ドキュメント内の項目名·················43
ドキュメントの検索····················109
ドキュメントの取得····················107
トランザクションログ··················261
トリガー·································294

ね

ネットワーク要件·······················75

の

ノード・・・・・・・・・・・・・・・・・・・・・・・・49
ノード拡張・・・・・・・・・・・・・・・・・・・・221
ノード検知・・・・・・・・・・・・・・・・・・・・62
ノード縮退・・・・・・・・・・・・・・・・・・・・223
ノード状態・・・・・・・・・・・・・・・・・・・・211
ノードの統計情報・・・・・・・・・・・・・212
ノード名・・・・・・・・・・・・・・・・・・・・・・・49

は

パーティショニング・・・・・・・・・・・・25
配列・・・・・・・・・・・・・・・・・・・・・・・・・・・45

ひ

日付・・・・・・・・・・・・・・・・・・・・・・・・・・44
表記のゆれ・・・・・・・・・・・・・・・・・・156

ふ

フィールド・・・・・・・・・・・・・・・・・・・・43
ブートストラップチェック・・・・・・89
複合クエリ・・・・・・・・・・・・・・・・・・136
プライマリシャード・・・・・・・・・・・・50
プライマリシャード数・・・・・・・・・65
分散システム・・・・・・・・・・・・・・・・・37
分析・・・・・・・・・・・・・・・・・・・・・・・・315

へ

べき等性・・・・・・・・・・・・・・・・・・・・・70

ま

マッピング・・・・・・・・・・・・・・・・・・・47
マッピング定義・・・・・・・・・・・・・・160
マッピング定義の作成・・・・・・・・116

め

メタデータ・・・・・・・・・・・・・・・・・・・16
メモリ要件・・・・・・・・・・・・・・・・・・・74
メンテナンスポリシー・・・・・・・・・24

も

文字列・・・・・・・・・・・・・・・・・・・・・・43

り

リクエストメッセージ・・・・・・・・・68
リストア操作・・・・・・・・・・・・・・・・230
リソース指向の設計・・・・・・・・・・27
リレーショナルデータベース・・・・21

れ

レスポンスメッセージ・・・・・・・71,72
列指向ストレージ・・・・・・・・・・・・192
レプリカ・・・・・・・・・・・・・・・・・・25,50
レプリカシャード・・・・・・・・・・・・・50
レプリカ数・・・・・・・・・・・・・・・・・・・66

● 著者プロフィール

惣道 哲也（そうどう てつや）

1998 年に日本ヒューレット・パッカード株式会社に入社。半導体テスタのソフトウェア開発を担当し、その後、主に通信・金融系システムのインフラ構築・アプリケーション開発・プロジェクトマネージャに従事。2012 年より主にオープンソースソリューションの提案・設計・導入・技術コンサルティングを行う組織にて、クラウド、コンテナ/DevOps、AI/Deep Learning/データ分析などの分野におけるテクニカルアーキテクトとして活動している。また、社内で技術啓蒙・エンジニア育成を行うかたわら、社外でも数々のイベント・セミナーや技術コミュニティで登壇している。

● お断り

本書に記載されている内容は、2020 年 5 月時点のものですが、新たなサービスの改善や新機能の追加は日々行われるため、本書の内容と異なる場合があることは、ご了承ください。また、本書の実行手順や結果については、筆者の使用するハードウェアとソフトウェア環境において検証した結果ですが、ハードウェア環境やソフトウェアの事前のセットアップ状況によって、本書の内容と異なる場合があります。この点についても、ご了解いただきますよう、お願いいたします。

● 正誤表

インプレスの書籍紹介ページ https://book.impress.co.jp/books/1119101078 からたどれる「正誤表」をご確認ください。これまでに判明した正誤があれば「お問い合わせ／正誤表」タブのページに正誤表が表示されます。

● スタッフ

AD ／装丁：岡田 章志＋ GY
本文デザイン／制作／編集：TSUC

● インプレス電子書籍のご案内

本書を PDF 化した電子版は、以下の URL から購入可能です。

・インプレスの書籍紹介ページ
https://book.impress.co.jp/books/1119101078

『Elastic Stack 実践ガイド［Elasticsearch/Kibana 編］』直販電子版は、本書を PDF 化したものです。「しおり」の利用、書籍全体の文字列検索が可能です。また、目次・索引のページ番号から該当ページへのリンクが設定されおり、ページ番号をクリックすると、該当ページへジャンプします。

インプレスブックスにて販売している電子版のご利用ガイドは、以下の URL をご参照ください。

・直販電子版ご利用ガイド
https://book.impress.co.jp/environment/

■ 商品に関する問い合わせ先

インプレスブックスのお問い合わせフォームより入力してください。

https://book.impress.co.jp/info/

上記フォームがご利用頂けない場合のメールでの問い合わせ先

info@impress.co.jp

● 本書の内容に関するご質問は、お問い合わせフォーム、メールまたは封書にて書名・ISBN・お名前・電話
　番号と該当するページや具体的な質問内容、お使いの動作環境などを明記のうえ、お問い合わせください。
● 電話やFAX等でのご質問には対応しておりません。なお、本書の範囲を超える質問に関しましてはお答え
　できませんのでご了承ください。
● インプレスブックス（https://book.impress.co.jp/）では、本書を含めインプレスの出版物に関するサポート
　情報などを提供しておりますのでそちらもご覧ください。
● 該当書籍の奥付に記載されている初版発行日から3年が経過した場合、もしくは該当書籍で紹介している
　製品やサービスについて提供会社によるサポートが終了した場合は、ご質問にお答えしかねる場合があります。

■ 落丁・乱丁本などの問い合わせ先
TEL　03-6837-5016　FAX　03-6837-5023
service@impress.co.jp
（受付時間／10:00-12:00、13:00-17:30 土日、祝祭日を除く）
● 古書店で購入されたものについてはお取り替えできません。

■書店／販売店の窓口
株式会社インプレス 受注センター
TEL　048-449-8040
FAX　048-449-8041
株式会社インプレス 出版営業部
TEL　03-6837-4635

エラスティックスタックジッセンガイド　エラスティックサーチ/キバナヘン

Elastic Stack実践ガイド [Elasticsearch/Kibana編]

2020年8月11日　初版発行

著　者　惣道 哲也
　　　　そうどう てつや

発行人　小川 亨

編集人　高橋隆志

発行所　株式会社インプレス
　　　　〒101-0051 東京都千代田区神田神保町一丁目105番地
　　　　ホームページ https://book.impress.co.jp/

印刷所　大日本印刷株式会社

ISBN978-4-295-00977-1　C3055

Printed in Japan